大数据与"智能 +"产教融合丛书

地理计算与 R 语言

Geocomputation with R

［英］　罗宾·洛夫莱斯（Robin Lovelace）

［波］　雅库布·诺沃萨德（Jakub Nowosad）　　著

［德］　雅纳·蒙乔（Jannes Muenchow）

杜亚磊　朱俊辉　译

机　械　工　业　出　版　社

Geocomputation with R/by Robin Lovelace, Jakub Nowosad, Jannes Muenchow/ISBN：978-0-367-67057-3.

Copyright © 2019by Taylor & Francis Group，LLC.

Authorized translation from English language edition published by CRC Press，part of Taylor & Francis Group LLC. All rights reserved.

本书中文简体翻译版授权由机械工业出版社独家出版并限在中国大陆地区（不包括香港、澳门特别行政区及台湾地区）销售。未经出版者书面许可，不得以任何方式复制或发行本书的任何部分。

Copies of this book sold without a Taylor & Francis Sticker on the cover are unauthorized and illegal.

本书封面贴有 Taylor & Francis 公司防伪标签，无标签者不得销售。

北京市版权局著作权合同登记　图字：01-2023-2986 号。

图书在版编目（CIP）数据

地理计算与R语言/（英）罗宾·洛夫莱斯 (Robin Lovelace)，（波）雅库布·诺沃萨德 (Jakub Nowosad)，（德）雅纳·蒙乔 (Jannes Muenchow) 著；杜亚磊，朱俊辉译. —北京：机械工业出版社，2024.7

（大数据与"智能+"产教融合丛书）

书名原文：Geocomputation with R

ISBN 978-7-111-75947-8

Ⅰ. ①地⋯　Ⅱ. ①罗⋯　②雅⋯　③雅⋯　④杜⋯　⑤朱⋯　Ⅲ. ①地理信息系统–应用软件　Ⅳ. ①P208

中国国家版本馆 CIP 数据核字（2024）第 111596 号

机械工业出版社（北京市百万庄大街22号　邮政编码100037）
策划编辑：吕　潇　　　　　　　　　责任编辑：吕　潇　朱　林
责任校对：王小童　李可意　景　飞　　封面设计：马精明
责任印制：常天培
固安县铭成印刷有限公司印刷
2024年9月第1版第1次印刷
169mm×239mm・21.25印张・393千字
标准书号：ISBN 978-7-111-75947-8
定价：108.00 元

电话服务　　　　　　　　　　　网络服务
客服电话：010-88361066　　　机　工　官　网：www.cmpbook.com
　　　　　010-88379833　　　机　工　官　博：weibo.com/cmp1952
　　　　　010-68326294　　　金　书　网：www.golden-book.com
封底无防伪标均为盗版　　　　机工教育服务网：www.cmpedu.com

推荐序 1

人类从未停止对其所在星球的探索。无论是测量地球周长的埃拉托色尼、编写《地理学指南》的托勒密，还是用脚步丈量世界的洪堡。历史上那些伟大的地理学家，穷其一生都在探究这个星球上的各种现象和规律。地理学可以做什么？理论上讲，地球表面上的各种自然现象、人文现象及它们的关系都是地理学的研究范畴。地理学可以告诉你自然景观形成的原因，山川河流、雨林荒漠其实是各种复杂自然活动作用的结果。地理学还可以告诉你怎样让城市交通更加顺畅，这是地理学在城市规划和交通领域的典型应用。地理学甚至可以告诉你，你的外卖将在 15min 后送达，这是空间分析中的动态规划问题。

地理学这么强大，地理学家是如何工作的？其实，从地理学提出至今，它经历了漫长的发展历程。早期的地理学主要是描述性的、记录性的。随着理论的发展，地理学开始和数学紧密联系，开始从定性向定量发展。最典型的场景是利用数学解决地图投影和测量精度问题，以帮助那些探险家在海上精准地航行。随着地理学要解决的问题越来越复杂，研究的区域越来越大，一些更宏观的手段开始被使用，比如统计学。彼时，地理统计学、计量地理学这类利用大量数据来解决复杂问题的理论开始流行。再后来，计算机的出现从另一个维度扩展了地理学的方法论，GIS、RS 这类技术逐渐成熟，它们不是对已有理论的颠覆，而是大大增强。因为计算机的出现，人类对于这个星球的探索来到了新的时代。

在这样的时代背景下，一种利用计算机技术解决地理学问题的理念被提出，即地理计算。本书是对传统地理计算的扩展，它结合现代开源技术，更加强调技术的复用和共享，这在书中随处可见，所有代码都是利用开源组件来实现。本文以 R 语言作为实现语言，简单精练，更易上手，对于计算机开发初学者非常友好。R 语言可以让使用者将更多精力专注于业务问题的解决，不需要过多关注程序设计。并且，R 语言本身就是一个统计计算的利器，具有非常丰富的分析和建模能力，这对于解决一些复杂的地理问题非常有用。

原书作者是几位非常资深的科学家，其中 Robin Lovelace 是利兹大学的副教授，主要研究地理计算和交通建模，还著有 *Efficient R Programming：A Practical Guide to Smarter Programming* 和 *Spatial Microsimulation with R*。另一位作者 Jakub Nowosad 是波兰 UAM 大学的副教授，主攻地理计算和环境科学，他参与了近 30 个地理计算相关的 R 语言开源项目，非常擅长模块化的系统开发。原书作者的强大背景保障了原著的质量，但翻译在某种程度上是再创作的过程，首先要精通原著，然后再根据中文语言习惯进行本地化处理，这对翻译者提出了很高的要求。这本书的译者同样有非常扎实的统计学背景，熟悉 R 语言开发，并且有丰富的地理计算方面的实践经验。阅读本书的感受是十分顺畅，结构清晰，语言精练，里面的用词非常准确。译者对于细节把控非常到位，比如一些专有名词仍然保留了英文（这些英文常出现在算法包中），同时增加了通俗的中文解释，可见译者对这些内容有深刻的理解，并且以读者视角做了用心的优化。

我建议读者完整阅读前 8 章内容，即使有地理学或者地理编程基础的读者也不要跳过。因为这些基础知识是作者提炼的精华，里面包含了地理数据的建模、读写、运算、转换和可视化，并且内部还穿插了 R 语言实现代码，这种概念和代码相结合的方式，让读者更有带入感，更容易理解比较抽象的概念。第 12~14 章是地理计算在 3 个经典场景的应用案例，作者给出了非常详细的分析过程，很好地还原了真实项目中的主要工作流程，结合前面的基础知识，相信读者会对地理计算有更深刻的理解。剩余章节可以作为以上章节的补充，它们会更加强化读者对于地理计算的实践能力。总之，这是一本值得仔细阅读的好书。

隋　远

隋远：京东科技集团时空数据组负责人，《时空大数据系统核心技术》作者。

推荐序 2

尊敬的读者:

我非常荣幸有机会为《地理计算与 R 语言》写下我的推荐序。在这个信息时代，流量是每个商业体的生命线，无论是线上还是线下，流量的分析、估算和可视化都是我们理解和驾驭商业的关键。有很多强依赖于地面流量的业务，如交通、餐饮等行业，地理计算对于如何理解商机有着非常重要的作用。而这本书，则以生动且深入的方式，利用 R 语言这一强大的工具，为我们展示了地理计算的丰富方法和广泛应用。

这本书的主要译者杜亚磊是 baidumap 包（使用 R 语言调用百度地图的工具，十年前的工作，如今不再推荐使用）的作者，也是时空大数据平台 geolake 的作者，他在地理计算领域具有深厚的专业知识，并且在适配中国地图的基础工作上有着非常丰富的经验。他的专业背景和实践经验使得这本书的翻译版本更加贴近中国的实际情况，更加符合中国读者的阅读习惯。

我和译者有着长达十多年的友谊，我深深地钦佩他们的极客精神和对开发的热情。这种热情和专注，使他们在地理计算领域的工作始终保持着高质量和创新性。

无论你是地理信息科学的学生，还是数据科学家，或者是商业领域的从业者，都会在这本书中找到宝贵的知识和灵感。这本书详尽而精准地解释了地理计算的基本概念，同时提供了大量的实操和案例，让读者可以在实践中学习和理解。

我强烈推荐《地理计算与 R 语言》给所有对地理计算有兴趣的读者，特别是那些希望借助地理计算来理解和驾驭商业流量的人。我相信，无论你的背景如何，无论你的目标是什么，这本书都会为你打开一个全新的世界，带你深入探索地理计算的奥秘。

期待你在阅读这本书的过程中，能够收获知识、灵感和乐趣。

刘思喆

刘思喆：中国最早一批的 R 语言专家之一，《153 分钟学会 R》的作者。51Talk 前首席数据科学家，京东前技术名人堂成员。

推荐序 3

　　地理数据分析的应用场景相当广泛。从气候变化到城市规划，从交通管理到自然资源的保护，我们都需要深入理解和处理地理数据，以便更好地应对这些挑战。R 语言是一个强大的工具，它集数据处理、统计分析和绘图功能于一体，在地理数据领域也有完善的库和繁荣的生态系统。《地理计算与 R 语言》为我们详细介绍了如何使用 R 语言便捷、高效且可重复地分析地理数据。该书以实践为导向，同时细致地普及了地理信息技术相关的理论知识，不仅帮助读者掌握 R 语言地理数据分析程序的编写，也为读者未来使用其他技术栈解决地理数据分析问题，甚至在该领域深入研究提供了坚实的基础。为了跟上 R 语言的地理计算生态快速更新的脚步，译者基于最新版本的包更新了原书中的示例代码，以便读者使用较新的环境复现书中的示例。

　　总的来说，无论是有地理信息分析需求而需要快速入门的初学者，还是从事相关工作的专业人士，都可以从该书中获益。我强烈推荐该书给所有对地理信息计算技术感兴趣的读者，这将是一次难忘的学习之旅。

彭　博

　　彭博：Wherobots 工程师，Apache Sedona PMC。

译者序

我是统计学出身，使用 R 语言的时间有 10 年以上了。接触地理数据，是因为我所在的公司——百姓车联，提供车损的风险对冲服务。我们会根据司机驾驶过程的定位数据，识别急刹急转等危险行为，提醒用户改善他们的驾驶习惯。我们所用到的技术，非常适合用"地理计算"这个术语来形容。举例来说，我们会使用地理学中的坐标投影计算距离，使用分布式的存储和计算框架进行海量数据的分析，利用统计建模过滤异常定位点。这是一个地理学、计算机学、统计学三门学科融合而来的领域。

事实上，地理计算的运用，早已融入居民生活的方方面面：个人定位与出行导航、外卖的配送路径、拼车的路线匹配、电商平台基于位置的生活服务推荐，以及传染病防治中的密接人员查询等。本书是地理计算的一本入门书籍，将地理计算的理论与 R 语言代码相结合，使读者能够在实践中深入理解和应用地理计算的概念。原作者在这个领域浸淫已久，开篇便对学科融合的发展史娓娓道来。粗略翻完第 1 章，你就会意识到，地理计算是一个非常年轻且在茁壮成长的领域。可惜的是，中文书籍中，暂时还没有类似的图书引人入门。由此便有了这个译本。在翻译地理学相关的术语的过程中，我们参考了多个院校的教材，力求符合国内的表述习惯。另外值得一提的是，本书是 2019 年出版的。经过几年的发展，原书中提到的一些 R 包，部分已经停止维护，甚至很难再安装。我们对部分代码进行了修改，也替换了个别 R 包，在不改变原文主旨的前提下，保证代码可以运行。读者可以在相应页面的注释中看到修改的原因。本书的第 2 版也在写作过程中，有能力的读者可以到 https://github.com/geocompx/geocompr 查看，甚至参与贡献。

本书的主要内容由 3 个部分组成：

（1）基础部分。介绍地理数据的分类（矢量与栅格），在计算机中的表示方法，以及基本的操作（质心、投影、缓冲区、仿射变换等）。

（2）扩展部分。补充了 R 语言的编程开发，着重介绍地理数据常用的算法、可视化和统计建模，同时引入了调用其他 GIS 软件的方法。

（3）应用部分。综合运用前文介绍的技能，演示了交通、地理营销和生态学这 3 个领域的案例。

"地理数据""计算机"和"R 语言"是本书的关键词，多领域的融合看似让它变得非常小众，实则让它的受众变得非常广泛：地理、计算机、统计等相关专业的学生、GIS 行业的科研学者、数据分析师等，只要对地理数据感兴趣，都可以来读一读这本书。但也有必要提醒一点，本书没有花费篇幅介绍 R 语言的基础知识，零基础的读者或许会感到吃力。至于地理学和统计建模等理论层面，本书以实用为主，着重解释概念，较少涉及背后的数学原理，理解难度不高。

在内容之外，本书还有一个很大的优点，即它试图教授读者创建可复现的工作流程。其优点在于：①在同一个编辑器中编写文字和代码，不需要在多个软件之间来回切换，生成图文并茂的 Word 文档、PDF 等格式。②提供数据、脚本和执行环境，任何人都可以很方便地复现你的结果。本书也同样实践了这个工作流程。经过出版社的同意，我们将第 2 章的译文公开在 https：//github.com/badbye/geocomp-r-zh，强烈建议读者体验一下这个流程，尝试自行编译出 PDF 文件。事实上，早在十多年前，我自己的本科论文也是采用这套工作流程来完成的。它的学习成本固然比所见即所得的文档更高，不过一旦掌握，效率会有极大的提升。

最后，感谢刘思喆、彭博、隋远对译文提供的专业建议。感谢吕潇、朱林对译文逐字逐图的审阅。希望每位读者读完之后都能有所收获，也希望有更多人才进入地理计算领域发光发热。

杜亚磊

2024 年 4 月

原书序

R 语言空间分析社区一直都是以开放包容为宗旨，目标是提供和整合地理学、地理信息学、地理计算和空间统计方面的工具。任何有兴趣的人都可以参与其中：提出有趣的问题，贡献有益的研究想法，开发和完善代码。换句话说，R 语言空间分析社区的核心理念和价值观总是包含着开源代码、开放数据和可复现性。

R 语言空间分析社区还致力于与应用空间数据分析的多个领域进行互动，并实现最新的空间数据表示和分析方法，以便进行跨学科的审查。正如这本书所展示的，通常存在从相似数据到相似结果的多种工作流程，我们可以通过与他人的比较来学习他们创建和理解工作流的方式。其中就包括从开源 GIS（Geographic Information System，地理信息系统）社区和其他互补的编程语言（如 Python、Java 等）社区中学习。

R 语言广泛的空间分析功能的发展离不开众多愿意分享的人们。分享的内容可能包括教学材料、软件、研究实践（可复现性研究、开放数据）等。R 语言用户也从"上游"开源地理库（如 GDAL、GEOS 和 PROJ）获益匪浅。

这本书清楚地证明，如果你充满好奇心并愿意参与其中，就能找到适合自己能力的需要去做的事情。随着空间数据表示方法和分析工作流程的持续发展，以及应用空间数据分析的新用户越来越多，且这些新用户通常没有使用命令行方式进行量化分析的经验，这样一本人人都可以参与贡献的书籍是读者迫切需要的。尽管写作过程中需要付出大量努力，但作者们互相鼓励支持，终于完成了出版。

现在，这本新书已经准备就绪。作者们已经在许多教程和研讨会中试用了这本书，书中的内容已经经过教学试验，并且将持续进行试验，读者可以放心阅读和使用。读者可以与作者们和广泛的 R 语言空间分析社区互动，发现可重复研究的工作流的价值，最重要的是，享受将在这里学到的知识并将其应用在你关心的领域中。

Roger Bivand
2018 年 9 月于 Bergen

原书前言

本书是为那些想要使用开源软件分析、可视化和建模地理数据的人而写的。它基于 R 语言，这是一种具有强大的数据处理、可视化和地理空间能力的统计编程语言。本书涵盖了广泛的主题，将会吸引来自不同背景的人，特别是：

● 那些通过桌面地理信息系统（GIS），如 QGIS[⊖]、ArcMap[⊖]、GRASS[⊖]或 SAGA^㊃，学习了空间分析技能，但希望能够使用一门强大的（地理）统计和可视化编程语言，并享受命令行方式（Sherman，2008）带来的好处的人。

随着"现代"GIS 软件的出现，大多数人都希望通过单击鼠标的方式来完成任务。这很简单，但是在命令行中等待你的是更强大的灵活性和操作性。

● 专门从事地理数据相关研究的研究生和研究人员，包括地理学、遥感、规划、GIS 和地理数据科学领域。

● 从事地理数据研究的学者和研究生，涉及地质学、区域科学、生物学和生态学、农业科学、考古学、流行病学、交通建模和广义数据科学等领域，他们需要 R 语言的强大和灵活性来进行研究。

● 公共、私营或第三方部门组织中的应用研究人员和分析师，他们需要像 R 语言这样的命令行语言的可重复性、速度和灵活性，以处理各种空间数据，如城市和交通规划、物流、地理营销（店铺位置分析）和应急规划。

本书为对地理计算感兴趣的中高级 R 语言用户和具有地理数据处理经验的 R 语言初学者设计。如果你之前没有使用过 R 语言和地理空间数据分析，请不要气馁，我们

⊖ http://qgis.org/en/site/。

⊖ http://desktop.arcgis.com/en/arcmap/。

⊖ https://grass.osgeo.org/。

㊃ http://www.saga-gis.org/en/index.html。

提供了指向更多学习材料的链接，并在第 2 章以及后面提供的链接中，从初学者的角度描述了空间数据的性质。

如何阅读本书

本书分为三个部分：

1）第一部分：基础，旨在让你了解 R 语言中的地理数据。

2）第二部分：扩展，涵盖高级的地理数据处理技术。

3）第三部分：应用，解决实际问题。

每个章节的难度都会逐渐增加，因此我们建议按顺序阅读本书。R 语言中地理分析的一个主要困难是其陡峭的学习曲线。第一部分的章节旨在通过提供简单数据集上的可重复代码来解决这个问题，从而简化入门过程。

从教学和学习的角度来看，本书的一个重要方面是章末的练习。完成这些练习可以锻炼你的技能，加强你解决各种地理空间问题的自信。本书的在线网站 r.geocompx. org/solutions⊖提供了练习的答案和一些扩展示例。

有基础的读者可以直接跳到第 2 章的实际案例中。不过我们建议先阅读第 1 章，对本书的背景有更深的了解。如果你是 R 语言的初学者，我们还建议在尝试运行每个章节提供的代码块之前，先了解更多关于该语言的知识（除非你是为了理解概念而阅读本书）。幸运的是，R 语言社区提供了大量的资源来帮助 R 语言的初学者。我们特别推荐三个教程：R for Data Science⊜（Grolemund and Wickham，2016）和 Efficient R Programming⊜（Gillespie and Lovelace，2016），特别是第 2 章⑭（关于安装和设置 R/RStudio）和第 10 章⑮（关于学习如何学习），以及 An introduction to R⊗（Venables et al.，2017）。此外，DataCamp 的 Introduction to R⊕是一个很棒的交互式学习教程。

⊖ 原文中的链接是 https：//geocompr.github.io/，此处已更新到最新的地址，https：//r.geocompx. org/solutions。——译者注

⊜ http：//r4ds.had.co.nz/。

⊜ https：//csgillespie.github.io/efficientR/。

⑭ https：//csgillespie.github.io/efficientR/set-up.html#r-version。

⑮ https：//csgillespie.github.io/efficientR/learning.html。

⊗ http：//colinfay.me/intro-to-r/。

⊕ https：//www.datacamp.com/courses/free-introduction-to-r。

为什么选择 R 语言

虽然 R 语言具有陡峭的学习曲线，但本书提倡的命令行执行的方式，可以很快让你意识到这是值得的。你将在后续章节中了解到，R 语言是解决各种地理数据挑战的有效工具。希望通过练习后，R 语言可以成为你处理地理空间工具的首选。在许多情况下，通过命令行键入和执行命令比在桌面 GIS 的图形用户界面（Graphical User Interface，GUI）上单击更快。对于某些应用程序，例如空间统计和建模，R 语言可能是唯一实际可行的完成工作的方式。

正如在 1.2 节中所概述的那样，使用 R 语言进行地理计算有许多原因：与其他语言相比，R 语言的交互式运行与许多地理数据分析的工作流程更适配。R 语言在数据科学（包括数据整理、统计学习技术和数据可视化）和大数据（通过与数据库和分布式计算系统的高效接口）等快速增长的领域中表现出色。此外，R 语言可以实现可重复的工作流程，共享分析的脚本将使他人能够在你的工作基础上进行扩展。为了确保本书的可重复性，我们已经在 github.com/Robinlovelace/geocompr⊖ 上提供了其源代码。你可以在 code/ 文件夹中找到生成图形的脚本文件，当书中未提供生成图形的代码时，在图形的标题中会提供生成该图的脚本文件的名称（例如，参见图 12.2 的标题）。

其他编程语言，如 Python、Java 和 C++，也可以用于地理计算，并且有很好的无须使用 R 语言的学习资源，如 1.3 节所讨论的。但是，这些语言都没有提供 R 语言社区提供的独特的包生态系统、统计能力、可视化选项和强大的集成开发环境。此外，通过深入学习一种语言（R）的使用方法，你会掌握基本的概念并拥有足够的信心，这在学习用其他语言进行地理计算时也是必需的。

地理计算与 R 语言将为你提供处理各种问题的知识和技能，包括那些涉及科学、社会和环境等领域的地理数据。如 1.1 节所述，地理计算不仅仅是使用计算机处理地理数据，它也关乎于现实世界的影响。如果你对本书的更广泛背景和动机感兴趣，请继续阅读，这些内容将在第 1 章中介绍。

⊖ https://github.com/Robinlovelace/geocompr#geocomputation-with-r。

致谢

非常感谢所有通过代码托管和协作网站 GitHub 直接和间接地做出贡献的人，包括通过拉取请求（pull requests）直接做出贡献的以下人员：katygregg, erstearns, eyesofbambi, tyluRp, marcosci, mdsumner, rsbivand, pat-s, gisma, ateucher, annakrystalli, gavinsimpson, Himanshuteli, yutannihilation, katiejolly, layik, mvl22, nickbearman, ganes1410, richfitz, SymbolixAU, wdearden, yihui, chihinl, gregor-d, p-kono, pokyah。特别感谢 Marco Sciaini，他不仅创建了封面图像⊖，还发布了生成它的代码（请参见本书的 GitHub 存储库中的 code/frontcover.R）。还有数十人通过在 Github 提出和评论问题以及通过社交媒体提供反馈做出了贡献。#geocompr 这个话题标签将继续存在⊖!

我们要感谢 CRC 出版社的 John Kimmel，他与我们合作了两年多，通过四轮同行评审将我们的想法从早期的编写计划变成了实际出版物。也特别感谢评审人员，他们详细的反馈和专业知识大大完善了本书的结构和内容。

我们要感谢耶拿大学（University of Jena）的 Patrick Schratz 和 Alexander Brenning，他们对第 11 章和第 14 章提供了非常有益的讨论和贡献。我们要感谢联合国粮食及农业组织（Food and Agriculture Organization of the United Nations）的 Emmanuel Blondel，他为网络服务的章节提供了专业的意见；Michael Sumner 对本书的许多领域，特别是第 10 章中的算法讨论提供了关键的意见；Tim Appelhans 和 David Cooley 对可视化章节（第 8 章）做出了重要贡献；而 Katy Gregg 则校对了每一章，并大大提高了本书的可读性。

还有很多人以各种方式做出了贡献。最后一个感谢是给所有使 R 语言地理计算成为可能的软件开发人员。Edzer Pebesma（创建了 **sf** 包）、Robert Hijmans（创建了 **terra**）和 Roger Bivand（为许多 R 语言的空间分析软件奠定了基础）使得 R 语言中的高性能地理计算成为可能。

⊖　指原版书封面。——译者注
⊖　可以在 Twitter（X）等社交平台搜索 #geocompr 查看反馈内容；"继续存在"是指读者可以继续发表带有 #geocompr 标签的帖子，提供对本书的反馈。——译者注

目　录

推荐序 1

推荐序 2

推荐序 3

译者序

原书序

原书前言

第 1 章　简介 ·· 1

1.1　什么是地理计算 ··· 2

1.2　为什么使用 R 语言进行地理计算 ··· 4

1.3　地理计算软件 ·· 6

1.4　R 语言中地理计算的软件生态 ··· 8

1.5　R 语言地理计算的发展史 ·· 10

1.6　练习 ··· 13

第一部分　基　　础

第 2 章　R 语言中的地理数据 ··· 17

2.1　导读 ··· 18

2.2　矢量数据 ·· 19

2.2.1　简单要素介绍 ··· 21

2.2.2　为什么使用简单要素 ⋯⋯⋯⋯⋯⋯⋯⋯⋯⋯⋯⋯⋯⋯⋯⋯⋯ 23

2.2.3　几何类型 ⋯⋯⋯⋯⋯⋯⋯⋯⋯⋯⋯⋯⋯⋯⋯⋯⋯⋯⋯⋯⋯⋯ 24

2.2.4　简单要素几何（sfg）⋯⋯⋯⋯⋯⋯⋯⋯⋯⋯⋯⋯⋯⋯⋯⋯⋯ 25

2.2.5　简单要素列（sfc）⋯⋯⋯⋯⋯⋯⋯⋯⋯⋯⋯⋯⋯⋯⋯⋯⋯⋯ 28

2.2.6　sf 类 ⋯⋯⋯⋯⋯⋯⋯⋯⋯⋯⋯⋯⋯⋯⋯⋯⋯⋯⋯⋯⋯⋯⋯⋯ 30

2.3　栅格数据 ⋯⋯⋯⋯⋯⋯⋯⋯⋯⋯⋯⋯⋯⋯⋯⋯⋯⋯⋯⋯⋯⋯⋯⋯⋯⋯ 32

2.3.1　栅格数据简介 ⋯⋯⋯⋯⋯⋯⋯⋯⋯⋯⋯⋯⋯⋯⋯⋯⋯⋯⋯⋯ 33

2.3.2　基本地图制作 ⋯⋯⋯⋯⋯⋯⋯⋯⋯⋯⋯⋯⋯⋯⋯⋯⋯⋯⋯⋯ 34

2.3.3　栅格类 ⋯⋯⋯⋯⋯⋯⋯⋯⋯⋯⋯⋯⋯⋯⋯⋯⋯⋯⋯⋯⋯⋯⋯ 35

2.4　坐标参照系 ⋯⋯⋯⋯⋯⋯⋯⋯⋯⋯⋯⋯⋯⋯⋯⋯⋯⋯⋯⋯⋯⋯⋯⋯⋯ 37

2.4.1　地理坐标系 ⋯⋯⋯⋯⋯⋯⋯⋯⋯⋯⋯⋯⋯⋯⋯⋯⋯⋯⋯⋯⋯ 38

2.4.2　投影坐标参照系 ⋯⋯⋯⋯⋯⋯⋯⋯⋯⋯⋯⋯⋯⋯⋯⋯⋯⋯⋯ 38

2.4.3　R 中的 CRS ⋯⋯⋯⋯⋯⋯⋯⋯⋯⋯⋯⋯⋯⋯⋯⋯⋯⋯⋯⋯⋯ 39

2.5　测量单位 ⋯⋯⋯⋯⋯⋯⋯⋯⋯⋯⋯⋯⋯⋯⋯⋯⋯⋯⋯⋯⋯⋯⋯⋯⋯⋯⋯ 41

2.6　练习 ⋯⋯⋯⋯⋯⋯⋯⋯⋯⋯⋯⋯⋯⋯⋯⋯⋯⋯⋯⋯⋯⋯⋯⋯⋯⋯⋯⋯⋯ 43

第 3 章　属性数据操作 ⋯⋯⋯⋯⋯⋯⋯⋯⋯⋯⋯⋯⋯⋯⋯⋯⋯⋯⋯⋯⋯⋯⋯⋯ 44

3.1　导读 ⋯⋯⋯⋯⋯⋯⋯⋯⋯⋯⋯⋯⋯⋯⋯⋯⋯⋯⋯⋯⋯⋯⋯⋯⋯⋯⋯⋯⋯ 44

3.2　矢量数据的属性操作 ⋯⋯⋯⋯⋯⋯⋯⋯⋯⋯⋯⋯⋯⋯⋯⋯⋯⋯⋯⋯⋯⋯ 45

3.2.1　矢量属性的子集筛选 ⋯⋯⋯⋯⋯⋯⋯⋯⋯⋯⋯⋯⋯⋯⋯⋯⋯ 47

3.2.2　矢量属性的聚合 ⋯⋯⋯⋯⋯⋯⋯⋯⋯⋯⋯⋯⋯⋯⋯⋯⋯⋯⋯ 51

3.2.3　矢量属性连接 ⋯⋯⋯⋯⋯⋯⋯⋯⋯⋯⋯⋯⋯⋯⋯⋯⋯⋯⋯⋯ 53

3.2.4　创建属性和删除空间信息 ⋯⋯⋯⋯⋯⋯⋯⋯⋯⋯⋯⋯⋯⋯⋯ 56

3.3　栅格数据的属性操作 ⋯⋯⋯⋯⋯⋯⋯⋯⋯⋯⋯⋯⋯⋯⋯⋯⋯⋯⋯⋯⋯⋯ 58

3.3.1　栅格子集 ⋯⋯⋯⋯⋯⋯⋯⋯⋯⋯⋯⋯⋯⋯⋯⋯⋯⋯⋯⋯⋯⋯ 60

3.3.2　栅格对象概述 ⋯⋯⋯⋯⋯⋯⋯⋯⋯⋯⋯⋯⋯⋯⋯⋯⋯⋯⋯⋯ 61

3.4　练习 ⋯⋯⋯⋯⋯⋯⋯⋯⋯⋯⋯⋯⋯⋯⋯⋯⋯⋯⋯⋯⋯⋯⋯⋯⋯⋯⋯⋯⋯ 62

第 4 章　空间数据操作 ⋯⋯⋯⋯⋯⋯⋯⋯⋯⋯⋯⋯⋯⋯⋯⋯⋯⋯⋯⋯⋯⋯⋯⋯ 65

4.1　导读 ⋯⋯⋯⋯⋯⋯⋯⋯⋯⋯⋯⋯⋯⋯⋯⋯⋯⋯⋯⋯⋯⋯⋯⋯⋯⋯⋯⋯⋯ 65

4.2　矢量数据的空间操作 ⋯⋯⋯⋯⋯⋯⋯⋯⋯⋯⋯⋯⋯⋯⋯⋯⋯⋯⋯⋯⋯⋯ 66

4.2.1　空间子集筛选 ⋯⋯⋯⋯⋯⋯⋯⋯⋯⋯⋯⋯⋯⋯⋯⋯⋯⋯⋯⋯ 66

4.2.2 拓扑关系 ······ 69

4.2.3 空间连接 ······ 72

4.2.4 非重叠连接 ······ 73

4.2.5 空间数据聚合 ······ 75

4.2.6 距离关系 ······ 77

4.3 栅格数据的空间操作 ······ 79

4.3.1 栅格数据的空间子集筛选 ······ 79

4.3.2 地图代数 ······ 81

4.3.3 局部操作 ······ 82

4.3.4 焦点操作 ······ 83

4.3.5 分区操作 ······ 84

4.3.6 全局操作和距离 ······ 85

4.3.7 合并栅格 ······ 86

4.4 练习 ······ 86

第5章 几何运算 ······ 88

5.1 导读 ······ 88

5.2 矢量数据的几何运算 ······ 89

5.2.1 简化 ······ 89

5.2.2 质心 ······ 91

5.2.3 缓冲区 ······ 92

5.2.4 仿射变换 ······ 94

5.2.5 裁剪 ······ 95

5.2.6 几何体聚合 ······ 98

5.2.7 类型转换 ······ 99

5.3 栅格数据的几何运算 ······ 103

5.3.1 几何交集 ······ 104

5.3.2 范围和原点 ······ 104

5.3.3 聚合和解聚 ······ 106

5.4 栅格与矢量的交互 ······ 108

5.4.1 栅格裁剪 ······ 109

5.4.2 栅格提取 ······ 110

5.4.3　栅格化 ··· 114

5.4.4　空间矢量化 ·· 117

5.5　练习 ··· 119

第 6 章　重投影地理数据 ··· 122

6.1　导读 ··· 122

6.2　何时重投影 ·· 125

6.3　投影到哪个 CRS ·· 126

6.4　重投影矢量数据 ·· 129

6.5　修改地图投影 ·· 130

6.6　重投影栅格数据 ·· 132

6.7　练习 ··· 135

第 7 章　地理数据的读写 ··· 136

7.1　导读 ··· 136

7.2　检索开放数据 ·· 137

7.3　地理数据的软件包 ·· 138

7.4　地理数据的网络服务 ··· 140

7.5　文件格式 ·· 142

7.6　数据读入 ·· 144

7.6.1　矢量数据 ··· 144

7.6.2　栅格数据 ··· 147

7.7　数据写出 ·· 148

7.7.1　矢量数据 ··· 148

7.7.2　栅格数据 ··· 150

7.8　可视化输出 ·· 151

7.9　练习 ··· 152

第二部分　扩　　展

第 8 章　使用 R 语言制作地图 ····································· 155

8.1　导读 ··· 156

8.2　静态地图 ··· 156

　　8.2.1　tmap 基础 ·· 157

　　8.2.2　地图对象 ··· 159

　　8.2.3　美学 ··· 161

　　8.2.4　颜色设置 ··· 163

　　8.2.5　布局 ··· 166

　　8.2.6　分面地图 ··· 169

　　8.2.7　内嵌图 ··· 170

8.3　动态地图 ··· 173

8.4　交互式地图 ··· 174

8.5　地图应用 ··· 179

8.6　其他地图制作的软件包 ·· 182

8.7　练习 ··· 187

第 9 章　与 GIS 软件协作 ·· 190

9.1　导读 ··· 190

9.2　（R）QGIS ·· 193

9.3　（R）SAGA ··· 198

9.4　通过 rgrass 访问 GRASS ·· 201

9.5　技术选型 ··· 206

9.6　其他接口 ··· 207

　　9.6.1　GDAL 接口 ·· 207

　　9.6.2　空间数据库接口 ··· 209

9.7　练习 ··· 212

第 10 章　脚本、算法和函数 ·· 214

10.1　导读 ··· 214

10.2　脚本 ··· 215

10.3　几何算法 ··· 217

10.4　函数 ··· 222

10.5　编程 ··· 224

10.6　练习 ··· 225

第 11 章　统计学习 ··· 227

11.1　导读 ·· 228

11.2　案例研究：滑坡发生的概率 ··· 229

11.3　R 语言中的传统建模方法 ·· 231

11.4　（空间）交叉验证简介 ·· 234

11.5　使用 mlr 进行空间交叉验证 ··· 235

　　　11.5.1　广义线性模型 ·· 236

　　　11.5.2　机器学习超参数的空间调整 ······································· 239

11.6　结论 ·· 245

11.7　练习 ·· 246

第三部分　应　　用

第 12 章　交通 ··· 251

12.1　导读 ·· 251

12.2　案例研究：布里斯托尔 ·· 253

12.3　交通出行区域 ··· 255

12.4　期望路线 ··· 259

12.5　路径 ·· 261

12.6　节点 ·· 263

12.7　路网 ·· 266

12.8　基建的优先级划分 ·· 268

12.9　未来展望 ··· 270

12.10　练习 ·· 271

第 13 章　地理营销 ··· 272

13.1　导读 ·· 272

13.2　案例研究：德国的自行车商店 ··· 273

13.3　整理输入数据 ··· 274

13.4　创建人口普查栅格数据 ·· 275

13.5　定义都市区 ··· 277

13.6　兴趣点 ··· 280

13.7　确定合适的位置 ··· 282

13.8　讨论和后续步骤 ··· 283

13.9　练习 ··· 285

第 14 章　生态学 ·· 286

14.1　导读 ··· 287

14.2　数据和数据准备 ··· 288

14.3　降维 ··· 292

14.4　植物区系梯度建模 ·· 295

14.4.1　mlr 组件 ··· 296

14.4.2　预测结果的地图可视化 ·································· 299

14.5　结论 ··· 301

14.6　练习 ··· 302

第 15 章　总结 ··· 304

15.1　导读 ··· 304

15.2　软件包的选择 ·· 305

15.3　与其他书的异同 ··· 307

15.4　如何进一步学习 ··· 308

15.5　开源 ··· 309

参考文献 ·· 312

第1章

简　介

本书是关于使用计算机来处理地理数据的图书。它教授了一系列处理空间数据的技能，包括：读取、编写和操作地理数据；制作静态和交互式地图；应用地理计算来解决现实世界的问题；以及建模地理现象。本书通过展示如何将各种地理操作结合在一起，以可重复的"代码块"交织文档，还教授了一个公开透明且科学的工作流程。学习如何使用 R 语言命令行中丰富的地理空间工具可能会令人兴奋，但创建**新的工具**才可以真正解放生产力。通过贯穿全书的命令行驱动方法，和第 10 章中所涵盖的编程技术，可以帮助消除桌面软件对创造力的限制。在阅读本书并完成练习后，你应该会感到有能力充分理解 R 语言强大的地理能力所带来的可能性，具备处理地理数据的新技能，并且能够使用地图和可重复的代码来传达你的工作。

在过去的几十年中，开源免费的地理空间软件（FOSS4G）以惊人的速度发展。由于 OSGeo 等组织的努力，地理数据分析不再是昂贵硬件和软件的专属领域，现在任何人都可以下载和运行高性能的空间库。开源地理信息系统（GIS）如 QGIS[○]已经在全世界流行。GIS 程序往往强调图形用户界面（GUI），这让可重复性变得异常困难（尽管许多可以从命令行使用，如第 9 章所述）。相比之下，R 语言强调命令行界面（Command Line Interface，CLI）。不同软件之间的简单比较见表 1.1。

本书的动机源于科学研究中的可重复性的重要性（请参见下面的注释）。它旨在推广可重复的地理数据分析工作流，并展示从命令行运行开源地理空间软件的强大之处。"与其他软件的接口是 R 语言的一部分"（Eddelbuettel and Balamuta，2018）。这意味着除了出色的"原生"功能之外，R 语言还可以调用许多其他空间软件，这些库会在

1.2 节中介绍，并在第 9 章中演示。不过在学习软件之前，让我们先思考一下地理计算的含义。

表 1.1　各软件的侧重点（GIS 的 GUI 与 R 语言）

属性	桌面 GIS（GUI）	R 语言
学科	地理学	计算机科学，统计学
软件关注点	GUI	CLI
可重复性	最小	最大

提示　可重复性是命令行界面的一个主要优势，但在实践中它是什么意思呢？我们将其定义为通过使用公开可访问的代码，他人可以生成相同的结果的过程。这听起来很简单，很容易实现（如果你仔细维护 R 语言代码的脚本文件），但对于教学和科学过程具有深远的影响（Pebesma et al., 2012）。

1.1　什么是地理计算

地理计算是一个年轻的术语，可以追溯到 1996 年关于该主题的第一次会议[⊖]。早期的倡导者提出，地理计算与（当时）常用的术语"定量地理学（quantitative geography）"的区别在于，它强调"创造性和实验性"应用（Longley et al., 1998）以及新工具和方法的开发（Openshaw and Abrahart, 2000）："地理计算是关于使用各种不同类型的地理数据以及在'科学'方法的整体背景下开发相关地理工具。"本书不止教授方法和代码，阅读完本书之后，你应该能够使用地理计算的技能来做"有益或有用的实际工作"（Openshaw and Abrahart, 2000）。

我们对地理计算的理解与 Stan Openshaw 等早期倡导者不同，我们更强调可重复性和协作。在 2000 年左右，由于获取必要的硬件、软件和数据的障碍，期望读者能够

⊖　该会议在利兹大学举行，其中一位作者（Robin）目前就职于该大学。第 21 届地理计算会议也在利兹大学举行，Robin 和 Jakub 在会议上发表了演讲，组织了有关"整洁"空间数据分析的研讨会，并合作撰写了一本书（有关会议系列的更多信息，请参见 www.geocomputation.org，以及近 20 年来的论文和演示文稿）。

重现代码示例是不现实的。最近 20 年，世界迅速发展。任何人只要有台 4GB 左右内存的便携式计算机，就可以安装和运行地理计算软件，在公开可访问的数据集上进行地理计算，公开的数据集也比以往任何时候都更加普遍（会在第 7 章中介绍）[一]。与该领域的早期书籍不同，本书中提出的所有工作都可以使用本书附带的代码和示例数据进行复现，例如 R 包 **spData** 的安装会在第 2 章中介绍。

地理计算与这些术语密切相关：地理信息科学（GIScience）、测绘学（Geomatics）、地理信息学（Geoinformatics）、空间信息科学（Spatial Information Science）、地理信息工程（Geoinformation Engineering）（Longley，2015）和地理数据科学（Geographic Data Science，GDS）。每个术语都强调它们是 GIS 相关的"科学"（寓意可重复和可证伪）研究方法，尽管它们的起源和主要应用领域不同。例如，地理信息工程强调"数据科学"技能和大数据，而地理信息学则倾向于关注数据结构。但其实这些术语的含义大同小异，我们使用地理计算这个术语来概括它们：它们都试图将地理数据用于应用科学研究。不过，与最早使用"地理计算"这个术语的前辈（如 Stan Openshaw）不同，我们并没有尝试开创一个名为"地理计算"的大一统的学术领域。我们对该术语的定义是：以科学的计算方式处理地理数据，重点是代码、可重复性和模块化。

地理计算是一个新的术语，但也受到了传统观念的影响。它可以被视为地理学的一部分，地理学有 2000 多年的历史（Talbert，2014）；它也可以被当作地理信息系统（Neteler and Mitasova，2008）的扩展，该系统于 20 世纪 60 年代出现（Coppock and Rhind，1991）。

地理学（Geography）在计算机发明之前就在解释和影响人类与自然界的关系方面发挥了重要作用。亚历山大·冯·洪堡（Alexander von Humboldt）在 19 世纪初期前往南美洲的旅行说明了这一点，他在旅行期间的观察不仅奠定了自然地理学和植物地理学的基础，而且为制定保护自然环境的政策铺平了道路（Wulf，2015）。本书旨在通过利用现代计算机和开源软件的力量，为"地理传统（Geographic Tradition）"[二]（Livingstone，1992）做出贡献。

本书与旧学科的联系反映在候选的书名里：*Geography with R* 和 *R for GIS*。每个书名都有可取之处。前者传达了这样的信息，即它包含的不仅仅是空间数据：非空间

[一] 一台具有 4GB 内存，运行现代操作系统（例如 Ubuntu 16.04）的笔记本计算机应该就能够复现本书的所有内容。现在一台二手的符合配置的笔记本，可以在许多国家以 100 美元左右的价格买到，这把地理计算的成本降到了 2000 年代初的水平以下，当时大多数人都买不起高性能计算机。

[二] "地理传统"指的是地理学的悠久历史，本书旨在以创新的方式为地理学增添新的视角和方法，推动地理学的进一步发展。——译者注

属性数据不可避免地与几何数据交织在一起，而地理学不仅仅是地图上的某个位置。后者传达了这是一本关于使用 R 语言作为 GIS 软件的书，以对地理数据（Bivand et al., 2013）进行空间处理。然而，GIS 这个术语传达了一些内涵（见表 1.1），却未能传达 R 语言最大的优势之一：在它的交互环境里能够无缝地在地理和非地理数据处理、建模和可视化任务之间切换。相比之下，地理计算这个术语意味着可重复和创造性的编程。地理计算的算法是很强大的工具，也非常复杂。不过，所有算法都是由较小的组件堆砌而成。通过教授你基础的知识和概念，我们的目标是使你能够独立为地理数据问题设计新颖的解决方案。

1.2 为什么使用 R 语言进行地理计算

早期的地理学家使用了各种工具，包括气压计、指南针和六分仪⊖来观察规律，增强对世界的认知（Wulf，2015）。直到 1761 年海洋航海钟⊖的发明之后，才有可能在海上计算经度，让船只能找到更"直"的航线。

现在很难想象缺乏地理数据的情况。每个智能手机都有全球定位系统（GPS）接收器，从卫星和半自动驾驶的车辆到公民和科学家的设备上的传感器，都在不断地测量世界的每一个角落。数据产生的速度也非常快。例如，自动驾驶汽车每天可以产生 100GB 的数据（The Economist，2016）。卫星遥感数据已经大到无法用单台计算机分析，促使类似 OpenEO⊖等项目的提议产生。

这场"地理数据革命"催生对高性能计算硬件和高效可扩展软件的需求，以处理海量数据并从噪声中提取信号。空间数据库使得可以存储和管理庞大的地理数据集成为可能，未来最重要的工具要能从中读取数据并洞察规律。R 语言就是这样一个工具，它具有先进的分析、建模和可视化能力。在这个背景下，本书的重点不是编程语言本身［参考（Wickham，2014a）］。我们只是把 R 语言作为"工具"来理解世界，类似于亚历山大·冯·洪堡使用工具来深入理解自然界的复杂性和生物与环境的联系［参

⊖ https://en.wikipedia.org/wiki/Sextant。

⊖ https://en.wikipedia.org/wiki/Marine_chronometer。

⊖ http://r-spatial.org/2016/11/29/openeo.html。**OpenEO** 是 **Open Earth Observation** 的缩写，通过这个项目提供的接口，用户可以使用分布式存储和计算的技术，用多台计算机对海量数据进行处理。——译者注

考（Wulf，2015）]。虽然编程看起来像是一种还原主义[⊖]的活动，但目的是教授地理计算，不仅仅是为了好玩，而是为了理解世界。

R 语言是一个跨平台的、开源的，用于统计计算和可视化的编程语言（r-project. org/[⊜]）。R 语言还支持高级地理空间统计、建模和可视化。新的集成开发环境（Integrated Development Environment，IDE），如 RStudio，使得 R 语言对用户更加友好，它提供了一个专门用于交互式可视化的面板来简化地图制作。

从本质上讲，R 语言是一种面向对象的函数式编程语言[⊜]（Wickham，2014a），并且被专门设计为与其他软件进行交互的交互式接口（Chambers，2016）。包括许多连接到丰富的 GIS 软件、地理库和函数的"桥梁"（见第 9 章）。因此，它非常适合快速开发地理数据相关的小工具，而不需要掌握如 C++、FORTRAN 或 Java 这些编程语言（见1.3 节）。这就突破了传统 GIS 软件只能基于图形用户界面使用预设功能的束缚。此外，R 语言还便于访问其他语言：例如，包 **Rcpp** 和 **reticulate** 可以调用 C++ 和 Python 代码。这意味着 R 语言可以用作连接到各种地理空间程序的"桥梁"（见 1.3 节）。

R 语言的灵活性和不断发展的地理数据处理能力的另一个例子是交互式地图制作。我们将在第 8 章中看到，R 语言具有"有限的交互式绘图功能"（Bivand et al.，2013）的说法已经成为过去。这可以通过下面的代码块来证明，它创建了图 1.1（生成图的函数在 8.4 节中介绍）。

```
library(leaflet)
popup = c("Robin","Jakub","Jannes")
leaflet()%>%
  addProviderTiles("NASAGIBS.ViirsEarthAtNight2012")%>%
  addMarkers(lng = c(-3,23,11),
             lat = c(52,53,49),
             popup = popup)
```

几年前，使用 R 语言生成图 1.1 所示的交互式地图是很困难的。归功于 **knitr** 和 **leaflet** 软件包的开发，现在已经非常容易。这也说明了 R 语言的灵活性，它可以用作其他软件的接口，本书中将反复强调这个主题。本书使用 R 语言并通过可重复的示例

⊖　"还原主义"是一种哲学思想，认为复杂的系统可以拆解成各个部分来加以理解和描述，这与编程是类似的。——译者注

⊜　https://www.r-project.org/。

⊜　http://adv-r.had.co.nz/Functional-programming.html。

（见图 1.1）来教授地理计算，而不仅仅是讲述抽象的概念。

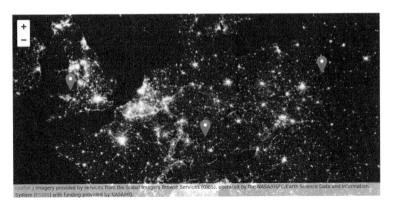

扫码看彩图

图 1.1   蓝色标记表示本书作者们的所在地，底图是由 NASA 提供的夜间地球瓦片图像，你可以通过访问 **r.geocompx.org** 的在线版本与之进行交互，例如缩放和单击弹出窗口

1.3   地理计算软件

R 语言是一门可以进行地理计算的强大的编程语言，但还有许多其他可选工具，这些工具提供了成千上万的地理计算函数。了解其他用于地理计算的编程语言将有助在特定任务中选择最适合的工具，并将 R 语言与更广泛的地理空间生态系统结合在一起。本节简要介绍了将 C++[四]、Java[五]和 Python[六]这些编程语言用于地理计算，为第 9 章做准备。

R（和 Python）语言的一个重要特征是，它们都是一种解释性语言。它的有利之处在于，可以在一个读取-求值-打印的循环（Read-Eval-Print Loop，REPL）中进行交互式编程，在控制台中输入的代码会立即执行，并打印出结果，而不是等待编译后执行。另一方面，编译语言（如 C++ 和 Java）往往运行得更快（一旦编译完成）。

C++ 是许多 GIS 软件包（如 QGIS[七]、GRASS[八]和 SAGA[九]）的基础开发语言。精心

[四] https://isocpp.org/。
[五] https://www.oracle.com/java/index.html。
[六] https://www.python.org/。
[七] https://www.qgis.org/。
[八] https://grass.osgeo.org/。
[九] http://www.saga-gis.org/。

编写的 C++ 代码非常快，因此它是处理大型地理数据集等性能关键型应用程序的良好选择，但它比 Python 或 R 更难学习。随着 **Rcpp** 软件包的出现，C++ 已经变得更加易于使用，它为 R 用户提供了一个很好的入门方式。精通这种语言可以创建新的高性能"地理算法"，并更好地理解 GIS 软件的工作原理（参考第 10 章）。

Java 是另一种重要的多功能地理计算语言。GIS 软件包 gvSig、OpenJump 和 uDig 都是用 Java 编写的。有许多用 Java 编写的 GIS 库，包括 GeoTools 和 JTS，即 Java 拓扑套件（Java Topology Suite），GEOS 是 JTS 的 C++ 移植版。此外，许多地图服务使用 Java，包括 Geoserver/Geonode、deegree 和 52°North WPS。

Java 的面向对象语法与 C++ 相似。Java 的一个主要优点是它是平台无关的（这在编译语言中是不常见的），并且具有高度可扩展性，这让它成为适合开发 IDE（集成开发环境）的语言。比如 RStudio，本书就是在 RStudio 中编写的。与 Python 或 R 相比，Java 的统计建模和可视化工具较少，虽然它也可以用于数据科学（Brzustowicz, 2017）。

Python 是地理计算的重要语言，特别是因为许多桌面 GIS（如 GRASS、SAGA 和 QGIS）提供了 Python API（参考第 9 章）。与 R 一样，它也是数据科学的流行工具[一]。这两种语言都是面向对象的，并且有许多相似之处，这催生了如 **reticulate** 这样的项目，它可以方便地从 R 语言访问 Python。Ursa Labs[二]也是在这个背景下提出的，它支持可移植的库[三]，让整个开源数据科学生态系统受益。

在实践中，R 和 Python 都有各自的优势，而且在某种程度上，你使用哪种语言并不重要，重要的是应用领域和研究成果的交流。学习任何一种语言，都有助于学习另一种语言。不过，R 相对于 Python 在地理计算领域有更大的优势。这归功于 R 本身对矢量和栅格这两种地理数据更好的支持（参考第 2 章），以及 R 强大的可视化功能（参考第 2 章和第 8 章）。同样重要的是，R 在统计学方面有着无与伦比的支持优势，包括空间统计学，有数百个包（Python 无法匹敌）支持数千种统计方法。

Python 的主要优势在于它是一种通用编程语言。它在许多领域都有应用，包括桌面软件、计算机游戏、网站和数据科学。Python 通常是不同（地理计算）社区之间唯一共用的语言，可以看作是将许多 GIS 程序黏合在一起的"胶水"。许多地理算法（包括 QGIS 和 ArcMap 中的算法）都可以从 Python 命令行中访问，这使得它非常适合作为使用命令行处理地理数据的入门语言[四]。

[一] https://stackoverflow.blog/2017/10/10/impressive-growth-r/.

[二] https://ursalabs.org/.

[三] 这里"可移植"的含义是指可以在各个编程环境中使用。——译者注

[四] 提供地理算法支持的 Python 模块包括 grass.script（GRASS）、saga-python（SAGA-GIS）、processing（QGIS）和 arcpy（ArcGIS）。

然而，对于空间统计和预测建模，R 语言是首选。这并不意味着你必须选择 R 或 Python。Python 支持大多数常见的统计技术（尽管 R 语言通常会更及时地支持空间统计的新算法），而且从 Python 中学到的许多概念也可以应用到 R 的世界中。与 R 类似，Python 也有支持地理数据分析和处理的模块，例如 **osgeo**、**Shapely**、**NumPy** 和 **PyGeoProcessing**（Garrard，2016）等包。

1.4　R 语言中地理计算的软件生态

在 R 中处理地理数据有许多方法，该领域有数十个包可供使用[一]。在本书中，我们努力教授该领域的最新技术，同时确保这些方法在未来一段时间都不会过时。与软件开发的许多领域一样，R 的空间生态系统正在快速发展（见图 1.2）。由于 R 是开源的，因此这些发展可以轻松地建立在以前的工作基础上，正如牛顿在 1675 年[一]所说的那样，通过"站在巨人的肩膀上"。这种方法的优点在于它鼓励协作，避免"重复造轮子"。例如，sf 包（在第 2 章中介绍）是在其前身 sp 的基础上构建的。

在 R 获得了 R 联盟（R Consortium）的资助，开发了对简单要素（Simple Features）的支持后，开发者们对空间数据领域的兴趣极大增加，投入的时间也激增。简单要素是一种开源的标准和模型，用于存储和访问矢量几何。这催生了 sf 包（在 2.2.1 节中介绍）。sf 在很多地方被提及，说明大家对它十分感兴趣。在 R-sig-Geo Archives[三]中尤其如此，这是一个存在已久的公开电子邮件列表，其中包含多年来积累的大量 R 语言与空间数据相关的知识。

值得注意的是，R 社区的整体变化，如数据处理包 dplyr（2014[四]年发布）的出现，影响了 R 的空间生态系统。2016[五]年底，dplyr 与其他具有共同风格和强调"整洁数据"的包（例如 ggplot2）一起被放入 tidyverse 中。tidyverse 以其关注长格式的数据和简单直观的命名函数而闻名。这使得"整洁的地理数据"需求量大增，sf 和其他包（如 tabularaster）部分满足了这一需求。tidyverse 的一个明显特征是包之间的

[一]　可以在 CRAN 的空间数据分析任务视图（CRAN Task View）中找到 R 空间生态系统的概述（请参见 https：//cran.rproject.org/web/views/Spatial.html）。

[二]　http：//digitallibrary.hsp.org/index.php/Detail/Object/Show/object_id/9285。

[三]　https：//stat.ethz.ch/pipermail/r-sig-geo/。

[四]　https：//cran.r-project.org/src/contrib/Archive/dplyr/。

[五]　https：//cran.r-project.org/src/contrib/Archive/tidyverse/。

协作。在空间数据领域，虽然还没有一个 **geoverse** 包来实现多个包之间的协作，但有人试图协调托管在 r-spatial[⊖]组织中的软件包降低它们协作的门槛，目前越来越多的软件包正在使用 **sf**（见表 1.2）。

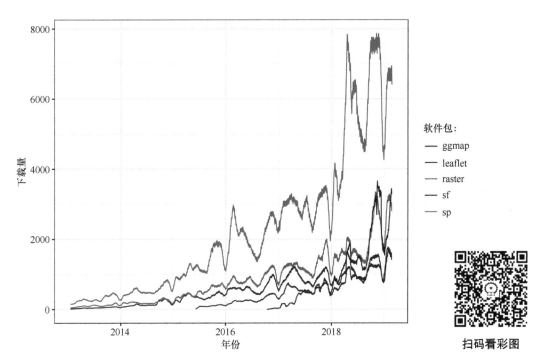

扫码看彩图

图 1.2　R 语言中空间包的流行度（y 轴表示在 30 天的滚动窗口内，
突出的空间包平均每天的下载量）

表 1.2　依赖 **sf** 的包中，过去一个月平均每日下载量最高的前 5 个软件包及其下载量。
截至 **2019 年 3 月 8 日**共有 **128** 个软件包依赖 **sf**。

软件包	下载量
ggplot2	25678
plotly	5171
raster	3033
leaflet	1609
spdep	1441

⊖　https://github.com/r-spatial/discuss/issues/11。

1.5 R 语言地理计算的发展史

使用最新的空间包（如 sf）有许多好处，但了解 R 语言的空间能力的历史也很重要。许多函数、用例和教材都包含在旧的包中。只要你知道如何查找，这些资料至今仍然有用。

R 语言的空间数据处理能力源于 S 语言中早期的软件包（Bivand and Gebhardt，2000）。在 20 世纪 90 年代，出现了许多 S 脚本和一些用于空间统计的包。根据在 GeoComputation 2000 上发表的一篇文章[⊖]，到 2000 年，已经有了各种空间方法的 R 包，包括 "点模式分析（point pattern analysis）、地质统计学（geostatistics）、探索性空间数据分析（exploratory spatial data analysis）和空间计量经济学（spatial econometrics）"（Bivand and Neteler，2000）。其中一些包，特别是 **spatial**，**sgeostat** 和 **splancs**，仍然可以在 CRAN 上获得（Rowlingson and Diggle，1993，2017；Venables and Ripley，2002；Majure and Gebhardt，2016）。

随后 *R News*（The R Journal[⊖]的前身）的一篇文章，概述了当时 R 语言中的空间统计软件，其中许多代码都是基于 S/S-PLUS 编写的（Ripley，2001）。它描述了用于空间平滑和插值的包，包括 **akima** 和 **geoR**（Akima and Gebhardt，2016；Jr and Diggle，2016），以及用于点模式分析的包，包括 **splancs**（Rowlingson and Diggle，2017）和 **spatstat**（Baddeley et al.，2015）。

后续的 *R News* 期刊（第 1/3 卷）[⊖]再次聚焦于空间统计的软件包，更详细地介绍了 **splancs**，并对空间统计的未来前景进行了评论（Bivand，2001）。此外，该期刊介绍了两个用于测试空间自相关性的包，最终成为 **spdep** 的一部分（Bivand，2017）。值得注意的是，评论提到了需要标准化空间接口、有效地与 GIS 交换数据以及处理空间元数据 [如坐标参照系（Coordinate Reference Systems，CRS ）] 的需求。

maptools（由 Nicholas Lewin-Koh 开发；Bivand and Lewin-Koh，2017）是当时另一个重要的包。最初，maptools 只是 shapelib^四的一个封装，允许将 ESRI Shapefiles 读

⊖ http://www.geocomputation.org/2000/GC009/Gc009.htm。

⊖ https://journal.r-project.org/。

⊖ 文章见 https://www.r-project.org/doc/Rnews/Rnews_2001-3.pdf。——译者注

四 http://shapelib.maptools.org/。

取成一个由几何元素组成的嵌套列表（nested list⊖）中。同时还引入一个如今已经过时的 S3 类："Map"，该类将几何列表和属性数据框（data frame）存储在一起。这个工作直接为 **sp** 包在 CRAN 的发布提供了支持。

2003 年，Roger Bivand 发表了一篇关于空间包的评论。它提出了一个类系统，支持 GDAL 提供的"数据对象"，包括"基本"的点、线、多边形和栅格类型。此外，他建议与外部库的接口应该成为模块化 R 包的基础（Bivand，2003）。这些想法在 **rgdal** 和 **sp** 包中得到了很大程度的实现。在 2008 年首次出版的 *Applied Spatial Data Analysis with R*（Bivand et al.，2013）这本书中提到，这些包为 R 语言的空间数据分析提供了基础。10 年后，R 语言的空间能力已经有了很大的发展，但它们仍然建立在（Bivand，2003）提出的思想基础上。例如，与 GDAL 和 PROJ 的接口仍然支持着 R 语言的高性能地理数据读写和空间坐标系转换能力（分别参见第 6 章和第 7 章）。

2003 年发布的 **rgdal**，为 R 语言提供了 GDAL 的接口，极大地增强了它导入各种地理数据的文件格式的能力。最初的版本仅支持栅格数据，但随后的更新提供了对坐标参照系（通过 PROJ 库）、重投影和矢量文件格式的导入支持（有关文件格式的更多信息，请参见第 7 章）。其中许多附加功能是由 Barry Rowlingson 开发并在 2006 年发布到 **rgdal** 代码库中的（参见 Rowlingson et al.，2003，和 R-help⊜电子邮件列表以了解背景）。

sp 在 2005 年发布，克服了 R 无法区分空间对象和非空间对象的缺点（Pebesma and Bivand，2005）。**sp** 是从 2003 年维也纳的一个研讨会⊜发展而来的，最初托管在 sourceforge 上，后来迁移到 R-Forge⑩。在 2005 年之前，地理坐标值通常被视为普通的数字。**sp** 通过支持点、线、多边形、栅格和属性数据的类及相应的操作函数，改变了这一点。

sp 使用 S4 类系统，将诸如边界框、坐标参照系和属性等信息存储在 Spatial 对象的插槽中，使得数据操作可以在地理数据上进行（参见 2.2.2 节）。此外，**sp** 为地理数据提供了 summary() 和 plot() 等通用方法。在接下来的 10 年中，**sp** 类迅速成为 R 语言中地理数据的流行选择，依赖于它的包的数量从 2008 年的约 20 个增加到 2013 年的 100 多个（Bivand et al.，2013）。截至 2018 年，近 500 个包依赖于 **sp**，使其成为 R 生态系统中的重要组成部分。使用 **sp** 的知名 R 包包括：用于空间和时空的统计学的 **gstat**；用于球面三角学的 **geosphere**；以及用于动物栖息地选择分析的 **adehabitat**

⊖ list 是 R 语言中的一个数据结构。——译者注
⊜ https://stat.ethz.ch/pipermail/r-help/2003-January/028413.html。
⊜ http://spatial.nhh.no/meetings/vienna/index.html。
⑩ https://r-forge.r-project.org。

（Pebesma and Graeler，2018；Calenge，2006；Hijmans，2016）。

虽然 **rgdal** 和 **sp** 解决了许多空间问题，但 R 仍然缺乏执行几何操作的能力（请参见第 5 章）。Colin Rundel 在 2010 年的 Google Summer of Code 项目中开发了 **rgeos**，这是一个 R 接口，用于操作开源几何库（GEOS）（Bivand and Rundel，2018）。**rgeos** 使 GEOS 能够使用 gIntersection() 等函数操作 **sp** 包的对象。

sp 生态系统的另一个限制是其对栅格数据的有限支持，这一限制在 2010 年首次发布的 **raster** 中得到了解决（Hijmans，2017）。**raster** 的类系统和函数使得一系列栅格操作成为可能，详见 2.3 节。**raster** 的一个重要功能是它们能够处理太大而无法放入 RAM 的数据集（R 语言对 PostGIS 的接口也支持对地理矢量数据的离线操作）。**raster** 还支持地图代数，详见 4.3.2 节[⊖]。

随着类系统和方法的发展，R 也开始支持作为专用 GIS 软件的接口。在这方面，**GRASS**（Bivand，2000）和其后续包 **spgrass6** 和 **rgrass7**（分别用于 GRASS GIS 6 和 7）是典型的例子（Bivand，2016a，b）。R 和 GIS 之间的其他桥梁包括 **RSAGA**（Brenning et al.，2018，首次发布于 2008 年）、**RPyGeo**（Brenning，2012a，首次发布于 2008 年）、**RQGIS**（Muenchow et al.，2017，首次发布于 2016 年）和 **rqgisprocess**（详见第 9 章）。

最初，R-spatial 的开发重点并不是可视化，而是分析和地理操作。**sp** 提供了使用基础绘图系统和 lattice 绘图系统进行制图的方法，但随着 2007 年 **ggplot2** 的发布，对高级制图功能的需求不断增长。**ggmap** 通过方便地访问来自在线服务（如 Google Maps）的"底图"瓦片，扩展了 **ggplot2** 的空间能力（Kahle and Wickham，2013）。虽然 **ggmap** 方便了使用 **ggplot2** 进行制图，但它的实用性有限，它需要将空间对象转换为可用于绘图数据框格式。虽然这对于点数据很有效，但对于线和面数据来说计算效率很低，因为每个坐标（顶点）都会被转换为一行，导致需要使用巨大的数据框来表示复杂的几何形状。虽然地理可视化往往集中在矢量数据上，但栅格可视化在 **raster** 中得到支持，并随着 **rasterVis** 得到了进一步提升，该软件包在一本关于空间和时间数据可视化的书中进行了描述（参考 Lamigueiro，2018）。截至 2018 年，用 R 语言进行地图制作是一个热门话题，专门的软件包如 **tmap**、**leaflet** 和 **mapview** 都支持由 **sf** 提供的类系统，这是下一章的重点（有关可视化的更多信息，请参见第 8 章）。

⊖ 在原出版的书籍中没有提及 **terra** 包，原作者在后续开源书籍中提到，**raster** 可以被较新的 **terra** 包取代。——译者注

1.6　练习

1）考虑前文描述的"地理信息系统（GIS）""地理数据科学（GDS）"和"地理计算（Geocomputation）"这些术语。哪个（如果有的话）最能描述你希望使用的地理相关的方法和软件进行的工作，为什么？

2）请提供三个使用可编程语言（如 R 语言）而非基于图形用户界面（GUI）的GIS 软件（如 QGIS）进行地理计算的原因。

3）请列举使用成熟的地理数据分析包（例如 **sp**）和使用最新的地理数据分析包（例如 **sf**）的两个优点和两个缺点。

第一部分

基　础

第 2 章

R 语言中的地理数据

前提要求

这是本书的第一个实操章节，因此需要安装一些软件。我们假设你已经安装了最新版本的 R，并且熟悉使用带有命令行界面的软件，例如集成开发环境（IDE）RStudio。

如果你是 R 的初学者，我们建议你阅读 Gillespie and Lovelace（2016）的在线书籍 *Efficient R Programming* 第 2 章，并参考 Grolemund and Wickham（2016）或 DataCamp[⊖]等资源学习 R 语言的基础知识。请管理好你的学习成果（比如创建多个 RStudio 项目），并给脚本起有意义的名字，如 chapter-02.R，以记录你学习时编写的代码。

本章中使用的软件包可以使用以下命令[⊖]进行安装：

```
install.packages("sf")
install.packages("raster")
install.packages("spData")
devtools::install_github("Nowosad/spDataLarge")
```

⊖ https://www.datacamp.com/courses/free-introduction-to-r。
⊖ **spDataLarge** 不在 CRAN 上，因此必须使用 **devtools** 或以下命令进行安装 install.packages("spDataLarge", repos="https://nowosad.github.io/drat/", type="source")。

> 如果你使用的是 Mac 或 Linux 系统，安装 **sf** 可能会遇到些麻烦。这些操作系统需要先安装"系统依赖"，这些依赖在包的 README 中有描述。可以在网上找到各种特定于操作系统的说明，例如博客 rtask.thinkr.fr 上的文章 *Installation of R 3.5 on Ubuntu 18.04*。

提示

要复现本书内容所需的所有软件包，可以用以下命令进行安装：
devtools::install_github("geocompr/geocompkg")。这些软件包可以用以下方式"加载"（技术上说，是把它们附加到环境中）：

```
library(sf)              # 矢量数据相关的类和函数
library(raster)          # 栅格数据相关的类和函数
```

以下安装的软件包中，包含了本书将使用的数据：

```
library(spData)          # 加载地理学数据集
library(spDataLarge)     # 加载大型地理学数据集
```

2.1　导读

本章将简要介绍基本的地理数据模型：矢量（vector）和栅格（raster）。在演示它们在 R 中的实现之前，我们将介绍每个数据模型背后的理论和它们主导的学科。

矢量数据模型使用点、线和多边形来表示世界。它们具有离散、明确定义的边界，因此矢量数据集通常具有高精度（但不一定准确，如 2.5 节所述）⊖。栅格数据模型将表面划分成固定大小的单元格。栅格数据集是网络地图中使用的背景图的基础，自航空摄影和卫星遥感技术问世以来，一直是地理数据的重要来源。栅格数据将具有空间特定特征的数据聚合到给定的分辨率中，这意味着它们在空间上是一致的并且可扩展的（许多全球栅格数据集可用）。

哪种数据模型更好？答案可能取决于你的应用领域：

● 矢量数据在社会科学中占主导地位，因为人类定居点往往具有离散的边界。

⊖ 高精度（precision）是指在数据的边界上有清晰的细节，而高度准确（accuracy）是指数据的边界要在正确的位置上。——译者注

● 栅格数据通常在环境科学中占主导地位，因为它们依赖于遥感数据。

在某些存在很大重叠的领域，栅格和矢量数据集可以一起使用，例如：生态学家和人口统计学家通常同时使用矢量和栅格数据。此外，矢量和栅格可以相互转换（见5.4 节）。无论你的工作涉及更多矢量数据集还是更多栅格数据集，都值得在使用它们之前了解底层数据模型，后续章节将讨论这些内容。本书分别使用 **sf** 和 **raster** 软件包来处理矢量数据和栅格数据集。

2.2　矢量数据

提示　在使用"vector"一词时要小心，因为它在本书中有两个含义：地理矢量数据和 R 中的 vector。前者是数据模型，后者是 R 中的数据结构，就像 data.frame 和 matrix 一样。尽管如此，两者之间仍然存在联系：地理矢量数据模型的核心是可以使用 vector 对象在 R 中表示空间坐标。

地理矢量模型基于坐标参照系（Coordinate Reference System，CRS）中的点。点可以表示独立的特征（例如，公交车站的位置），也可以将它们连接在一起形成更复杂的几何图形，例如线和多边形。大多数点数据仅包含两个维度（三维坐标系会包含额外的 z 值，通常表示海拔或高度）。

举例来说，坐标系统中伦敦可以由坐标 c(-0.1,51.5) 表示。这意味着它位于原点的东经 –0.1° 和北纬 51.5°。在这种情况下，原点位于地理（'lon/lat'）CRS 中的 0° 经度（本初子午线）和 0° 纬度（赤道）。同样的点也可以在投影后的英国网格参考系统（British National Grid）[⊖]中用'Easting/Northing'值 c(530000,180000) 来近似，这意味着伦敦位于 CRS 原点的东经 530km 和北纬 180km 处。这可以通过视觉验证：表示伦敦的点与原点之间有略多于 5 个"网格"，每个网格均是以灰色网格线为界的、宽度为 100km 的正方形区域（见图 2.1）。

英国网格参考系统的原点位于西南半岛以外的海域，这确保了英国大多数地点的东向和北向坐标值为正[⊖]。关于 CRS 还有更多内容，请参见 2.4 节和 2.6 节，但本节的

⊖　https://en.wikipedia.org/wiki/Ordnance_Survey_National_Grid。

⊖　我们所指的原点如图 2.1 所示，实际上是"虚假"的原点。"真正"的原点，即畸变最小的位置，位于 2°W 和 49°N。这是由英国测量局选择的，纵向大致位于英国陆地的中心。

目标是，只需知道坐标由两个数字组成，通常是 x 维度在前，y 维度在后，它们表示了与原点之间的距离。

sf（见图 2.2）是一个为矢量数据提供类型支持的 R 包。它不仅取代了 **sp** 包，还提供了一个与 GEOS 和 GDAL 一致的命令行接口，取代了 **rgeos** 和 **rgdal**（在 1.5 节中介绍过）。本节介绍 **sf** 类，为后续章节（第 5 和第 7 章分别介绍 GEOS 和 GDAL 接口）做准备。

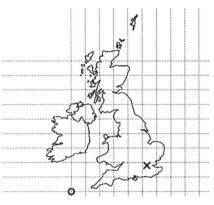

图 2.1　矢量（点）数据的示例，其中伦敦的位置（× 位置）是相对于原点（圆圈）表示的

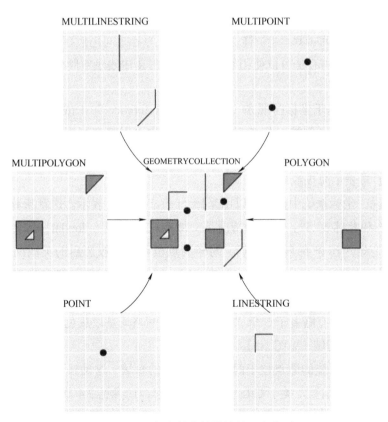

图 2.2　sf 包完整支持的简单要素类型

2.2.1　简单要素介绍

简单要素（Simple Features）是由开放地理空间联盟（OGC）开发和支持的一种开放标准⊖，OGC 是一个非营利组织，我们将在后面的章节（7.5 节）中再次介绍它。简单要素是一种分层数据模型，可以表示各种几何类型。在规范中定义的 17 种几何类型中，只有 7 种在绝大多数地理研究中使用（参见图 2.2）；这些核心几何类型在 R 包 **sf** 有完整的支持（Pebesma，2018）⊖。

sf 软件包可以表示所有常见的矢量几何类型（不支持栅格数据）：点、线、多边形及其各自的"multi"版本（将相同类型的要素组合成单个要素）。**sf** 还支持几何体集合（Geometry Collections），可以在单个对象中包含多个几何类型。**sf** 在很大程度上取代了 **sp** 生态系统，其中包括 **sp**（Pebesma and Bivand，2018）、用于数据读写的 **rgdal**（Bivand et al.，2018）和用于空间操作的 **rgeos**（Bivand and Rundel，2018）。该软件包有很好的文档，可以在其网站和 6 个文档中看到，使用以下方式查看：

```
vignette(package ="sf")        #查看可用示例
vignette("sf1")                #第一篇文档：sf 包简介
```

正如上述代码提到的第一篇文档中所解释的那样，R 语言中的简单要素对象存储在数据框中，其中地理数据占据一个特殊的列，通常命名为"geom"或"geometry"。我们将使用 **spData** 提供的 world 数据集，该数据集在本章开头已经加载了（有关软件包加载的数据集列表，请参见 nowosad.github.io/spData⊖）。world 是一个空间对象，包含空间和属性列，函数 names() 返回列名（最后一列包含地理信息）：

```
names(world)
#>  [1]"iso_a2"   "name_long" "continent" "region_un" "subregion" "type"
#>  [7]"area_km2" "pop"       "lifeExp"   "gdpPercap" "geom"
```

geom 列的值为 sf 对象赋予了空间能力，**sf** 包提供了一个 plot() 方法，用于可视化地理数据。

⊖ http://portal.opengeospatial.org/files/?artifact_id=25355。

⊖ 完整的 OGC 标准包括一些相当奇特的几何类型，包括"表面"和"曲线"几何类型，目前在实际场景中的应用有限。所有 17 种类型都可以用 **sf** 包表示，但（截至 2018 年夏季）只有核心的 7 种类型可以用于绘图。

⊖ https://nowosad.githwb.io/spData/。

这种模式对于探索不同变量的空间分布非常有用。

将空间对象视为具有空间能力的常规数据框具有许多优点，尤其是在你已经习惯于使用数据框的情况下。例如，常用的 summary() 函数提供了 world 对象中变量的概述。

虽然我们运行 summary 命令时只选择了一个变量，但它也输出了有关几何信息的报告。这展示了 **sf** 对象的几何列的"黏性"行为，这意味着除非用户有意删除它们，否则几何信息将被保留，正如我们将在 3.2 节中看到的那样。返回结果中提供了有关 world 中包含的非空间数据和空间数据的摘要信息：所有国家的平均预期寿命为 71 岁（最低的不到 51 岁，最高的超过 83 岁，中位数为 73 岁）。

提示　　　在 world 对象中，要素的几何类型为 MULTIPOLYGON，这种表示方法对于具有岛屿的国家（如印度尼西亚和希腊）是必要的。其他几何类型会在 2.2.3 节中描述。

sf 对象的基本操作和内在元素值得深入研究，它可以被视为一个空间数据框（**spatial data frame**）。

sf 对象很容易进行子集操作。下面的代码显示了其前两行和前三列。与常规的 data.frame 相比，输出显示了两个主要的区别：包含了额外的地理数据 [geometry type、dimension、bbox 和 CRS 信息 -epsg(SRID)、proj4string]，以及存在一个名为 geom 的 geometry 列。

所有这些可能看起来相当复杂，特别是对于一个想象中很简单的类系统。不过，用 **sf** 包的这种设计方式是事出有因的。

在描述 **sf** 包支持的每种几何类型之前，有必要退一步了解 sf 对象的组成部分。2.2.6 节展示了简单要素对象是数据框，具有特殊的几何列。这些空间列通常称为 geom 或 geometry：world$geom 是上面描述的 world 对象的空间元素。这些几何列是 sfc 类（请参见 2.2.5 节）的"列表列"。sfc 对象又由一个或多个 sfg 类对象组成，sfg 是指简单要素几何（Simple Feature Geometries），我们将在 2.2.4 节介绍。

为了理解简单要素的空间组件是如何工作的，了解简单要素几何是至关重要的。因此，在 2.2.3 节中，我们介绍了目前支持的每种简单要素几何类型，然后再描述如何使用 sfg 对象在 R 语言中表示这些几何类型，这些对象构成了 sfc 和最终的完整 sf 对象的基础。

提示

　　上面的代码块中使用 = 运算符创建一个名为 world_mini 的新对象，这被称为赋值。为了达到相同的结果，可以使用等价的命令 world_mini <-world[1:2,1:3]。虽然"箭头赋值"更常用，但我们使用"等于赋值"，因为它输入更快，而且它与常用的语言（如 Python 和 JavaScript）的赋值兼容，所以更易于教授。使用哪种方式主要是个人喜好，只要保持一致即可（可以使用 **styler** 等软件包来更改样式）。

2.2.2　为什么使用简单要素

　　简单要素是一种广泛支持的数据模型，它是许多 GIS 应用程序（包括 QGIS 和 PostGIS）中数据结构的基础。这样设计的一个主要优点是，使用简单要素可以让你的数据方便地在各个 GIS 应用程序之间进行交叉传输，例如从空间数据库导入和导出。

　　从 R 语言的角度来看，一个更具体的问题是"**sp** 包已经经过了测试和验证，为什么还要使用 **sf** 包"？原因有很多（与简单要素模型的优势相关），包括

- 快速读写数据。
- 提高绘图性能。
- **sf** 对象在大多数操作中可以被当作数据框。
- **sf** 函数可以使用 %>% 运算符组合，并且可以与 R 语言的 tidyverse[○]系列的包配合使用。
- **sf** 函数名称相对一致且直观（所有函数都以 st_ 开头）。

　　由于这些优势，一些空间包（包括 **tmap**、**mapview** 和 **tidycensus**）已经添加了对 **sf** 的支持。然而，大多数包要经过多年才能过渡到 **sf**，有些甚至永远不会支持。幸运的是，通过将它们转换为 **sp** 中使用的 Spatial 类，这些包仍然可以在基于 sf 对象的工作流中使用：

```
library(sp)
world_sp = as(world,Class = "Spatial")
# sp functions...
```

　　Spatial 对象可以通过相同的方式或使用 st_as_sf() 转换成 sf 对象：

　　○ http://tidyverse.org/。

```
world_sf = st_as_sf(world_sp,"sf")
```

2.2.3 几何类型

几何类型是简单要素的基本组成部分。在 R 语言中，简单要素可以采用 **sf** 包支持的 17 种几何类型之一。在本章中，我们将重点介绍 7 种最常用的类型：POINT、LINESTRING、POLYGON、MULTIPOINT、MULTILINESTRING、MULTIPOLYGON 和 GEOMETRYCOLLECTION。可以在 PostGIS 手册⊖中找到所有可能的要素类型列表。

通常，简单要素几何体的标准编码是 Well-Known Binary（WKB）或 Well-Known Text（WKT）。WKB 表示的通常是十六进制字符串，容易被计算机读取。这就是为什么 GIS 和空间数据库使用 WKB 来传输和存储几何对象的原因。另一方面，WKT 是简单要素的人类可读的文本标记描述。两种格式是可以互相转换的，如果要展示其中一种，我们自然会选择人类可读的 WKT 表示。

每种几何类型的基础都是点（POINT）。点是二维、三维或四维空间中的坐标［有关更多信息，请参见 vignette("sf1")］，例如（请参见图 2.3 中的左侧面板）：

- POINT(5 2)

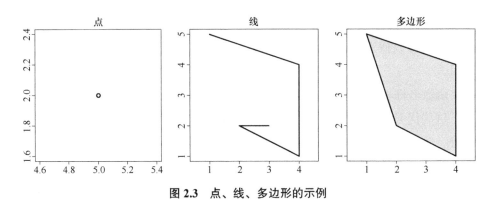

图 2.3   点、线、多边形的示例

线（LINESTRING）是一系列通过直线相连的点，例如（参见图 2.3 中的中间面板）：

- LINESTRING(1 5,4 4,4 1,2 2,3 2)

多边形（POLYGON）是一系列点形成的一个封闭的、不相交的环。封闭意味着

⊖ http://postgis.net/docs/using_postgis_dbmanagement.html。

多边形的第一个和最后一个点有相同的坐标（参见图 2.3 中的右侧面板）[⊖]。

* 没有内环的多边形：POLYGON((1 5,2 2,4 1,4 4,1 5))

到目前为止，我们已经创建了每个要素中只有一个几何实体的几何体。然而，**sf** 也允许单个要素中存在多个几何体（因此称为"几何体集合"），比如使用每种几何类型的"多（multi）"版本（见图 2.4）：

* 多点（MULTIPOINT）：MULTIPOINT(5 2,1 3,3 4,3 2)

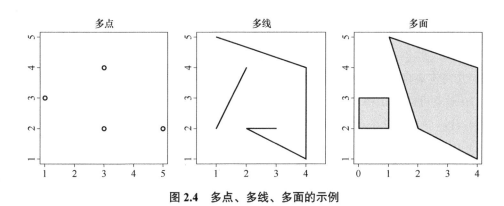

图 2.4　多点、多线、多面的示例

* 多线（MULTILINESTRING）：MULTILINESTRING((1 5,4 4,4 1,2 2,3 2), (1 2,2 4))

* 多面（MULTIPOLYGON）：MULTIPOLYGON (((1 5,2 2,4 1,4 4,1 5),(0 2,1 2,1 3,0 3,0 2)))

最后，几何体集合可以包含任何几何体的组合，包括（多）点和线（见图 2.5）：

* 几何体集合（GEOMETRYCOLLECTION）： GEOMETRYCOLLECTION(MULTIPOINT(5 2,1 3,3 4, 3 2),LINESTRING(1 5,4 4,4 1,2 2,3 2))

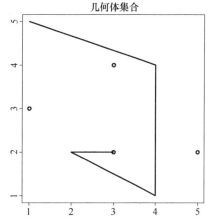

图 2.5　几何体集合的示例

2.2.4　简单要素几何（sfg）

sfg 类在 R 语言中表示不同的简单要素几何类型：点、线、多边形（以及多点、多线等）或几何体集合。

⊖　根据定义，多边形有一个外边界（外环），可以有零个或多个内边界（内环），也称为孔。带有孔的多边形可以是 POLYGON((1 5,2 2,4 1,4 4,1 5),(2 4,3 4,3 3,2 3,2 4)) 这样的形式。

通常情况下，你不需要自己创建几何体，因为可以直接导入已有的空间文件。但如果需要的话，你可以使用一组函数从头创建简单要素几何对象（sfg）。这些函数的名称简单且一致，它们都以 st_ 前缀开头，以小写字母的几何类型名称结尾：

- 一个点：st_point()
- 一个线：st_linestring()
- 一个多边形：st_polygon()
- 多点：st_multipoint()
- 多线：st_multilinestring()
- 多面：st_multipolygon()
- 几何体集合：st_geometrycollection()

sfg 对象可以从 3 种基本 R 数据类型创建：

1）数值向量：单个点。

2）矩阵：一组点，其中每行表示一个点、多点或线。

3）列表：对象的集合，例如矩阵、多线或几何体集合。

函数 st_point() 接收数值向量返回单个点：

```
st_point(c(5,2))                    # XY point
#> POINT(5 2)
st_point(c(5,2,3))                  # XYZ point
#> POINT Z(5 2 3)
st_point(c(5,2,1),dim = "XYM")      # XYM point
#> POINT M(5 2 1)
st_point(c(5,2,3,1))                # XYZM point
#> POINT ZM (5 2 3 1)
```

结果显示，XY（2D 坐标）、XYZ（3D 坐标）和 XYZM（3D 坐标加一个额外的变量，通常是测量精度）点类型分别从由度为 2、3 和 4 的向量创建。XYM 类型必须使用 dim 参数（即维度）指定。

相比之下，创建多点（st_multipoint()）和线（st_linestring()）对象时应该使用矩阵：

```
# 函数 rbind 简化了矩阵的创建
## 多点
```

```
multipoint_matrix = rbind(c(5,2),c(1,3),c(3,4),c(3,2))
st_multipoint(multipoint_matrix)
#> MULTIPOINT((5 2), (1 3), (3 4), (3 2))
##线
linestring_matrix = rbind(c(1,5),c(4,4),c(4,1),c(2,2),c(3,2))
st_linestring(linestring_matrix)
#> LINESTRING(1 5,4 4,4 1,2 2,3 2)
```

最后，使用列表来创建多线、多面和几何体集合：

```
##多边形
polygon_list = list(rbind(c(1,5),c(2,2),c(4,1),c(4,4),c(1,5)))
st_polygon(polygon_list)
#> POLYGON((1 5,2 2,4 1,4 4,1 5))
```

```
##有内环的多边形
polygon_border = rbind(c(1,5),c(2,2),c(4,1),c(4,4),c(1,5))
polygon_hole = rbind(c(2,4),c(3,4),c(3,3),c(2,3),c(2,4))
polygon_with_hole_list = list(polygon_border,polygon_hole)
st_polygon(polygon_with_hole_list)
#> POLYGON((1 5,2 2,4 1,4 4,1 5), (2 4,3 4,3 3,2 3,2 4))
```

```
##多线
multilinestring_list = list(rbind(c(1,5),c(4,4),c(4,1),c(2,2),c(3,2)),
                            rbind(c(1,2),c(2,4)))
st_multilinestring((multilinestring_list))
#> MULTILINESTRING((1 5,4 4,4 1,2 2,3 2), (1 2,2 4))
```

```
##多面
multipolygon_list = list(list(rbind(c(1,5),c(2,2),c(4,1),c(4,4),c(1,5))),
                list(rbind(c(0,2),c(1,2),c(1,3),c(0,3),c(0,2))))
st_multipolygon(multipolygon_list)
#> MULTIPOLYGON(((1 5,2 2,4 1,4 4,1 5)), ((0 2,1 2,1 3,0 3,0 2)))
```

```
## 几何体集合
gemetrycollection_list = list(st_multipoint(multipoint_matrix),
                              st_linestring(linestring_matrix))
st_geometrycollection(gemetrycollection_list)
#> GEOMETRYCOLLECTION(MULTIPOINT(5 2,1 3,3 4,3 2),
#> LINESTRING(1 5,4 4,4 1,2 2,3 2))
```

2.2.5　简单要素列（sfc）

一个 sfg 对象只包含单个简单要素几何体。一个简单要素几何列（sfc）是 sfg 对象的列表，它还能够包含坐标参照系的信息。例如，要将两个简单要素组合成一个具有两个要素的对象，可以使用 st_sfc() 函数。注意，sfc 对象其实就是 **sf** 数据框中的几何列：

```
# sfc POINT
point1 = st_point(c(5,2))
point2 = st_point(c(1,3))
points_sfc = st_sfc(point1,point2)
points_sfc
#> Geometry set for 2 features
#> Geometry type:  POINT
#> Dimension:      XY
#> Bounding box:   xmin:1 ymin:2 xmax:5 ymax:3
#> CRS:            NA
#> POINT(5 2)
#> POINT(1 3)
```

在大多数情况下，sfc 对象包含相同几何类型的对象。因此，当我们将类型为多边形的 sfg 对象转换为简单要素几何列时，也会得到一个类型为多边形的 sfc 对象，可以使用 st_geometry_type() 进行验证。同样，多线的几何列将生成类型为多线的 sfc 对象：

```
# sfc POLYGON
polygon_list1 = list(rbind(c(1,5),c(2,2),c(4,1),c(4,4),c(1,5)))
polygon1 = st_polygon(polygon_list1)
polygon_list2 = list(rbind(c(0,2),c(1,2),c(1,3),c(0,3),c(0,2)))
polygon2 = st_polygon(polygon_list2)
polygon_sfc = st_sfc(polygon1,polygon2)
st_geometry_type(polygon_sfc)
#> [1]POLYGON POLYGON
#> 18 Levels:GEOMETRY POINT LINESTRING POLYGON MULTIPOINT...TRIANGLE
```

```
# sfc MULTILINESTRING
multilinestring_list1 = list(rbind(c(1,5),c(4,4),c(4,1),c(2,2),c(3,2)),
                             rbind(c(1,2),c(2,4)))
multilinestring1 = st_multilinestring((multilinestring_list1))
multilinestring_list2 = list(rbind(c(2,9),c(7,9),c(5,6),c(4,7),c(2,7)),
                             rbind(c(1,7),c(3,8)))
multilinestring2 = st_multilinestring((multilinestring_list2))
multilinestring_sfc = st_sfc(multilinestring1,multilinestring2)
st_geometry_type(multilinestring_sfc)
#> [1]  MULTILINESTRING MULTILINESTRING
#> 18 Levels:GEOMETRY POINT LINESTRING POLYGON MULTIPOINT...TRIANGLE
```

还可以使用不同几何类型的 sfg 对象创建 sfc 对象：

```
# sfc GEOMETRY
point_multilinestring_sfc = st_sfc(point1,multilinestring1)
st_geometry_type(point_multilinestring_sfc)
#> [1]  POINT           MULTILINESTRING
#> 18 Levels:GEOMETRY POINT LINESTRING POLYGON MULTIPOINT...TRIANGLE
```

如前文所述，sfc 对象可以额外存储有关坐标参照系（CRS）的信息。要指定特定的 CRS，可以使用 sfc 对象的 epsg(SRID) 或 proj4string 属性。epsg(SRID) 和 proj4string 的默认值为 NA（不可用），可以使用 st_crs() 进行验证：

```
st_crs(points_sfc)
#> Coordinate Reference System: NA
```

sfc 对象中的所有几何体必须具有相同的 CRS。我们可以将坐标参照系作为 st_sfc() 函数的 crs 参数添加。该参数接受一个整数，例如 epsg 代码 4326，它会自动添加 'proj4string'（请参见 2.4 节）：

```
# EPSG 定义
points_sfc_wgs = st_sfc(point1,point2,crs = 4326)
st_crs(points_sfc_wgs)
#> Coordinate Reference System:
#> EPSG: 4326
#> proj4string:"+proj=longlat +datum=WGS84 +no_defs"
```

st_sfc() 函数还可以接受一个 proj4string 作为参数（执行结果未展示，读者可自行尝试）：

```
# PROJ4STRING 定义
st_sfc(point1,point2,crs = "+proj=longlat +datum=WGS84 +no_defs")
```

有时 st_crs() 会返回一个 proj4string，但不会返回 epsg 代码。这是因为没有通用的方法可以从 proj4string 转换为 epsg（请参见第 6 章）。

提示

2.2.6 sf 类

2.2.3~2.2.5 节介绍了纯几何对象、sf 几何对象和 sf 列对象，它们都是简单要素所表示的矢量数据的组件。最后一个组件是非地理属性，表示要素的名称或其他属性，例如测量值、分组等其他值。

为了说明属性，我们以 "2017 年 6 月 21 日伦敦 25℃温度" 为示例。此示例包含几何（坐标）和 3 个具有不同类别的属性（地名、温度和日期）[⊖]。sf 类的对象通过将属

⊖ 其他属性可能包括城市或村庄等类别，或者一条备注来说明是否是自动气象站测量的。

性（data.frame）与简单要素几何列（sfc）组合来表示此类数据。它们使用 st_sf()
创建，如下所示，它创建了上述伦敦的示例：

```
lnd_point = st_point(c(0.1,51.5))              # sfg 对象
lnd_geom = st_sfc(lnd_point,crs = 4326)        # sfc 对象
lnd_attrib = data.frame(                       # data.frame 对象
  name = "London",
  temperature = 25,
  date = as.Date("2017-06-21")
  )
lnd_sf = st_sf(lnd_attrib,geometry = lnd_geom) # sf 对象
```

上述代码做了什么？首先，使用坐标创建了简单要素几何（sfg）；其次，将几何
体转换为带有 CRS 的简单要素几何列（sfc）；第三，属性被存储在 data.frame 中，
然后使用 st_sf() 将其与 sfc 对象组合。最终生成一个 sf 对象，结果如下所示（省略
了一些输出）：

```
lnd_sf
#> Simple feature collection with 1 features and 3 fields
#> ...
#>   name temperature    date      geometry
#> 1 London          25 2017-06-21 POINT(0.1 51.5)
```

```
class(lnd_sf)
#>[1]"sf"           "data.frame"
```

结果显示，sf 对象实际上有两个类，sf 和 data.frame。简单要素实际上只是一
个具有一列存储在列表中的空间属性的数据框，这一列通常称为 geometry，如 2.2.1
节所述。这种二元性是简单要素概念的核心：大多数情况下，sf 对象可以像 data.
frame 一样处理。简单要素本质上是具有空间扩展特性的数据框。

2.3　栅格数据

地理栅格数据模型通常由栅格头信息和一个矩阵组成，其中矩阵表示等间距的单元格（通常也称为像素，见图 2.6a）⊖。栅格头信息定义了坐标参照系、范围和起点。起点通常是矩阵左下角的坐标（然而，**raster** 包默认使用左上角，如图 2.6b 所示）。头信息通过列数、行数和单元格大小分辨率定义了范围。因此，从起点开始，我们可以通过单元格的 ID（见图 2.6b）或显式指定行和列来轻松访问和修改每个单元格。矩形矢量多边形会存储 4 个边界点的坐标，而这种矩阵表示则避免了这种冗余（它实际上只存储一个坐标，即起点）。这种表示方法和地图代数使得栅格处理比矢量数据处理更快更高效。然而，与矢量数据相比，一个栅格层的单元格只能容纳一个值。该值可以是数值或分类值（见图 2.6c）。

a) 单元格ID　　　　　b) 单元格值　　　　　c) 彩色栅格地图

图 2.6　栅格数据类型

栅格地图通常表示连续数值的指标，例如高程、温度、人口密度或光谱数据（见图 2.7）。当然，我们也可以使用栅格数据模型来表示离散特征，例如土壤或土地覆被类（见图 2.7）。但是这些特征的离散边界会变得模糊，使用矢量表示可能更合适。

扫码看彩图

⊖ 头信息可以是数据文件的一部分，例如 GeoTIFF，也可以存储在额外的文件中，例如 ASCII 格式的网格。还有一种无头（平面）二进制栅格格式，它可以方便地导入各种软件程序。

连续数据

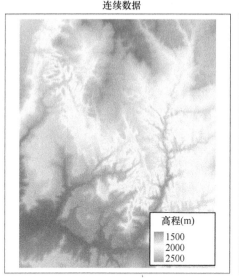

分类数据

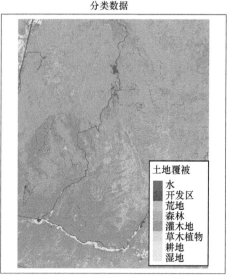

土地覆被
- ■ 水
- ■ 开发区
- ■ 荒地
- ■ 森林
- ■ 灌木地
- ■ 草木植物
- ■ 耕地
- ■ 湿地

高程(m)
- 1500
- 2000
- 2500

图 2.7　连续和分类栅格的示例

2.3.1　栅格数据简介

raster 包支持 R 语言中的栅格对象。它提供了丰富的函数用于创建、读取、导出、处理栅格数据集。除了常用的栅格数据操作外，**raster** 还提供了许多低级函数，可以组合开发出更高级的栅格处理功能。**raster** 还可以处理比内存更大的栅格数据集。在这种情况下，**raster** 提供了流式处理的功能，它将栅格分成较小的块（行或块），并迭代地处理这些块而不是将整个栅格文件全部加载到内存［有关更多信息，请参见 vignette("functions",package = "raster")］。

为了演示 **raster**，我们使用来自 **spDataLarge** 的数据集（注意，这些包在本章的开头已加载）。它由几个栅格对象和一个覆盖锡安国家公园（Zion National Park，位于美国犹他州）区域的矢量对象组成。其中，srtm.tif 文件记录了该区域的数字高程模型（有关更多详细信息请参见其文档 ?srtm）。首先，让我们创建一个名为 new_raster 的 RasterLayer 对象：

```
raster_filepath = system.file("raster/srtm.tif",package = "spDataLarge")
new_raster = raster(raster_filepath)
```

在控制台中输入栅格的名称，将打印出栅格头信息（范围、维度、分辨率、CRS）

和一些附加信息（类、数据源名称、栅格值的摘要）：

```
new_raster
#> class      : RasterLayer
#> dimensions : 457, 465, 212505 (nrow, ncol, ncell)
#> resolution : 0.000833, 0.000833 (x, y)
#> extent     : -113, -113, 37.1, 37.5 (xmin, xmax, ymin, ymax)
#> coord.ref. : +proj=longlat +datum=WGS84 +no_defs +ellps=WGS84 +
                 towgs84=0, 0, 0
#> data source : /home/robin/R/x86_64-pc-linux../3.5/spDataLarge/raster/
                 srtm.tif
#> names      : srtm
#> values     : 1024, 2892 (min, max)
```

还有多个专用函数可以输出不同的信息：dim(new_raster) 返回行数、列数和层数；ncell() 函数返回单元格（像素）的数量；res() 返回栅格的空间分辨率；extent() 返回其空间范围；crs() 返回其坐标参照系（栅格重投影在 6.6 节中介绍）。inMemory() 报告了栅格数据是存储在内存中（默认）还是存储在磁盘上。

help("raster-package") 命令返回 **raster** 包中所有可用函数的完整列表。

2.3.2　基本地图制作

与 **sf** 包类似，**raster** 包也为它自己的类提供了 plot() 方法。

```
plot(new_raster)
```

在 R 中，还有其他几种绘制栅格数据的方法，不过这些超出了本节的范围。包括：

● 使用 spplot() 和 levelplot() 函数（分别来自 **sp** 和 **rasterVis** 包）创建多面板图，这是一种常见的可视化随时间变化的数据的技术。

● 使用 **tmap**、**mapview** 和 **leaflet** 等包创建栅格和矢量对象的交互式地图（参见第 8 章）。

基本的栅格绘图如图 2.8 所示。

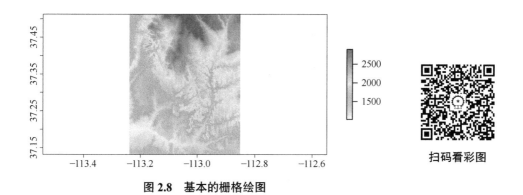

图 2.8　基本的栅格绘图

2.3.3　栅格类

RasterLayer 类是栅格对象最简单的表示，仅包含一个图层。在 R 语言中创建栅格对象的最简单方法是从磁盘或服务器中读取栅格文件。

```
raster_filepath = system.file("raster/srtm.tif",package ="spDataLarge")
new_raster = raster(raster_filepath)
```

在 **rgdal** 的帮助下，**raster** 包支持读写多种文件格式。要查看文件格式列表和系统上可用的驱动程序，请运行 raster::writeFormats() 和 rgdal::gdalDrivers()。

栅格对象还可以使用 raster() 函数从头创建。下面的代码块演示了如何创建一个新的 RasterLayer 对象。生成的栅格由 36 个单元格组成（由 nrows 和 ncols 指定 6 行 6 列），以本初子午线和赤道的交点为中心（请参见 xmn、xmx、ymn 和 ymx 参数）。CRS 参数使用栅格对象的默认值：WGS84。这意味着分辨率的单位是度，我们将其设置为 0.5（res 参数）。每个单元格都被赋予一个值（vals 参数）：1 赋值给单元格 1，2 赋值给单元格 2，以此类推。请注意：raster() 按行填充单元格［与 matrix() 不同］，从左上角开始，这意味着第一行包含值 1 到 6，第二行包含值 7 到 12，以此类推。

```
new_raster2 = raster(nrows = 6,ncols = 6,res = 0.5,
                     xmn = -1.5,xmx = 1.5,ymn = -1.5,ymx = 1.5,
                     vals = 1:36)
```

其他创建栅格对象的方法，请参见 ?raster。

除了 RasterLayer 之外，还有两个额外的类：RasterBrick 和 RasterStack。两

者都可以处理多个图层，但在支持的文件格式数量、内部表示类型和处理速度方面有所差异。

RasterBrick 由多个图层组成，通常对应于单个多光谱卫星文件或单个多层对象。brick() 函数可以创建一个 RasterBrick 对象。通常，你需要提供一个多层栅格文件的文件名，但也可以使用其他栅格对象和其他空间对象（请参见 ?brick 以获取所有支持的格式）。

```
multi_raster_file = system.file("raster/landsat.tif", package = "spDataLarge")
r_brick = brick(multi_raster_file)
```

```
r_brick
#> class           : RasterBrick
#> resolution      : 30, 30   (x, y)
#> ...
#> names           : landsat.1, landsat.2, landsat.3, landsat.4
#> min values      : 7550,       6404,       5678,       5252
#> max values      : 19071,      22051,      25780,      31961
```

nlayers() 函数用于检索存储在 Raster* 对象中的图层数量。

```
nlayers(r_brick)
#>[1] 4
```

RasterStack 类似于 RasterBrick，由多个图层组成。但与 RasterBrick 不同的是，RasterStack 允许你连接存储在不同文件或内存中的多个栅格对象。更具体地说，RasterStack 是具有相同范围和分辨率的 RasterLayer 对象列表。因此，创建 RasterStack 的一种方法是使用已存在于 R 全局环境中的空间对象。同样，也可以简单地指定存储在磁盘上的文件路径。

```
raster_on_disk = raster(r_brick, layer = 1)
raster_in_memory = raster(xmn = 301905, xmx = 335745,
                          ymn = 4111245, ymx = 4154085,
                          res = 30)
```

```
values(raster_in_memory)= sample(seq_len(ncell(raster_in_memory)))
crs(raster_in_memory)= crs(raster_on_disk)
```

```
r_stack = stack(raster_in_memory,raster_on_disk)
r_stack
#> class:RasterStack
#> dimensions:1428,1128,1610784,2
#> resolution:30,30
#> ...
#> names      :  layer,landsat.1
#> min values :     1,     7550
#> max values :1610784,    19071
```

另一个区别是，RasterBrick 对象的处理时间通常比 RasterStack 对象短。

选择使用哪个 Raster* 类主要取决于输入数据的特性。处理单个多层文件或对象时，使用 RasterBrick 最高效，而 RasterStack 允许基于多个文件、多个 Raster* 对象或两者的混合进行计算。

对 RasterBrick 和 RasterStack 对象的操作通常会返回一个 RasterBrick 对象。

提示

2.4　坐标参照系

不论是矢量数据还是栅格数据，空间数据的固有概念是共通的。也许最基本的概念之一是坐标参照系（CRS），它定义了数据的空间元素与地球表面（或其他物体）的关系。CRS 可以是地理坐标系或投影坐标系，这在本章开头已经介绍过（参见图 2.1）。本节将解释这两类坐标系，为 2.6 节的 CRS 转换奠定基础。

2.4.1　地理坐标系

地理坐标系使用经度和纬度两个值来标识地球表面上的任何位置。经度是指东西方向上与本初子午线平面的角度距离。纬度是指距赤道平面向北或向南的角度距离。因此，地理坐标系中的距离不是以米为单位进行测量的。这点很重要，详见 2.6 节。

地理坐标系中的地球表面可以用球面或椭球面来表示。球面模型假设地球是一个给定半径的完美球体。球面模型具有简单性的优点，但很少使用，因为它们不准确：地球不是一个完美球体！椭球面模型由两个参数定义：赤道半径和极半径。这个模型是合适的，因为地球是扁的：赤道半径比极半径长约 11.5km（Maling，1992）[⊖]。

椭球体是 CRS 的更广泛组成部分—基准面（datum）的一部分。其中包含有关要使用哪个椭球体（使用 PROJ CRS 库中的 ellps 参数）以及笛卡儿坐标与地球表面位置之间的精确关系的信息。这些额外的细节存储在 proj4string[⊖]符号中的 towgs84 参数中（有关详细信息可参见 proj4.org/parameters.html[⊖]）。基准面可以考虑地球表面的局部变化，例如大型山脉的存在，可以使用局部 CRS 来调整。有两种类型的基准：本地基准和地心基准。在本地基准中，例如 NAD83，椭球面被移动到与特定位置的表面对齐。在地心基准中，例如 WGS84，中心是地球的重心，投影的精度没有针对特定位置进行优化。可以通过执行 st_proj_info(type = "datum") 来查看可用的基准及其定义。

2.4.2　投影坐标参照系

投影坐标参照系是基于隐含的平面上的笛卡儿坐标。它们有一个原点、x 和 y 轴，以及一个线性测量单位，例如 m。所有投影坐标参照系都是基于某个地理坐标参照系，前面的章节已经介绍过，依靠地图投影将地球的三维表面转换为投影坐标参照系中的东向和北向（x 和 y）坐标。

这种转换过程中不可避免地会引入一些畸变。因此，地球表面的某些属性，如面积、方向、距离和形状，都会在这个过程中发生畸变。投影坐标系只能保留其中的一

⊖ 压缩程度通常称为*扁率*，以赤道半径（a）和极半径（b）定义，如下所示：$f = (a-b)/a$。也可以使用椭圆度和压缩度这两个术语（Maling，1992）。由于 f 是一个相当小的值，椭球模型使用"反扁率"（$rf = 1/f$）来定义地球的压缩。各种椭球模型中的 a 和 rf 的值可以通过执行 st_proj_info(type = "ellps") 来查看。
　　译者注：在最新的 sf 包中，st_proj_info 函数已更名为 sf_proj_info。

⊖ https://proj4.org/operations/conversions/latlon.html?highlight=towgs#cmdoption-arg-towgs84。

⊖ https://proj4.org/usage/projections.html。

到两个属性。投影通常根据它们保留的属性进行命名：等面积投影保持面积不变，方位角投影保持方向，等距投影保持距离，共形投影保持局部形状。

投影类型主要分为 3 类：圆锥形、柱面形和平面形。在圆锥形投影中，地球表面沿着一个或两个正切线被投影到一个圆锥体上。在这种投影中，正切线上的畸变最小，畸变随着与正切线的距离增加而增大。因此，它最适合用于中纬度地区的地图。柱面形投影将地球表面投影到一个圆柱体上。这种投影也可以通过沿着一个或两个正切线接触地球表面来创建。当绘制整个世界地图时，柱面形投影最常用。平面形投影将数据投影到一个在点或正切线处接触地球的平面上。它通常用于极地地区的制图。st_proj_info(type="proj") 列出了 PROJ 库支持的可用投影列表。

2.4.3　R 中的 CRS

在 R 中描述 CRS 有两种主要方法：epsg 代码和 proj4string 定义。这两种方法各有优劣。epsg 代码通常较短，更容易记忆，它还暗含了一个唯一的、明确定义好的坐标参照系。另一方面，proj4string 定义在指定不同参数（如投影类型、基准面和椭球体）方面具有更大的灵活性⊖。使用 proj4string 可以指定许多不同的投影，并修改现有的投影。这也使 proj4string 方法更加复杂。而 epsg 则指向一个确切的特定的 CRS。

相关的 R 包支持丰富的坐标参照系，它们主要使用历史悠久的 PROJ⊖库。除了在线搜索 EPSG 代码之外，另一种快速了解可用 CRS 的方法是通过 rgdal::make_EPSG() 函数，它输出一个包含可用投影的数据框。在进一步了解更多细节之前，值得学习如何在 R 语言中查看和过滤它们，这可以节省在互联网上搜索的时间。以下代码将交互式地显示可用的 CRS，可以过滤感兴趣的 CRS（读者可以尝试过滤 OSGB CRS）：

```
crs_data = rgdal::make_EPSG()
View(crs_data)
```

在 **sf** 中，可以使用 st_crs() 获取对象的 CRS。为了举例说明，我们先读取一个矢量数据集：

```
vector_filepath = system.file("vector/zion.gpkg",package = "spDataLarge")
new_vector = st_read(vector_filepath)
```

⊖　完整的 proj4string 参数列表可以在 https://proj4.org/ 找到。
⊖　http://proj4.org/。

新对象 new_vector 是一个多边形，表示锡安国家公园的边界（?zion）。

```
st_crs(new_vector)  # get CRS
#> Coordinate Reference System:
#> No EPSG code
#> proj4string:"+proj=utm +zone=12 +ellps=GRS80...+units=m +no_defs"
```

在坐标参照系缺失或设置错误的情况下，可以使用 st_set_crs() 函数：

```
new_vector = st_set_crs(new_vector,4326)  # set CRS
#> Warning:st_crs<-:replacing crs does not reproject data;
         use st_transform for that
```

警告消息告诉我们，st_set_crs() 函数不会将数据从一个 CRS 转换为另一个 CRS。projection() 函数可用于从 Raster* 对象中访问 CRS 信息：

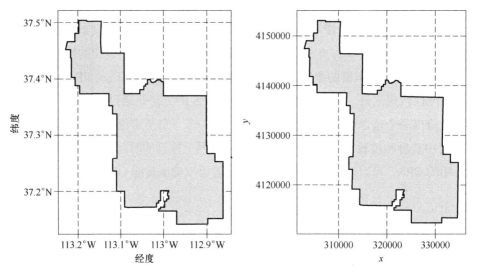

图 2.9　矢量数据在地理坐标系（WGS 84；左）和投影坐标参照系
（NAD83/UTM zone 12N；右）下的示例

```
projection(new_raster)  # get CRS
#>[1] " +proj=longlat + datum = WGS84 + no_defs"
```

projection() 函数还可以用于为栅格对象设置 CRS。与矢量数据相比，主要区别在于，栅格对象仅接受 proj4 定义：

```
projection(new_raster)="+proj=utm +zone=12 +ellps=GRS80 +towgs84=
                        0,0,0,0,0,0,0
                        +units=m +no_defs"# set CRS
```

我们将在第 6 章中更详细地介绍 CRS 以及如何从一个 CRS 投影到另一个 CRS。

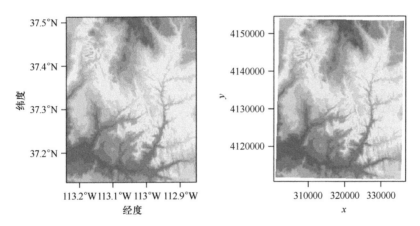

图 2.10　矢量数据在地理坐标系（WGS 84；左）和投影坐标参照系（NAD83/UTM zone 12N；右）下的示例

2.5　测量单位

CRS 的一个重要特征是它们包含有关空间单位的信息。显然，知道一座房子的尺寸是以英尺（ft[⊖]）还是米（m）为单位非常重要，地图也是如此。在地图上添加比例尺是很好的实践经验，用来演示页面或屏幕上的距离与地面距离之间的关系。类似的，明确几何数据或像素的测量单位也十分重要，后续的计算也要确保使用相同的测量单位。

sf 对象中几何数据的一个新特性是它们对单位的原生支持。这意味着在 **sf** 中进行的距离、面积和其他几何计算会返回带有 units 属性的值，该属性由 **units** 包定义（Pebesma et al.，2016）。这可以避免由不同单位引起的混淆（大多数 CRS 使用米，有些

⊖　1ft=0.3048m。——译者注

使用英尺），并提供有关维度的信息。查看下面的代码演示，它计算了卢森堡的面积：

```
luxembourg = world[world$name_long == "Luxembourg",]
```

```
st_area(luxembourg)
#> 2.41e+09[m^2]
```

输出的单位为平方米（m²）。这些信息被存储为属性［读者可以执行 attributes (st_area(luxembourg)) 查看］，可以用于后续涉及单位的计算，例如人口密度（通常以每平方千米的人数为单位）。报告单位可以避免混淆。以卢森堡为例，如果单位未指定，则可能错误地假设单位为公顷。为了将巨大的数字转换为更易读的形式，可以把结果除以 100 万（一平方千米等于一百万平方米）：

```
st_area(luxembourg) / 1000000
#> 2409[m^2]
```

但是直接除以一百万，结果中的单位仍然是平方米，这明显是错误的。解决方案是使用 **units** 包设置正确的单位：

```
units::set_units(st_area(luxembourg),km^2)
#> 2409[km^2]
```

在栅格数据的处理过程中，单位同样重要。不过到目前为止，**sf** 是唯一支持单位的空间包，这意味着处理栅格数据的人们应该谨慎地处理分析单位的更改（例如，将像素宽度从英制转换为十进制单位）。new_raster 对象（见上文）使用 WGS84 投影，单位是十进制的度。因此，它的分辨率也以十进制的度给出，这点你必须心里有数，因为 res() 函数仅返回数值。

```
res(new_raster)
#>[1]0.000833 0.000833
```

如果我们使用 UTM 投影，单位将会改变。

```
repr = projectRaster(new_raster,crs = "+init=epsg:26912")
res(repr)
#>[1]0.000833 0.000833
```

再次强调，res() 命令返回一个没有任何单位的数值向量，我们必须清楚 UTM 投影的单位是米。

2.6　练习

1）对 world 数据对象的几何列使用 summary()。根据输出结果回答：

● 它的几何类型？

● 国家的数量？

● 它的坐标参照系（CRS）？

2）创建一个名为 my_raster 的空 RasterLayer 对象，它有 10 列和 10 行。将新栅格赋予 0~10 之间的随机值并绘制它。

3）从 **spDataLarge** 包中读取 raster/nlcd2011.tif 文件。关于此文件属性，你可以获取哪些信息？

提示：答案可以在 https://geocompr.github.io 上找到。

第 3 章

属性数据操作

前提要求

● 本章需要安装并加载以下包：

```
library(sf)
library(raster)
library(dplyr)
library(stringr)   #用于处理字符串(模式匹配)
```

● 本章还使用了 **spData** 包，用于加载本章代码示例中使用的数据集：

```
library(spData)
```

3.1 导读

属性数据是与地理（几何）数据相关联的非空间信息。比如公交车站：它的位置通常由纬度和经度坐标（几何数据）表示，除此之外还有它的名称。名称是要素（使用简单要素的术语）的属性，与其几何形状无关。

另一个例子是栅格数据中特定网格单元的高程值（属性）。与矢量数据模型不同，栅格数据模型不直接存储网格单元的坐标，这意味着属性和空间信息之间的区别不太明显。为了说明这一点，想象一下栅格矩阵中第三行第四列的像素。它的空间位置由矩阵中的索引定义：在 x 方向（通常是东方和地图上的右方）移动 4 个单元格，在 y 方向（通常是南方和向下）移动 3 个单元格。栅格的分辨率定义了 x 和 y 方向上每个单元格的距离，它是在头文件中指定的。头文件是栅格数据集的重要组成部分，它指定了像素与地理坐标的关系（也可以参见第 4 章）。

本章的重点是操作地理对象的属性，比如公交车站的名称和高程。对于矢量数据，这意味着诸如子集和聚合（见 3.2.1 节和 3.2.2 节）的操作。非空间数据中的运算符也可以应用在空间数据中：例如，我们将在第 4 章中看到，R 语言中的 [运算符同样适用于基于属性和空间对象的子集筛选。这是一个好消息：这里学到的语法是可迁移的，这也意味着本章为第 4 章奠定了基础，第 4 章将这里介绍的方法扩展到了空间数据。3.2.3 节演示了如何使用共享 ID 将数据连接到简单要素对象，3.2.4 节演示了如何创建新变量。

栅格属性数据操作会在 3.3 节中介绍，该节介绍了如何创建连续和分类栅格图层以及如何从一个或多个图层中提取单元格值（栅格子集）。3.3.2 节介绍了一些函数操作，可以用来描述整个栅格数据集。

3.2　矢量数据的属性操作

R 语言中的 sf 类很好地支持了矢量数据，它是一个扩展了 data.frame 的类。因此，sf 对象的每个属性变量（如"名称"）都有一列，每个观测值或要素（例如每个公交车站）都有一行。sf 对象还有一个特殊的列来存储几何数据，通常命名为 geometry。geometry 列是特殊的，因为它是一个列表列（list column）⊖，它可以在每一行中包含多个地理实体（点、线、多边形）。这在第 2 章中有所描述。**sf** 还提供了一些函数，允许 sf 对象像常规数据框一样工作，这些函数是为数据框开发的，如下所示：

⊖　这里的列表（list）是指 R 中的数据结构。——译者注

```
methods(class = "sf")  # sf 对象支持的通用函数,只显示了前 12 个
```

```
#>  [1]  aggregate      cbind       coerce
#>  [4]  initialize     merge       plot
#>  [7]  print          rbind       [
#>  [10][[<-            $<-         show
```

其中的很多函数,如 rbind(用于合并多行数据)和 $<-(用于创建新列)是为数据框开发的。sf 对象的一个关键特征是,它们以相同的方式存储空间数据和非空间数据,即作为 data.frame 中的列。

> sf 对象的几何列的列名通常是 geometry,但也可以使用其他任何名称。例如,以下命令创建了一个列名为 g 的几何列:
>
> st_sf(data.frame(n = world$name_long),g = world$geom)
>
> 因此使得从空间数据库导入的几何体可以有各种名称,如 wkb_geometry 和 the_geom。

提示

sf 对象也支持 tidyverse 中使用的 tibble 和 tbl 类,允许对空间数据进行 "tidy" 系列的数据分析工作流。因此,**sf** 可以把 R 语言的数据分析能力 100% 地应用在地理数据上。在使用这些功能之前,值得回顾一下如何探索矢量数据对象的基本属性。首先,让我们使用基本的 R 函数来观测 world 数据集:

```
dim(world)    #这是一个由行和列组成的二维对象
#>[1] 177 11
nrow(world)   # 行数
#>[1] 177
ncol(world)   # 列数
#>[1] 11
```

我们的数据集包含 10 个非地理数据列(和一个几何列表列),有近 200 行,代表了世界各国。提取 sf 对象的属性数据等价于删除其几何列:

```
world_df = st_drop_geometry(world)
class(world_df)
#>[1] "tbl_df"    "tbl"      "data.frame"
```

这在几何列占用大量内存或者只需要关注属性数据时非常有用。不过在大多数情况下，保留几何列是没问题的，因为 sf 对象上的非空间数据操作只在适当的时候才会改变对象的几何形状（例如，通过融合来消除相邻多边形之间的边界）。这意味着，熟练掌握 sf 对象中的属性数据等同于熟练掌握 R 中的数据框。

在大多数情况下，tidyverse 包 **dplyr** 提供了处理数据框最有效和直观的方法。与其前身 **sp** 相比，**sf** 的优势之一就是与 tidyverse 的兼容性，但也有一些需要避免的陷阱（详见 tidyverse-pitfalls[⊖]一节）。

3.2.1　矢量属性的子集筛选

基本 R 的子集函数包括 [、subset() 和 $。**dplyr** 的子集函数包括 select()、filter() 和 pull()。这两组函数都可以在 sf 对象中保留属性数据的空间组成部分。

[运算符可以对行和列进行子集筛选。你可以使用索引来指定要从对象中提取的元素，例如 object[i,j]，其中 i 和 j 通常是数字或逻辑向量（TRUE 和 FALSE），表示行和列（它们也可以是表示行名或列名的字符串）。如果将 i 或 j 留空，则返回所有行或列，因此 world[1:5,] 返回前五行和所有列。下面的示例演示了如何使用基本 R 进行子集筛选。这里并未展示结果，请在你自己的计算机上检查结果：

```
world[1:6,]  #使用位置索引筛选行
world[,1:3]  #使用位置索引筛选列
world[,c("name_long","lifeExp")]  #使用列名筛选列
```

下一个代码块展示了使用逻辑向量进行子集筛选的实用性。这将创建一个名为 small_countries 的新对象，其中包含面积小于 10000km^2 的国家：

```
sel_area = world$area_km2 < 10000
summary(sel_area)  #一个逻辑向量
```

⊖　https://geocompr.r-universe.dev/articles/geocompkg/tidyverse-pitfalls.html。

```
#>    Mode    FALSE    TRUE
#> logical    170      7
small_countries = world[sel_area,]
```

中间对象 sel_area 是一个逻辑向量，它显示只有 7 个国家符合查询条件。以下是一个更简洁的命令，省略了中间对象，生成了相同的结果：

```
small_countries = world[world$area_km2 < 10000,]
```

基本 R 函数 subset() 提供了另一种结果相同的实现方法：

```
small_countries = subset(world,area_km2 < 10000)
```

这些基本的 R 函数很成熟，而且应用广泛。然而，较新的 **dplyr** 方法有几个优点。它的工作流程更直观。由于背后使用了 C++，**dplyr** 也很高效，非常适用于处理大数据和与数据库集成的场景。**dplyr** 中主要的子集筛选函数是 select()、slice()、filter() 和 pull()。

提示
    raster 和 dplyr 包都有一个名为 select() 的函数。当同时使用这两个包时，将使用最近附加的包中的函数，覆盖先前的函数。这可能会产生类似这样的错误消息：unable to find an inherited method for function 'select' for signature 'sf'。为避免此错误消息并防止产生歧义，我们使用较长形式的函数名，前缀为包名称和两个冒号（R 脚本中通常会省略这个前缀，以保持代码简洁）：dplyr::select()。

select() 按名称或位置选择列。例如，你可以使用以下命令仅选择两列 name_long 和 pop（注意几何列 geom 会被附带进去）：

```
world1 = dplyr::select(world,name_long,pop)
names(world1)
#>[1] "name_long"    "pop"        "geom"
```

select() 还允许使用:运算符对一系列的列进行子集筛选：

```
# 从 name_long 到 pop 之间的所有列(包括这两列)
world2 = dplyr::select(world,name_long:pop)
```

使用 - 运算符排除特定列：

```
# 除了 subregion 和 area_km2 之外的所有列
world3 = dplyr::select(world,-subregion,-area_km2)
```

select() 还可以同时对列进行子集筛选和重命名，例如：

```
world4 = dplyr::select(world,name_long,population = pop)
names(world4)
#>[1] "name_long" "population" "geom"
```

这比 R 语言中基本函数的等价写法更简洁：

```
world5 = world[,c("name_long","pop")]  #根据列名筛选
names(world5)[names(world5) == "pop"] = "population" #重命名列名
```

select() 还可以使用"辅助函数"进行高级子集筛选，包括 contains()、starts_with() 和 num_range()（详见 ?select 的帮助页面）。

大部分 **dplyr** 函数都会返回一个数据框。要提取单个向量，必须显式使用 pull() 命令。相比之下，R 语言中的子集运算符（参见 ?[）会尝试以最低可能的维度返回对象。这意味着在 R 语言中选择单列会返回一个向量。要关闭这种行为，可将 drop 参数设置为 FALSE。

```
# 生成一个临时数据框
d = data.frame(pop = 1:10,area = 1:10)
#选择单列时返回数据框对象
d[,"pop",drop = FALSE]  #等价于 d["pop"]
select(d,pop)
#选择单列时返回向量对象
d[,"pop"]
pull(d,pop)
```

由于几何列的存在，使用 [() 从 sf 对象中选择单个属性也会返回一个数据框。相反，pull() 和 $ 会返回一个向量。

```
# data frame 对象
world[,"pop"]
# vector 对象
world$pop
pull(world,pop)
```

slice() 是筛选行的函数。例如，下面的代码块选择第 3 到第 5 行：

```
slice(world, 3:5)
```

filter() 是 **dplyr** 中与基本 R 的函数 subset() 等价的函数。它只保留符合给定条件的行，例如，只保留平均预期寿命非常高的国家：

```
#平均预期寿命超过 82 岁的国家
world6 = filter(world,lifeExp > 82)
```

标准的比较运算符都可以用于 filter() 函数，见表 3.1。

表 3.1　返回布尔值（TRUE/FALSE）的比较运算符

符号	含义
'=='	等于
'!='	不等于
'>'，'<'	大于 / 小于
'>='，'<='	大于等于 / 小于等于
'&'，'|'，'!'	逻辑操作：与，或，非

dplyr 与'管道'⊖运算符 %>% 配合使用效果很好，它的名称来自于 UNIX 管道 |（Grolemund and Wickham，2016）。它可以实现表达能力很强的代码：前一个函数的输出成为下一个函数的第一个参数，从而实现链式。下面的代码块中，只有来自亚洲的国家被从 world 数据集中筛选出来，接下来，对象被按列（name_long 和 continent）和前五行进行子集筛选（结果未显示）。

⊖ http://r4ds.had.co.nz/pipes.html。

```
world7 = world%>%
  filter(continent == "Asia")%>%
  dplyr::select(name_long,continent)%>%
  slice(1:5)
```

上面的代码块展示了如何使用管道运算符把命令按照清晰的顺序编写：从上到下（逐行）和从左到右。%>% 的替代方案是嵌套函数调用，这种方式很难阅读：

```
world8 = slice(
  dplyr::select(
    filter(world,continent == "Asia"),
    name_long,continent),
  1:5)
```

3.2.2　矢量属性的聚合

聚合操作通过 "分组变量" 对数据集进行汇总，分组变量通常是属性列（空间聚合在下一章中介绍）。比如根据国家级数据（每个国家一行）计算每个大洲的人口数量。world 数据集包含了这些必要的变量：pop 和 continent 列，分别表示人口和分组变量。目标是计算每个大洲的国家人口总和。可以使用基本 R 函数 aggregate() 来实现：

```
world_agg1 = aggregate(pop ~ continent,FUN = sum,data = world,  na.rm
          = TRUE)
class(world_agg1)
#>[1]"data.frame"
```

结果是一个非空间数据框，有 6 行，每行一个大洲，两列分别表示每个大洲的名称和人口（见表 3.2，显示了人口最多的三个大洲的结果）。

表 3.2　人口最多的三大洲以及洲内的国家数量[⊖]

大洲名	人口	国家数量
非洲	1154946633	51
亚洲	4311408059	47
欧洲	669036256	39

　　aggregate() 是一个通用函数，这意味着它的行为取决于输入的对象。**sf** 提供了一个函数，可以直接使用 sf:::aggregate() 来调用，当提供了 by 参数时，它会被激活，而不是使用 ~ 来引用分组变量：

```
world_agg2 = aggregate(world["pop"],by = list(world$continent),
                    FUN = sum,na.rm = TRUE)
class(world_agg2)
#> [1]"sf"            "data.frame"
```

　　如上所示，这次返回了一个 sf 类的对象。world_agg2 是一个空间对象，包含几个多边形，表示世界各洲。

　　summarize() 是 **dplyr** 中与 aggregate() 等价的函数。它通常与 group_by() 结合使用，group_by() 指定了分组变量，如下所示：

```
world_agg3 = world %>%
  group_by(continent)%>%
  summarize(pop = sum(pop,na.rm = TRUE))
```

　　这种方法很灵活，可以控制新列的名称。下面是一个示例：该命令计算地球的人口和国家数量（结果未显示）：

```
world %>%
  summarize(pop = sum(pop,na.rm = TRUE),n = n())
```

　　在上一个代码块中，pop 和 n 是结果中的列名。sum() 和 n() 是聚合函数。结果是一个 sf 对象，其中只有一行，表示整个世界（这里的聚合要归功于几何操作 "union"，5.2.6 节会解释细节）。

让我们把目前为止学到的关于 **dplyr** 的知识结合起来，通过将函数链接在一起来找到世界上人口最多的三个大洲（使用 dplyr::top_n()），以及它们包含的国家数量（结果在表 3.2 中显示）：

```
world %>%
  dplyr::select(pop,continent)%>%
  group_by(continent)%>%
  summarize(pop = sum(pop,na.rm = TRUE),n_countries = n())%>%
  top_n(n = 3,wt = pop)%>%
  st_drop_geometry()
```

提示　　更多细节请参阅帮助页面（可以通过 ?summarize 和 vignette(package = "dplyr") 以及 *R for Data Science*[○] 的第 5 章来访问）。

3.2.3　矢量属性连接

在数据准备的过程中，从不同来源组合数据是一项常见任务。连接通过相同的键变量（key variable）来合并多个表格。**dplyr** 有多个连接函数，包括 left_join() 和 inner_join()—有关完整列表，请参见 vignette("two-table")。这些函数的命名遵循数据库语言 SQL[○]（Grolemund and Wickham，2016，第 13 章）中的约定；将它们用于非空间数据集与 sf 对象的连接是本节的重点。**dplyr** 连接函数在数据框和 sf 对象上的工作方式相同，唯一的重要区别是 geometry 几何列。数据连接的结果可以是 sf 或 data.frame 对象。空间数据上最常见的属性连接类型将 sf 对象作为第一个参数，data.frame 对象作为第二个参数，并把第二个参数中的列添加到 sf 对象中。

为了演示连接，我们将把咖啡生产的数据集与 world 数据集相结合。咖啡数据位于名为 coffee_data 的数据框中，来自 **spData** 包（有关详细信息，请参见 ?coffee_data）。它有 3 列：name_long 列出主要咖啡生产国的名称，coffee_production_2016 和 coffee_production_2017 包含每年咖啡生产的估计值。"左连接（left_join）"保留第一个数据集的所有数据，将 world 与 coffee_data 合并：

○ http://r4ds.had.co.nz/transform.html#grouped-Summaries-with-Summanze。

○ http://r4ds.had.co.nz/relational-data.html。

```
world_coffee = left_join(world,coffee_data)
#> Joining with 'by = join_by(name_long)'
class(world_coffee)
#> [1] "sf"  "data.frame"
```

因为输入数据集共享一个"关键变量"（name_long），所以连接可以在不使用 by 参数的情况下工作（有关详细信息，请参见 ?left_join）。结果是一个与原始 world 对象相同的 sf 对象，但是增加了两个来自咖啡生产的新变量（列索引为 11 和 12）。

```
names(world_coffee)
#>  [1] "iso_a2"          "name_long"       "continent"
#>  [4] "region_un"       "subregion"       "type"
#>  [7] "area_km2"        "pop"             "lifeExp"
#> [10] "gdpPercap"       "geom"            "coffee_production_2016"
#> [13] "coffee_production_2017"
```

为了使连接工作，两个数据集中都必须有一个相同的"关键变量"。默认情况下，**dplyr** 使用所有具有相同名称的变量。在这个案例中，world_coffee 和 world 对象都包含一个名为 name_long 的变量，这就解释了前文调用 left_join 时输出的消息 Joining with by = join_by(name_long)。⊖在大多数情况下，变量名称不相同，此时有两个选择：

1）重命名其中一个对象中的关键变量，让它们能够匹配。

2）使用 by 参数指定连接变量。

下面演示了第二种方法，使用重命名版本的 coffee_data：

```
coffee_renamed = rename(coffee_data,nm = name_long)
world_coffee2 = left_join(world,coffee_renamed,by = c(name_long = "nm"))
```

注意，左连接的第一个参数 world 的列名没有变化，这意味着 world_coffee 和新对象 world_coffee2 是完全相同的。连接结果的另一个特点是，返回结果的行数与原始数据集（第一个参数）相同。尽管 coffee_data 中只有 47 行数据，但在 world_coffee 和 world_coffee2 中保留了 177 个国家记录：在原始数据集中没有匹配的行，新的咖啡生产变量的值会被设置为 NA。如果我们只想保留在关键变量中有匹配的国家

⊖ 这个提示信息可能会随着 **dplyr** 的版本升级而变化。——译者注

怎么办? 在这种情况下, 可以使用内连接:

```
world_coffee_inner = inner_join(world,coffee_data)
#> Joining with 'by = join_by(name_long)'
nrow(world_coffee_inner)
#> [1]45
```

注意 inner_join() 的结果只有 45 行, 而 coffee_data 中有 47 行。其余的行发生了什么? 我们可以使用 setdiff() 函数来识别未匹配的行, 如下所示:

```
setdiff(coffee_data$name_long,world$name_long)
#> [1] "Congo,Dem.Rep.of"  "Others"
```

结果显示, world 数据集中不存在的两个国家是 Others 和 Congo,Dem.Rep.of, 其中后者是缩写, 导致无法关联到。以下命令使用 **stringr** 包中的字符串匹配 (正则表达式) 函数来确认 Congo,Dem.Rep.of 表示的是什么:

```
str_subset(world$name_long,"Dem*.+Congo")
#> [1] "Democratic Republic of the Congo"
```

为了解决这个问题, 我们将创建一个新版本的 coffee_data 并更新名称。inner_join() 更新后的数据框, 返回一个包含所有 46 个咖啡生产国的结果:

```
coffee_data$name_long[grepl("Congo,",coffee_data$name_long)]=
  str_subset(world$name_long,"Dem*.+Congo")
world_coffee_match = inner_join(world,coffee_data)
#> Joining with 'by = join_by(name_long)'
nrow(world_coffee_match)
#> [1]46
```

也可以反过来, 从非空间数据集开始, 从简单要素对象中添加变量。下面的代码块从 coffee_data 对象开始, 添加了来自原始 world 数据集的变量。与前面的连接相比, 结果不是另一个简单要素对象, 而是 **tidyverse** tibble 格式的数据框: 连接的输出通常与其第一个参数匹配:

```
coffee_world = left_join(coffee_data,world)
#> Joining with 'by = join_by(name_long)'
class(coffee_world)
#> [1] "tbl_df"    "tbl"       "data.frame"
```

> 在大多数情况下，几何列只有在 sf 对象中才有用。只有当 R "知道"
> 它是一个空间对象时，才能使用几何列来创建地图和执行空间操作，这由 **sf**
> 等空间包定义。幸运的是，具有几何列的非空间数据框（如 coffee_world）
> 提示　可以通过以下方式强制转换为 sf 对象：st_as_sf(coffee_world)。

本节涵盖了大多数连接的使用场景。有关更多信息，建议参考 Grolemund and Wickham（2016），本书附带的 **geocompkg** 包中的 join vignette⊖以及 **data.table** 包的文档⊖。另一种类型的连接是空间连接，在下一章（4.2.3 节）中介绍。

3.2.4　创建属性和删除空间信息

我们经常需要根据已有的列创建一个新列。例如，我们想要计算每个国家的人口密度。为此我们需要将人口列（这里是 pop）除以面积列（这里是 area_km2，单位为平方千米）。使用 R 的基本函数，我们可以这样编写：

```
world_new = world  #为了不改变原始数据,我们创建一个新的数据框
world_new$pop_dens = world_new$pop/world_new$area_km2
```

我们也可以使用 **dplyr** 函数 -mutate() 或 transmute()。mutate() 在 sf 对象的倒数第二个位置添加新列（最后一个位置保留给几何列）：

```
world %>%
  mutate(pop_dens = pop / area_km2)
```

mutate() 和 transmute() 的区别在于，后者跳过所有其他现有列（除了默认的几

⊖ https://geocompr.github.io/geocompkg/articles/join.html。
⊖ **data.table** 是一个高性能的数据处理包。它在地理数据方面的应用在 r-spatial.org/r/2017/11/13/perpperformance.html 上托管的博客文章中有所涉及。

何列）：

```
world %>%
  transmute(pop_dens = pop / area_km2)
```

unite()⊖将现有列黏连在一起。例如，我们想要将 continent 和 region_un 列合并成一个名为 con_reg 的新列。此外，我们可以定义一个分隔符（这里是冒号：），它定义了输入列的值应该如何连接，以及是否应该删除原始列（这里是 TRUE）：

```
library(tidyr)
world_unite = world %>%
  unite("con_reg", continent:region_un, sep = ":", remove = TRUE)
```

separate() 函数与 unite() 相反：它使用正则表达式或字符位置将一列拆分为多列。

```
world_separate = world_unite %>%
  separate(con_reg, c("continent", "region_un"), sep = ":")
```

rename() 和 setNames() 两个函数用于重命名列⊖。第一个函数用新名称替换旧名称。例如，下面的命令将冗长的 name_long 列重命名为 name：

```
world %>%
  rename(name = name_long)
```

setNames() 一次性更改所有列名，它需要一个字符向量，其中包含与每列匹配的名称。下面的示例输出相同的 world 对象，但列名非常短：

```
new_names = c("i", "n", "c", "r", "s", "t", "a", "p", "l", "gP", "geom")
world %>%
  setNames(new_names)
```

一定要注意，属性数据操作会保留简单要素的几何列。正如本章开头所提到的，某些情况下删除几何列可能有用，这时必须显式删除它，因为 sf 对象总是保留几何

⊖ unite() 和后文的 separate() 函数已经迁移到 **tidyr** 包，使用前需要加载此包。——译者注
⊖ 原书中使用 **dplyr** 的 set_names() 函数，该函数在后续版本更新中已被废弃，此处改为 R 中的基本函数 setNames。——译者注

列。这种行为确保数据框操作不会意外地删除几何列。因此，诸如 select(world, -geom) 的方法不会删除几何列，你应该使用 st_drop_geometry()⊖。

```
world_data = world %>%st_drop_geometry()
class(world_data)
#> [1] "tbl_df"      "tbl"         "data.frame"
```

3.3　栅格数据的属性操作

与矢量数据模型的简单要素（将点、线和多边形表示为空间中的离散实体）相反，栅格数据表示连续的表面。本节在 2.3.1 节的基础上，通过从零创建栅格数据来展示栅格对象的工作原理。由于它们独特的结构，栅格数据集的子集和其他操作与矢量数据不同，将在 3.3.1 节介绍。

以下代码重新创建了在 2.3.3 节中使用的栅格数据集，其结果在图 3.1 中展示。它演示了如何使用 raster() 函数创建名为 elev 的栅格示例（表示高程）。

```
elev = raster(nrows = 6,ncols = 6,res = 0.5,
              xmn = -1.5,xmx = 1.5,ymn = -1.5,ymx = 1.5,
              vals = 1:36)
```

结果是一个具有 6 行 6 列（由 nrow 和 ncol 参数指定）的栅格对象，以及 x 和 y 方向上的最小和最大空间范围（xmn、xmx、ymn、ymx）。vals 参数设置每个单元格包含的值：这里是从 1~36 的数字。Raster 对象还可以包含 R 中的 logical 或 factor 变量等分类值。以下代码创建了一个表示土壤颗粒大小的栅格（见图 3.1）：

```
grain_order = c("clay","silt","sand")
grain_char = sample(grain_order,36,replace = TRUE)
grain_fact = factor(grain_char,levels = grain_order)
grain = raster(nrows = 6,ncols = 6,res = 0.5,
               xmn = -1.5,xmx = 1.5,ymn = -1.5,ymx = 1.5,
               vals = grain_fact)
```

⊖　st_geometry(world_st) = NULL 也可以从 world 中删除几何列，但会覆盖原始对象。

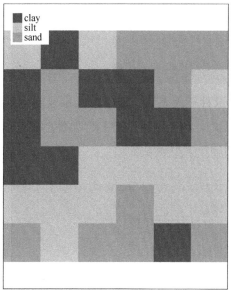

图 3.1　具有数值（左侧）**和分类**（右侧）**值的栅格数据集**

> raster 对象可以包含 numeric、integer、logical 或 factor 类型的值，但不能包含 character 类型的值。要使用字符值，必须先将其转换为适当的类型，例如使用 factor() 函数。在前面的代码块中，levels 参数用于创建一个有序因子：按照颗粒大小，clay<silt<sand。详细信息请参见 Wickham（2014a）的数据结构章节。

提示

raster 对象将分类变量表示为整数，因此 grain[1, 1] 返回一个表示唯一标识符的数字，而不是"clay""silt"或"sand"。raster 对象将相应的查找表或"Raster Attribute Table"（RAT）存储为数据框，在名为 attributes 的属性中，可以使用 ratify(grain) 查看它〔有关更多信息，请参见 ?ratify()〕。使用函数 levels() 检索和添加属性表中的新因子水平：

```
levels(grain)[[1]] = cbind(levels(grain)[[1]],wetness = c("wet","moist",
    "dry"))
levels(grain)
#>[[1]]
#>  ID VALUE wetness
```

```
#> 1 1 clay       wet
#> 2 2 silt       moist
#> 3 3 sand       dry
```

这种行为表明，栅格单元格只能记录一个值，即用于查找相应属性表（存储在名为 attributes 的属性中）中属性的标识符。下面的命令返回了单元格 ID 为 1、11 和 35 的颗粒大小和湿度：

```
factorValues(grain,grain[c(1,11,35)])
#> VALUE wetness
#> 1 sand   dry
#> 2 clay   wet
#> 3 silt   moist
```

3.3.1   栅格子集

栅格子集操作使用基本的 R 运算符 [，它可以接受多种输入：

- 行列索引；
- 单元格 ID；
- 坐标；
- 另一个栅格对象。

在这里，我们只展示前两个选项，因为它们可以被视为非空间操作。如果我们需要一个空间对象来对另一个对象进行子集操作，或者输出是一个空间对象，我们将其称为空间子集操作。因此，后两个选项将在下一章节中展示（请参见 4.3.1 节）。

下面的代码块演示了前两个子集筛选方式，两者都返回栅格对象 elev 中左上角像素的值（结果未显示）：

```
# row 1,column 1
elev[1,1]
# cell ID 1
elev[1]
```

你可以使用 values() 和 getValues() 函数来提取所有的值。对于多层栅格对象比如 stack 类或 brick 类，这将返回每一层的单元格值。例如，stack(elev,grain)[1] 返回一个具有一行两列的矩阵，其中每列对应一个栅格层。对于多层栅格对象，另一种子集的方法是使用 raster::subset() 函数，它从多层栅格对象中提取层。也可以使用 [[和 $ 运算符：

```
r_stack = stack(elev,grain)
names(r_stack) = c("elev","grain")
# 从 stack 中抽取某一层的 3 种方法
raster::subset(r_stack,"elev")
r_stack[["elev"]]
r_stack$elev
```

与子集操作结合，可以通过覆盖现有值来修改单元格的值。例如，以下代码块将 elev 的左上角单元格设置为 0：

```
elev[1,1] = 0
elev[]
#>[1]0 2 3 4 5 6 7 8 9 10 11 12 13 14 15 16 17 18 19 20 21 22 23
#>[24]24 25 26 27 28 29 30 31 32 33 34 35 36
```

如果方括号为空，则是使用 values() 的快捷方式，用于检索栅格的所有值。也可以使用此方法修改多个单元格：

```
elev[1,1:2]= 0
```

3.3.2　栅格对象概述

raster 包涵盖了一些函数，用于提取整个栅格对象的描述性统计信息。通过键入栅格对象的名称，将其打印到控制台，会返回栅格的最小值和最大值。summary() 提供常见的描述性统计信息（最小值、最大值、四分位距和 NA 的数量）。其他摘要信息，例如标准差（见下文）或自定义摘要统计信息，可以使用 cellStats() 计算。

```
cellStats(elev,sd)
```

> 如果你调用 summary() 和 cellStats() 函数时提供了 stack 或 brick 等多层栅格对象，它们将分别汇总每个图层，可以运行以下示例查看效果：summary(brick(elev, grain))。
>
> 提示

栅格值的统计信息可以通过多种方式进行可视化。特定函数［例如 boxplot()、density()、hist() 和 pairs()］也适用于栅格对象，如下面的命令创建的直方图所示（未显示）：

```
hist(elev)
```

如果可视化函数无法处理栅格对象，可以使用 values() 或 getValues() 函数提取要绘制的栅格数据。

描述性栅格统计信息属于所谓的全局栅格操作。这些和其他典型的栅格处理操作都是地图代数的一部分，地图代数会在下一章（4.3.2 节）中介绍。

> 一些函数名称在包之间存在冲突［例如 select()，如前面的注释中所讨论的］。除了通过冗长地引用函数［如 dplyr::select()］来防止函数名称冲突之外，另一种方法是使用 detach() 卸载有问题的包。例如，以下命令卸载 **raster** 包（这也可以在 RStudio 中默认位于右下角窗格中的 *package* 选项卡中完成）：detach("package: raster", unload = TRUE, force = TRUE)。force 参数确保即使其他包依赖于它，也会卸载该包。然而，这可能会导致依赖于卸载包的其他包不可用，因此不建议这样做。
>
> 提示

3.4　练习

以下的习题将会用到 **spData** 包中的 us_states 和 us_states_df 数据集：

```
library(spData)
data(us_states)
data(us_states_df)
```

us_states 是一个 sf 对象，包含连续的美国州的几何形状和一些属性（包括名称、地区、面积和人口）。us_states_df 是一个 data.frame，包含美国各州的名称和其他变量（包括 2010 年和 2015 年的中位收入和贫困水平），包括阿拉斯加、夏威夷和波多黎各。数据来自美国人口普查局，可以执行 ?us_states 和 ?us_states_df 查看文档。

1）创建一个名为 us_states_name 的新对象，其中仅包含 us_states 对象的 NAME 列。新对象的类别是什么，是否包含地理位置信息？

2）从 us_states 对象中选择包含人口数据的列。使用不同的命令获得相同的结果（附加题：尝试找到三种获得相同结果的方法）。提示：尝试使用辅助函数，例如 **dplyr** 中的 contains 或 starts_with（请参阅 ?contains）。

3）找到具有以下特征的所有州（附加题：找到并绘制它们）：

● 属于中西部地区。

● 属于西部地区，面积小于 250000km^2 并且 2015 年的人口超过 5000000［提示：你可能需要使用函数 units::set_units() 或 as.numeric()］。

● 属于南部地区，面积大于 150000km^2 或 2015 年总人口超过 7000000。

4）us_states 数据集中 2015 年的总人口是多少？ 2015 年的总人口最小值和最大值分别是多少？

5）每个地区有多少个州？

6）每个地区 2015 年的总人口是多少？ 2015 年每个地区的总人口最小值和最大值分别是多少？

7）将 us_states_df 中的变量添加到 us_states 中，并创建一个名为 us_states_stats 的新对象。你使用了哪个函数？为什么？在两个数据集中，哪个变量是关键变量？新对象的类别是什么？

8）us_states_df 比 us_states 多两行。如何找到它们？［提示：尝试使用 dplyr::anti_join() 函数］

9）每个州在 2015 年的人口密度是多少？每个州在 2010 年的人口密度是多少？

10）每个州在 2010 年和 2015 年之间的人口密度变化有多少？计算变化的百分比并绘制地图。

11）将 us_states 中的列名更改为小写。［提示：辅助函数 tolower() 和 colnames() 可能有所帮助。］

12）使用 us_states 和 us_states_df 创建一个名为 us_states_sel 的新对象。新对象应该只有两个变量：median_income_15 和 geometry。将 median_income_15 列的名称更改为 Income。

13）计算每个州在 2010 年和 2015 年之间的中位数收入变化。附加题：每个地区在 2015 年的中位数收入的最小值、平均值和最大值是多少？中位数收入增长最大的地区是哪个？

14）从头开始创建一个 9 行 9 列的栅格数据，分辨率为 0.5 十进制度⊖（坐标系是 WGS84）。用随机数填充它。提取四个角的单元格的值。

15）示例栅格数据 grain 中最常见类别是什么（提示：使用 modal() 函数）？

16）绘制 data(dem,package = "RQGIS") 栅格的直方图和箱线图。

⊖　十进制度（Decimal Degree）是地理坐标系的单位，是表示经纬度的一种方法。——译者注

第4章

空间数据操作

前提要求

● 本章需要使用的包与第 3 章相同：

```
library(sf)
library(raster)
library(dplyr)
library(spData)
```

4.1 导读

空间操作是地理计算的重要组成部分。本章展示了如何基于位置和形状以多种方式修改空间对象。本章内容建立在前一章的基础上，因为许多空间操作与非空间（属性）的操作是类似的，矢量数据更是如此：3.2 节中矢量数据的属性操作，为理解空间子集筛选（在 4.2.1 节中介绍）、空间连接（4.2.3 节）和空间数据聚合（4.2.5 节）提供了基础。

空间操作与非空间操作在某些方面有所不同。为了说明这一点，想象一下你正在研究道路安全。即使没有每条道路与行政区域之间的映射关系（无法使用属性连接），空间连接也可以用于查找与行政区域相关的道路限速。但这引出了一个问题：道路是否应该完全落在行政区域内才能进行连接？还是只要穿过或在一定距离内就足够了？当提出这样的问题时，就会发现空间操作与数据框上的属性操作有很大的不同：必须考虑对象之间的空间关系类型。这些内容将在 4.2.2 节中的拓扑关系中介绍。

空间对象的另一个独特之处在于距离。所有空间对象都通过空间关系和距离计算相关联，4.2.6 节介绍了如何使用距离来探索这种关系的强度。

空间操作也适用于栅格对象。4.3.1 节介绍了栅格数据的空间子集筛选；4.3.7 节介绍了将多个栅格"拼接"成一个的方法。对于许多应用程序来说，栅格对象上最重要的空间操作是地图代数，我们将在 4.3.2 节到 4.3.6 节中看到。地图代数也是计算栅格距离的前提要求，栅格距离的计算会在 4.3.6 节介绍。

提示

　　一定要注意，对两个空间对象进行空间操作时，要求两个对象具有相同的坐标参照系，坐标参照系在 2.4 节中介绍过，在第 6 章中会更深入地介绍。

4.2　矢量数据的空间操作

本节对矢量地理数据上的空间操作进行概述，这里的矢量空间数据依旧是指 **sf** 包中的简单要素。4.3 节将介绍使用 **raster** 包进行栅格数据的空间操作。

4.2.1　空间子集筛选

空间的子集筛选是根据空间对象是否以某种方式与另一个对象相关而筛选的过程。它类似于属性的子集筛选（在 3.2.1 节中介绍），可以使用 R 语言中的方括号（［］）运算符或 **tidyverse** 中的 filter() 函数进行操作。

spData 中的 nz 和 nz_height 数据集提供了空间子集的示例。它们分别包含新西兰 16 个主要地区和 101 个最高点的投影数据（见图 4.1）。以下代码块首先创建了一个表示坎特伯雷（Canterbury）地区的对象，然后使用空间子集返回该地区所有高点：

```
canterbury = nz %>% filter(Name == "Canterbury")
canterbury_height = nz_height[canterbury,]
```

新西兰的所有高点

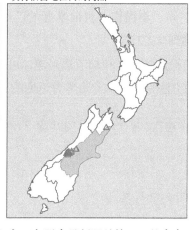
坎特伯雷地区内的高点

扫码看彩图

图 4.1　展示空间子集查询的示例：红色三角形表示新西兰的 101 处高点，聚集在中心的坎特伯雷地区（左图），**使用 '[' 子集运算符筛选的坎特伯雷地区内的高点**（灰色地区内，右图）

与属性子集 x[y,] 类似，空间子集也是使用源对象 y 来过滤目标对象 x。不同的是，空间子集筛选中的 y 不是 logical 或 integer 类型的向量，而是另一个空间（sf）对象。

有很多种拓扑关系可用于空间子集。空间子集操作中的两个空间对象必须具有相应的空间关系，包括接触（touches）、交叉（crosses）或被包含（within）等（参见4.2.2 节）。相交（intersects）是默认的空间子集运算符，这是一个默认值，在两个空间对象具有接触、交叉和被包含等许多类型的空间关系时，相交运算的结果也都返回TRUE。空间运算符可以通过 op = 参数指定，这是可以传递给 sf 对象的 [运算符的第三个参数。以下命令返回了与 st_intersect() 相反的结果，即与坎特伯雷不相交的点（请参见 4.2.2 节）：

```
nz_height[canterbury,,op = st_disjoint]
```

注意，上边代码块中的空参数（用, , 表示）是为了突出 sf 对象中 [的第三个参数 op。留空的第二个参数有很多用法，例如，nz_height [canterbury, 2, op = st_disjoint] 返回相同的行，但仅包括第二个属性列（有关详细信息，请参见 sf:::'[.sf' 和 ?sf）。

对于矢量数据的空间子集操作，目前掌握的已经足够解决大多数场景的问题。接下来，你已经有能力跳到 4.2.2 节。

如果你对其他子集筛选的方式和细节感兴趣，可以继续阅读本节的后续内容。另一种进行空间子集筛选的方法是使用拓扑运算符返回的对象。查看以下命令的第一行：

```
sel_sgbp = st_intersects(x = nz_height, y = canterbury)
class(sel_sgbp)
#>[1] "sgbp" "list"
sel_logical = lengths(sel_sgbp) > 0
canterbury_height2 = nz_height[sel_logical,]
```

在上面的代码块中，创建了一个 sgbp（sparse geometry binary predicate）类的对象（一个与空间操作中的 x 参数长度相同的列表），然后将其转换为逻辑向量 sel_logical（仅包含 TRUE 和 FALSE）。函数 lengths() 识别出 nz_height 中与参数 y 中的任何对象相交的要素。在这个例子中，1 是最大可能的值，但对于更复杂的操作，可以使用该方法筛选出与源对象中的两个或更多要素相交的要素。

注意：另一种直接返回逻辑向量的方法是通过在 st_intersects() 等运算符中设置 sparse = FALSE（意思是"返回一个稠密矩阵而不是稀疏矩阵"）。例如，命令 st_intersects(x = nz_height, y = canterbury, sparse = FALSE)[, 1] 将返回与 sel_logical 相同的输出。注意：使用稀疏的 sgbp 对象更具有普适性，因为它适用于多对多操作，并且具有较低的内存要求。

值得提醒的是，逻辑向量也可以与 filter() 结合使用，如下所示（sparse = FALSE 在 4.2.2 节中有解释）：

```
canterbury_height3 = nz_height %>%
  filter(st_intersects(x =., y = canterbury, sparse = FALSE))
```

目前为止，共有 3 个版本的 canterbury_height，一个是直接用空间子集筛选得到，另外两个通过间接的方式得到。要详细了解这些对象和空间子集筛选，请参阅 subsetting 和 tidverse-pitfalls[⊖]的补充文档。

4.2.2　拓扑关系

拓扑关系描述了对象之间的空间关系。一些简单的测试数据有助于理解它们。图 4.2 包含一个多边形（a）、一条线（l）和一些点（p），这些对象可以用下面的代码创建。

```
# 创建 polygon
a_poly = st_polygon(list(rbind(c(-1,-1),c(1,-1),c(1,1),c(-1,-1))))
a = st_sfc(a_poly)
# 创建 line
l_line = st_linestring(x = matrix(c(-1,-1,-0.5,1),ncol = 2))
l = st_sfc(l_line)
# 创建 points
p_matrix = matrix(c(0.5,1,-1,0,0,1,0.5,1),ncol = 2)
p_multi = st_multipoint(x = p_matrix)
p = st_cast(st_sfc(p_multi),"POINT")
```

一个简单的问题是：p 中的哪些点与多边形 a 有某些交集？这个问题可以通过观察来回答（点 1 在三角形上，点 2 在三角形的边界）。也可以通过使用空间谓词（spatial predicate），如对象是否相交来回答。在 **sf** 中，它是这样实现的：

```
st_intersects(p,a)
#> Sparse geometry binary...,where the predicate was 'intersects'
#> 1:1
#> 2:1
#> 3:(empty)
#> 4:(empty)
```

⊖ https://geocompr.github.io/geocompkg/articles/。

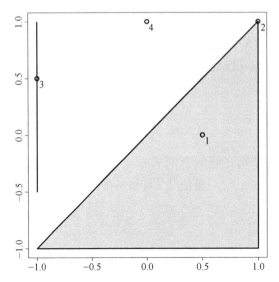

图 4.2   用于说明拓扑关系的点（1 到 4）、线和多边形

输出的结果与预期一致：对前两个点，函数返回了 1，对后两个点，函数返回了一个空向量。可能出乎意料的是，返回的数据结构是一个由向量组成的列表。这种稀疏矩阵（sparse matrix）的输出，只有在满足空间关系时才会新增元素，从而减少了对多要素对象进行拓扑运算时的内存需求。正如我们在前一节中看到的，当 sparse = FALSE 时，还可以返回由 TRUE 或 FALSE 值组成的稠密矩阵（dense matrix），其中每个要素组合都有一个值：

```
st_intersects(p,a,sparse = FALSE)
#>        [,1]
#>[1,]  TRUE
#>[2,]  TRUE
#>[3,]  FALSE
#>[4,]  FALSE
```

输出是一个矩阵，其中每行表示对象（p）中的一个要素，每列表示对象 a 中的一个要素。在这个例子中，只有 p 中的前两个要素与 a 相交，并且 a 中只有一个要素，因此结果只有一列。结果可以用于子集操作，如我们在 4.2.1 节中看到的那样。

请注意，对象 p 中的第二个要素即使只是与多边形 a 相接触，st_intersects() 也返回 TRUE：相交（intersect）是一个"万能"的拓扑操作，可以识别出许多类型的空间关系。

st_disjoint() 是 st_intersects() 的相反操作，它仅返回与选择对象没有任何空间关系的对象（注意 [,1] 将结果转换为向量）：

```
st_disjoint(p,a,sparse = FALSE)[,1]
#>[1]  FALSE  FALSE  TRUE  TRUE
```

st_within() 仅对完全位于选择对象内部的对象返回 TRUE。这时只有第一个元素满足条件，它位于三角形状的多边形内部，如下所示：

```
st_within(p,a,sparse = FALSE)[,1]
#>[1]  TRUE FALSE FALSE FALSE
```

注意，尽管第一个点位于三角形内部，但它没有接触（touch）边界的任何部分。因此，st_touches() 仅对第二个点返回 TRUE：

```
st_touches(p,a,sparse = FALSE)[,1]
#>[1]  FALSE   TRUE FALSE FALSE
```

如果要筛选与选择对象没有接触但"几乎接触"的要素，可以使用 st_is_within_distance()，它有额外的 dist 参数。它可以用于设置目标对象在被选择之前需要多接近。请注意，尽管点 4 距离 a 的最近节点（在图 4.2 中的点 2）的距离为 1，但当距离设置为 0.9 时，它仍然满足筛选条件[⊖]。下面的代码块说明了这一点，其中第二行将冗长的列表输出转换为 logical 对象：

```
sel = st_is_within_distance(p,a,dist = 0.9)  #只能返回一个稀疏矩阵
lengths(sel)> 0
#>[1]  TRUE  TRUE  FALSE  TRUE
```

提示　　计算拓扑关系的函数可以使用空间索引来大大提高空间查询性能。它们使用 SortTile-Recursive（STR）算法来实现。下一节中提到的 st_join 函数也使用了空间索引。你可以在 https://www.r-spatial.org/r/2017/06/22/spatial-index.html 上了解更多信息。

⊖　这是因为点 4 与三角形 a 的最短距离是 $\dfrac{\sqrt{2}}{2}$，小于 0.9。——译者注

4.2.3 空间连接

3.2.3 节介绍了两个非空间数据集的连接，它依赖于共享的关键变量。空间数据连接使用了相同的概念，但是依赖于共享的地理空间区域（也称为空间叠加）。与属性数据一样，连接将从源对象（连接函数中的参数 y）添加一个新列到目标对象（参数 x）。

这个过程可以用一个例子来说明。想象你有 10 个随机分布在地球表面的点。在这些点中，有哪些在陆地上，它们在哪些国家？以下代码创建了用于演示空间连接的随机点：

```
set.seed(2018)  #设置随机数种子,方便复现
(bb_world = st_bbox(world))  #设置世界的边界
#>    xmin   ymin    xmax  ymax
#> -180.0  -89.9  180.0  83.6
random_df = tibble(
  x = runif(n = 10, min = bb_world[1], max = bb_world[3]),
  y = runif(n = 10, min = bb_world[2], max = bb_world[4])
)
random_points = random_df %>%
  st_as_sf(coords = c("x", "y")) %>%  #设置坐标
  st_set_crs(4326)  #设置参照坐标系
```

random_points 对象没有属性数据，而 world 有。st_join() 实现了空间连接的操作，它将 name_long 变量添加到点中，从而产生 random_joined。在创建连接数据集之前，我们使用空间子集筛选创建 world_random，其中仅剩下了包含随机点的国家，用于验证连接数据集中返回的国家名称数量是否是 4 个。

```
world_random = world[random_points,]
nrow(world_random)
#>[1] 4
random_joined = st_join(random_points,world["name_long"])
```

默认情况下，st_join() 执行左连接（请参见 3.2.3 节），但也可以通过设置参数 left = FALSE 来执行内连接。与空间子集一样，st_join() 使用的默认拓扑运算符是 st_intersects()。可以使用 join 参数更改此设置（有关详细信息，请参见 ?st_join）。

在上面的示例中，我们已将多边形图层的要素添加到点图层中。在其他情况下，我们可能希望将点属性连接到多边形图层。可能会出现一个多边形内有多个点的情况。在这种情况下，st_join() 会复制多边形要素：它为每个匹配到的元素创建一行记录。

4.2.4 非重叠连接

有时，两个地理数据集虽然没有空间上的接触，但仍存在强烈的地理关系可以用来连接。**spData** 包中的 cycle_hire 和 cycle_hire_osm 数据集是一个很好的例子。如图 4.3 所示，将它们绘制出来可以发现它们在空间上经常密切相关，但并没有接触。该图的简化版可以用以下代码来创建：

```
plot(st_geometry(cycle_hire),col = "blue")
plot(st_geometry(cycle_hire_osm),add = TRUE,pch = 3,col = "red")
```

我们可以检查两个数据集中是否存在相同的点，如下所示：

```
any(st_touches(cycle_hire,cycle_hire_osm,sparse = FALSE))
#>[1] FALSE
```

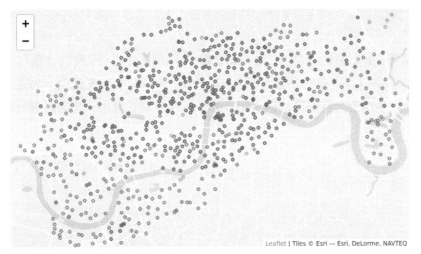

扫码看彩图

图 4.3 基于官方数据（蓝色）和 OpenStreetMap 数据（红色）的伦敦自行车租赁点的空间分布图

假设我们需要将 cycle_hire_osm 中的 capacity 变量连接到 cycle_hire 数据集上。这种情况下需要进行非重叠连接（non-overlapping join）。最简单的方法是使用拓扑运算符 st_is_within_distance()，如 4.2.2 节所示，阈值距离设置为 20m。注意，在执行关系运算前，两个对象都需要转换到投影后的坐标参照系。这些投影后的对象在下面创建 [注意，后缀 _P 是投影（projected）的缩写]：

```
cycle_hire_P = st_transform(cycle_hire,27700)
cycle_hire_osm_P = st_transform(cycle_hire_osm,27700)
sel = st_is_within_distance(cycle_hire_P,cycle_hire_osm_P,dist = 20)
summary(lengths(sel)> 0)
#>    Mode    FALSE    TRUE
#> logical    304     438
```

结果表明目标对象 cycle_hire_P 中有 438 个点与 cycle_hire_osm_P 的距离在阈值以内。如何检索与相应的 cycle_hire_osm_P 点相关联的元素？答案仍然是使用 st_join()，但是需要添加 dist 参数（以下设置为 20m）：

```
z = st_join(cycle_hire_P,cycle_hire_osm_P,st_is_within_distance,dist = 20)
nrow(cycle_hire)
#>[1] 742
nrow(z)
#>[1] 762
```

注意，连接结果（z）中的行数大于目标对象（cycle_hire）行数。这是因为 cycle_hire_P 中的一些自行车租赁站在 cycle_hire_osm_P 中有多个匹配项。为了聚合重叠点的值并返回平均值，我们可以使用第 3 章中学到的聚合方法，从而得到与目标行数相同的对象：

```
z = z %>%
  group_by(id) %>%
  summarize(capacity = mean(capacity))
nrow(z) == nrow(cycle_hire)
#>[1] TRUE
```

附近站点的容量，可以通过比较源对象 cycle_hire_osm 与此新对象在 capacity 变量上的绘图结果来验证（绘图结果未显示）：

```
plot(cycle_hire_osm["capacity"])
plot(z["capacity"])
```

此连接的结果使用了空间操作来更改与简单要素相关联的属性数据，但每个要素相关联的几何体保持不变。

4.2.5　空间数据聚合

与 3.2.2 节介绍的属性数据聚合类似，空间数据聚合也是一种压缩数据的方法。数据聚合是基于某些分组变量，计算另一个变量的一些统计信息（通常是平均值或总和）。3.2.2 节演示了如何使用属性变量基于 aggregate() 和 group_by()%>%summarize() 来压缩数据。本节演示了相同的函数如何运用在空间分组变量上。

回到新西兰的例子，假设你想要找出每个区域高点的平均高度。这是一个很合适的空间聚合的例子：nz 对象中的几何形状定义了如何对目标对象 nz_height 中的值进行分组。下面使用基本的 aggregate() 函数进行说明：

```
nz_avheight = aggregate(x = nz_height,by = nz,FUN = mean)
```

上一个命令的结果是一个具有与（空间）聚合对象（nz）相同几何形状的 sf 对象。[○]图 4.4 中展示了上一个操作的结果。也可以使用 "tidy" 系列的函数 group_by() 和 summarize()［与 st_join() 结合使用］生成相同的结果：

```
nz_avheight2 = nz %>%
  st_join(nz_height) %>%
  group_by(Name) %>%
  summarize(elevation = mean(elevation,na.rm = TRUE))
```

生成的 nz_avheight 对象具有与聚合对象 nz 相同的几何形状，但多了一个新列，表示新西兰每个区域内高点的平均高度［可以使用 median() 和 sd() 等其他汇总函数代替 mean()］。注意，不包含高点的区域，关联到的 elevation 变量值为 NA。某些聚合操作会创建新的几何体，参见 5.2.6 节。

空间全等（Spatial Congruence）是与空间聚合相关的重要概念。如果两个对象具有相同的边界，则聚合对象（我们将其称为 y）与目标对象（x）全等。行政边界数据

○　可以使用 identical(st_geometry(nz), st_geometry(nz_avheight)) 进行验证。

通常是全等的，其中较大的区域，例如英国的中间层超输出区域（Middle Layer Super Output Areas，MSOAs⊖），或许多其他欧洲国家的区域，由许多较小的区域组成。

相反，不全等的聚合对象与目标对象（Qiu et al.，2012）没有共同的边界。这在执行空间聚合（和其他空间操作）时是有问题的，图 4.5 说明了这一点。面积插值法（Areal Interpolation）通过将值从一组面转移到另一组面来解决此问题。类似的算法包括面积加权和"密度"面积插值法（Tobler，1979）。

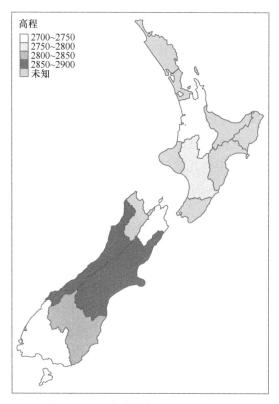

图 4.4　新西兰 101 个高点在各行政区内的平均高度

spData 包含了一个名为 incongruent 的数据集（在图 4.5 的右侧面板中带有黑色边框的彩色多边形）和一个名为 aggregating_zones 的数据集（在图 4.5 的右侧面板中具有半透明蓝色边框的两个多边形）。假设 incongruent 的 value 列是指以百万欧元为单位的总区域收入。我们如何将 9 个空间多边形的收入值关联到 aggregating_zones 的两个多边形中？

最简单实用的方法是面积加权的空间插值。在这个例子中，把 incongruent 对象

⊖ https://www.ons.gov.uk/methodology/geography/ukgeographies/censusgeography。

中的收入值按比例分配到 aggregating_zones 中；输入和输出要素之间的空间交集越大，相应的值就越大。例如，如果 incongruent 和 aggregating_zones 的一个交集为 $1.5km^2$，但所涉及的整个不一致的多边形面积为 $2km^2$，总收入为 400 万欧元，则目标聚合区将获得收入的四分之三，即 300 万欧元。这可以用 st_interpolate_aw() 函数实现，如下面的代码块所示。

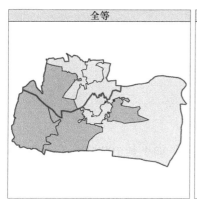 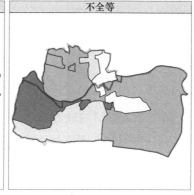

扫码看彩图

图 4.5　左图：与较大的聚合区域（半透明蓝色边框）
全等的示例；右图：不全等的示例

```
agg_aw = st_interpolate_aw(incongruent[,"value"],aggregating_zones,
                        extensive = TRUE)
#展示聚合结果
agg_aw$value
#>[1] 19.6 25.7
```

　　在这个案例中，将落入聚合区域的交叉点的值相加是有意义的，因为总收入是所谓的空间广延变量（spatially extensive variable）。但空间强度变量（spatially intensive variable）不同，它使用不同的空间单位，例如每人收入或百分比[⊖]。在这种情况下，当进行聚合时，计算平均值比加和更有意义。此时只需将 extensive 参数设置为 FALSE 即可。

4.2.6　距离关系

　　拓扑关系是二元的，即一个要素要么与另一个要素相交，要么不相交，而距离关

⊖ http://ibis.geog.ubc.ca/courses/geob370/notes/intensive_extensive.htm。

系是连续的。两个对象之间的距离可以使用 st_distance() 函数计算。下面的代码块计算了新西兰最高点与 4.2.1 节中创建的坎特伯雷（Canterbury）地区的地理重心之间的距离：

```
nz_heighest = nz_height %>% top_n(n = 1,wt = elevation)
canterbury_centroid = st_centroid(canterbury)
st_distance(nz_heighest,canterbury_centroid)
#> Units: [m]
#>       [,1]
#> [1,] 115540
```

返回的结果可能有两个令人惊讶的地方：

● 它有单位（units），告诉我们距离是 100000m，而不是 100000in（in=25.4mm）或任何其他距离测量单位。

● 它是一个矩阵，即使矩阵中只包含单个值。

st_distance() 的另一个有用功能是它能够返回对象 x 和 y 中所有要素之间的距离矩阵。下面的命令演示了这一点，它找到了 nz_height 的前三个要素与新西兰的奥塔戈（Otago）和坎特伯雷（Canterbury）地区（由对象 co 表示）之间的距离。

```
co = filter(nz,grepl("Canter|Otag",Name))
st_distance(nz_height[1:3,],co)
#> Units: [m]
#>       [,1][,2]
#> [1,] 123537 15498
#> [2,] 94283      0
#> [3,] 93019      0
```

注意，nz_height 中第二个和第三个要素与 co 中第二个要素之间的距离为零。这表明点和多边形之间的距离是指到多边形的任何部分的最短距离：nz_height 中的第二个和第三个点位于奥塔戈，这可以通过绘制它们来验证（结果未展示）：

```
plot(st_geometry(co)[2])
plot(st_geometry(nz_height)[2:3],add = TRUE)
```

4.3 栅格数据的空间操作

3.3 节介绍了操作栅格数据集的各种基本方法，本节在此基础上介绍更高级的空间栅格操作。本节依然使用在 3.3 节中手动创建的对象 elev 和 grain。为了方便读者，这些数据集也可以在 **spData** 包中找到[⊖]。

4.3.1 栅格数据的空间子集筛选

上一章（3.3 节）演示了如何检索与特定单元格 ID 或行列组合相关联的值。栅格对象也可以通过位置（坐标）和其他空间对象进行提取。要使用坐标进行子集筛选，可以使用 **raster** 包的函数 cellFromXY() 将坐标"转换"为单元格 ID。另一种方法是使用 raster::extract()［注意，**tidyverse** 中也有一个同名的 extract() 函数］来提取值。下面演示了两种方法，以查找覆盖距原点 0.1 个单位的点的单元格的值。

```
#译者注:spData 自 2.0.1 版本,'grain' 数据集以文件的形式存在
if(packageVersion('spData')>= '2.0.1'){
  elev = raster(system.file("raster/elev.tif",package ="spData"))
}
id = cellFromXY(elev,xy = c(0.1,0.1))
elev[id]
#>
#> 16
#等价于
raster::extract(elev,data.frame(x = 0.1,y = 0.1))
#>
#> 16
```

方便的是，这两个函数都可以接受 Spatial*Objects 类的对象。栅格对象也可以使用另一个栅格对象进行子集选择，如图 4.6 左图所示，查看下面的代码块演示：

```
clip = raster(xmn = 0.9,xmx = 1.8,ymn =-0.45,ymx = 0.45,
              res = 0.3,vals = rep(1,9))
elev[clip]
#>[1]18 24
# 也可以使用 extract 函数
# extract(elev,extent(clip))
```

基本上，这相当于检索第一个栅格（elev）在第二个栅格（clip）范围内的值。

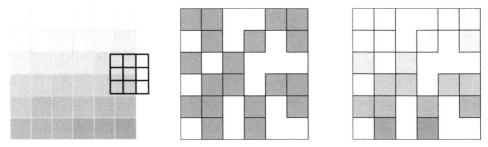

图 4.6　使用一个栅格来筛选另一个栅格的子集（左）及栅格掩模（中）和栅格掩模的输出结果（右）

到目前为止，子集只返回特定单元格的值，但是在进行空间子集筛选时，人们通常也希望输出空间对象。为此，我们可以再次使用 [，并将 drop 参数设置为 FALSE。为了说明这一点，我们将前两个单元格作为单独的栅格对象检索出来。如 3.3 节所述，[运算符接受各种输入来对栅格进行子集操作，并在 drop = FALSE 时返回栅格对象。下面的代码块通过单元格 ID 和行列索引对 elev 栅格进行子集筛选，结果完全相同：都返回顶部第一行的前两个单元格（代码块中仅显示了输出的前两行）：

```
elev[1:2,drop = FALSE]      #使用单元格 ID 筛选
elev[1,1:2,drop = FALSE]    #使用行列索引筛选
#> class       :RasterLayer
#> dimensions  :1,2,2  (nrow,ncol,ncell)
#>...
```

另一个常见的空间子集用例是，使用具有逻辑（或 NA）值的栅格用于提取具有相同范围和分辨率的另一个栅格的掩模，如图 4.6 中的中间图和右图所示。在这种情

况下，可以使用 [，mask() 和 overlay() 函数（结果未显示）：

```
#创建栅格掩模
rmask = elev
values(rmask) = sample(c(NA,TRUE),36,replace = TRUE)
```

```
#空间子集筛选
elev[rmask,drop = FALSE]          #使用 [ 操作符
mask(elev,rmask)                  #使用 mask()
overlay (elev,rmask,fun = "max")  #使用 overlay
```

在上面的代码块中，我们创建了一个名为 rmask 的掩模对象，其中的值随机分配为 NA 和 TRUE。接下来，我们想要保留 elev 中在 rmask 中为 TRUE 的值。换句话说，我们想要使用 rmask 提取 elev 的掩模。这些操作实际上是局部的布尔操作，因为我们逐个单元格地比较两个栅格。下一节将更详细地探讨相关操作。

4.3.2　地图代数

地图代数使得栅格处理变得非常快。这是因为栅格数据集隐式地存储坐标。要推导出特定单元格的坐标，我们必须使用其矩阵位置以及栅格分辨率和原点来计算它的坐标。但某些操作与单元格的地理位置几乎不相关，只要我们确保处理后单元格位置仍然相同（一对一的位置对应）即可。此外，如果两个或多个栅格数据集有相同的范围、投影和分辨率，则可以将它们视为矩阵进行处理。这正是 R 语言中地图代数所做的。首先，**raster** 包检查要执行任何代数操作的栅格的头信息，仅当它们相互对应时，处理才会继续[⊖]。其次，地图代数保留所谓的一对一的位置对应关系。这是它与矩阵代数实质上不同的地方，矩阵代数在乘法或除法等操作时会改变位置。

地图代数（或制图建模）将栅格操作分为 4 个子类（Tomlin，1990），每个子类都可以同时处理一个或多个网格：

1）局部（local）或逐个单元格的操作。

2）焦点（focal）或邻域操作。通常情况下，输出单元格的值是对 3×3 输入单元格块的操作结果。

⊖ 没有头信息的栅格对象，也可以使用地图代数来操作；只要用户确认它们的位置一一对应即可。https://stat.ethz.ch/pipermail/r-sig-geo/2013-May/018278.html 这篇帖子有一个导入无头栅格对象的示例。

3）分区（zonal）操作。类似于焦点操作，但计算值的周围像素网格可以具有不规则的大小和形状。

4）全局（global）或每个栅格的操作。这意味着输出单元格的值可能来自一个或多个完整的栅格。

这种分类方法根据每个像素处理步骤使用的单元格数量 / 形状对地图代数操作进行分类。为了完整起见，我们应该提到，栅格操作也可以按学科分类，例如地形、水文分析或图像分类。以下各节解释了如何使用每种类型的地图代数操作，并参考了实际示例［也可以执行 vignette("Raster") 查看地图代数的技术描述］。

4.3.3 局部操作

局部操作包括在一个或多个图层中进行逐个单元格的操作。一个很好的例子是将数值按区间分组，例如将数字高程模型分为低（类 1）、中（类 2）和高（类 3）。可以使用 reclassify() 命令，我们首先需要构建一个重分类的矩阵，其中第一列对应于类的下限，第二列对应于类的上限，第三列表示处于列一和列二指定范围的新值。在这里，我们将范围在 0~12、12~24 和 24~36 中的栅格值重新分类，取值分别为 1、2 和 3。

```
rcl = matrix(c(0,12,1,12,24,2,24,36,3),ncol = 3,byrow = TRUE)
recl = reclassify(elev,rcl = rcl)
```

在第 13 章中，我们将多次使用重分类的操作。

栅格代数是局部操作的另一个经典用例。这包括将两个栅格进行相加、相减和二次方。栅格代数还允许逻辑操作，例如查找所有大于特定值（在下面的示例中为 5）的栅格单元格。**raster** 包支持所有这些操作，详见 vignette("Raster") 文档，以下代码有一些简单演示（未打印结果）：

```
elev + elev
elev^2
log(elev)
elev > 5
```

除了算术运算符外，还可以使用 calc() 和 overlay() 函数。这些函数更高效，因此在计算大型栅格数据集时要优先选择它们。此外，它们还可以把数据存储到文件。

归一化植被指数（Normalized Difference Vegetation Index，NDVI）的计算是一种

众所周知的局部（逐个像素）栅格操作。它返回一个值在 –1 到 1 之间的栅格；正值表示有生命的植物存在（大多数情况下 > 0.2）。NDVI 是从遥感图像的红色和近红外（NIR）波段计算出来的，通常来自卫星系统，例如 Landsat 或 Sentinel。植被在可见光谱中吸收光线，特别是在红色通道中吸收光线，而反射 NIR 光线，这是 NVDI 公式的原理：

$$NDVI = \frac{NIR-Red}{NIR+Red}$$

局部栅格操作的另一个有趣应用是预测建模。响应变量对应于空间中测量或观察到的点，例如物种丰富度、山体滑坡的存在、树木疾病或作物产量。因此，我们可以轻松地从各种栅格中检索空间预测变量（高程、pH、降水、温度、土地覆盖、土壤类别等）。随后，我们使用 lm、glm、gam 或机器学习技术将响应变量建模为预测变量的函数。最后可以使用估计的系数来对栅格对象进行空间预测（请参见第 14 章）。

4.3.4　焦点操作

局部函数操作只对一个或多个图层的单个单元格进行操作，而**焦点（focal）**操作则考虑中心单元格及其邻居。计算的邻域（也称为核、滤波器或移动窗口）通常是 3×3 单元格的大小（即中心单元格及其周围 8 个邻居），也可以采用用户定义的任何其他（不一定是矩形）形状。焦点操作使用聚合函数基于指定邻域内的所有单元格计算出一个输出，使用该输出作为中心单元格的新值，并继续移动到下一个中心单元格（见图 4.7）。此操作的别名是空间过滤和卷积（Burrough et al.，2015）。

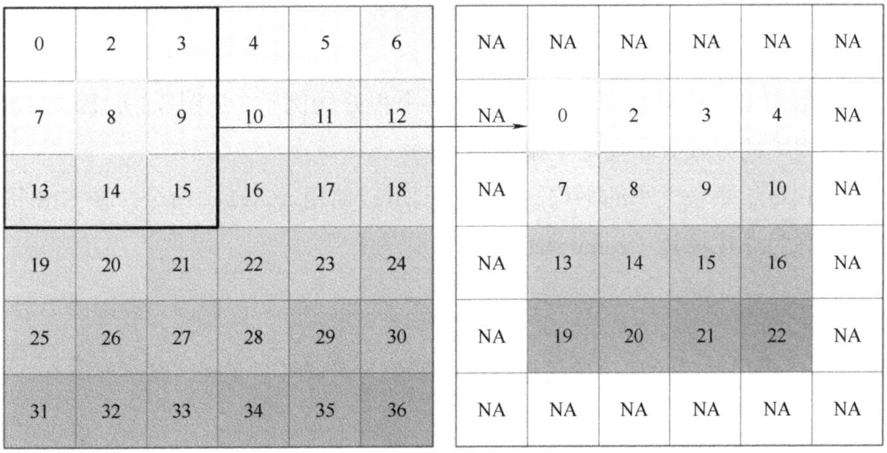

图 4.7　输入栅格（左）和焦点操作后的输出栅格（右）（在 3×3 移动窗口中查找最小值）

在 R 语言中,我们可以使用 focal() 函数执行空间过滤。我们使用一个 matrix 来定义移动窗口的形状,其值对应于权重(请参见下面代码块中的 w 参数)。其次,fun 参数让我们指定要应用于此邻域的函数。在这个例子中,我们选择最小值,但其他任何聚合函数如 sum()、mean() 或 var() 也都可以用。

```
r_focal = focal(elev,w = matrix(1,nrow = 3,ncol = 3),fun = min)
```

我们可以快速检查输出是否符合预期。在这个示例中,最小值必须始终是移动窗口的左上角(注意,创建的输入栅格,其单元格的值是按行递增且从左上角开始的)。在此示例中,加权矩阵的权重都是 1,这意味着每个单元格在输出上具有相同的权重,不过这可以修改。

焦点函数或滤波器在图像处理中起着主导作用。低通滤波器或平滑滤波器使用均值函数来消除极端值。在分类数据的情况下,我们可以用众数替换平均值,即最常见的值。相比之下,高通滤波器强调特征,比如边缘检测算法拉普拉斯(Laplace)和索伯(Sobel)滤波器。请查看 focal() 帮助页面以了解如何在 R 语言中使用它们(这也将在本章末尾的练习中使用)。

地形处理,地形特征的计算,例如坡度、坡向和流向,都依赖于焦点函数。terrain() 可用于计算这些指标,不过一些地形算法,包括计算坡度的 Zevenbergen 和 Thorne 方法,未在 **raster** 包中实现。许多其他算法,包括曲率、贡献区域和湿度指数,在开源 GIS 软件中都有实现。第 9 章介绍了如何从 R 语言中访问这些 GIS 功能。

4.3.5　分区操作

分区操作与聚焦操作类似。不同之处在于,分区滤波器可以采用任何形状,而不是预设的矩形窗口。栅格数据集 grain⊖是一个很好的例子(见图 3.1),因为不同的颗粒大小以不规则的方式分布在整个栅格中。

为了找到每组颗粒大小的平均高程,我们可以使用 zonal() 命令。在 GIS 行业中,这种操作也称为分区统计(zonal statistic)。

```
if (packageVersion('spData') >= '2.0.1'){
  grain = raster(system.file("raster/grain.tif",package = "spData"))
}
```

⊖ spData 自 2.0.1 版本,grain 数据集以文件的形式存在。——译者注

```
z = zonal(elev,grain,fun = "mean") %>%
  as.data.frame()
z
#> zone mean
#>1  0  14.8
#>2  1  21.2
#>3  2  18.7
```

结果返回每个类别的统计信息，这里是每组颗粒大小的平均高程，然后可以把它添加到栅格属性表中（参见第 3 章）。

4.3.6 全局操作和距离

全局操作是分区操作的一个特例，其中整个栅格数据集表示单个区域。最常见的全局操作是针对整个栅格数据集的描述性统计，例如最小值或最大值（参见 3.3.2 节）。除此之外，全局操作还可用于计算距离和权重。首先，你可以计算每个单元格到特定目标单元格的距离。例如，假设想计算到最近海岸的距离［参见 raster::distance()］。我们可能还希望考虑地形，也就是说，我们不仅对纯距离感兴趣，而且还想在前往海岸时避免穿越山脉。为此，可以使用高程对距离进行加权，每增加 1m 的高度就"延长"欧几里得距离。可见性和视域计算也属于全局操作的范畴（在第 9 章的练习中，你将计算视域栅格）。

许多地图代数操作在矢量处理中都有对应的操作（Liu and Mason，2009）。计算距离栅格（分区操作），同时仅考虑最大距离（逻辑焦点操作），相当于矢量数据的缓冲（buffer）操作（参见 5.2.3 节）。栅格数据的重分类（根据输入，可以是局部函数或分区函数）相当于矢量数据的融合（dissolving）操作（参见 4.2.3 节）。叠加两个栅格（局部操作），其中一个包含 NULL 或 NA 值表示掩码，类似于矢量裁剪（参见 5.2.5 节）。与空间裁剪非常相似的是两个图层的相交（参见 4.2.1 节）。区别在于这两个图层（矢量或栅格）仅共享重叠区域（示例参见图 5.8）。不过，要注意术语所在的上下文。有时相同的单词在栅格和矢量数据模型中具有略微不同的含义。在矢量数据中，聚合（aggregating）是指融合多边形，而在栅格数据中，它表示增加分辨率。实际上，人们可以将融合或聚合多边形视为降低分辨率。但是，与更改单元格分辨率相比，分区操作可能是更好的栅格等效操作。分区操作可以根据另一个栅格的区域（类别）使用聚合函数（参见上文）融合一个栅格的单元格。

4.3.7　合并栅格

假设我们想要计算 NDVI（参见 4.3.3 节），并且还想要从高程数据中计算研究区域内的地形属性。这些计算依赖于遥感信息。相应的图像通常被分成覆盖特定空间范围的场景。研究区域通常涵盖多个场景。在这种情况下，我们希望合并研究区域覆盖的场景。在最简单的情况下，我们可以直接将这些场景粘连在一起，即把它们并排放置。这对数字高程数据（SRTM、ASTER）是可行的。在下面的代码块中，我们首先下载奥地利和瑞士的 SRTM 高程数据［关于国家编码，请参见 **raster** 函数 ccodes()］。在第二步中，我们将两个栅格合并为一个。

```
aut = getData("alt",country = "AUT",mask = TRUE)
ch = getData("alt",country = "CHE",mask = TRUE)
aut_ch = merge(aut,ch)
```

Raster 的 merge() 命令可以合并两个图像，如果它们重叠，则使用第一个栅格的值。你也可以使用 gdalUtils::mosaic_rasters()，结果相同但速度更快，因此在合并磁盘上的大型栅格数据时，建议使用这个命令。

当合并的值没有对应关系时，合并就没有什么用处了。比如合并来自不同日期的场景的光谱图像。merge() 命令仍然有效，但你将在结果图像中看到明显的边界。mosaic() 命令允许你定义一个函数来处理重叠区域。例如，我们可以计算平均值。这可能会平滑合并结果中的明显边界，但很可能不会使其消失。为此我们需要更高级的方法。遥感科学家经常应用直方图匹配或使用回归技术来将第一幅图像的值与第二幅图像的值对齐。软件包 **landsat**（histmatch(), relnorm(), PIF()）、**satellite**（calcHistMatch()）和 **RStoolbox**（histMatch(), pifMatch()）提供了相应的函数。有关如何使用 R 语言处理遥感数据的更详细介绍，参见 Wegmann et al.（2016）。

4.4　练习

1）在 4.2 节中，我们知道新西兰的 100 个高点大部分都在坎特伯雷地区。坎特伯雷地区具体包含多少个高点？

2）哪个地区有第二多的 nz_height 点，有多少个？

3）把问题扩展到所有区域：新西兰的 16 个地区中有多少个包含属于该国前 100 个最高点的点？都是哪些地区？

● 附加题：创建一个表，列出这些地区的名称和包含的高点数量，并按高点数量排序。

4）使用 dem = raster(system.file("raster/dem.tif", package = "spDataLarge")) 数据，将高程重新分类为三类：低、中、高。然后执行 nvdi = raster(system.file ("raster/ndvi.tif", package = "spDataLarge")) 加载 ndvi 栅格数据，并计算每个高程类别的 NDVI 平均值和平均高程[⊖]。

5）对 raster(system.file("external/rlogo.grd", package = "raster")) 应用边缘检测滤波器，并绘制结果。提示：阅读文档 ?raster::focal()。

6）计算 Landsat 图像的 NDVI。使用 **spDataLarge** 包提供的 Landsat 图像 [system. file("raster/landsat.tif", package = "spDataLarge")]。

7）StackOverflow 的一篇帖子[⊖]展示了如何使用 raster::distance() 计算到最近海岸线的距离。获取西班牙的数字高程模型，并计算一个代表该国各地距离海岸线的距离的栅格 [提示：使用 getData()]。然后，使用简单的方法对距离栅格进行加权处理（也可以使用其他加权方法，包括流向和陡度）；每 100m 的高程应该使到海岸线的距离增加 10km。最后，计算使用欧几里得距离和使用高程加权的栅格之间的差异。注意：增加输入栅格的单元格大小可以减少计算时间。

⊖　原文是从 **RQGIS** 包加载数据集，鉴于 **spDataLarge** 包更易安装，译者改为从 spDataLarge 加载。——译者注

⊖　https://stackoverflow.com/questions/35555709/global-raster-of-geographic-distances。

第5章

几何运算

前提要求

● 本章使用了和第 4 章相同的包，不过增加了 **spDataLarge** 包，第 2 章介绍了该包的安装方法：

```
library(sf)
library(raster)
library(dplyr)
library(spData)
library(spDataLarge)
```

5.1　导读

前 3 章介绍了如何在 R 语言中构建地理数据集（第 2 章）以及如何操作它们的非地理属性（第 3 章）和空间属性（第 4 章）。本章扩展了这些技能。阅读本章并尝试结尾的练习后，你应该能够理解 sf 对象中的几何列以及栅格中像素的地理位置，并熟练掌握处理它们的技巧。

5.2 节介绍了使用"一元"和"二元"操作转换矢量几何。一元操作独立地作用于单个几何体。这包括简化（线和多边形）、创建缓冲区和质心，以及使用"仿射变换"（5.2.1~5.2.4 节）移动 / 缩放 / 旋转单个几何体。二元变换基于一个几何体修改另一个几何体。这包括裁剪和聚合，分别在 5.2.5 节和 5.2.6 节中介绍。类型转换（例如从多边形到线）将在 5.2.7 节中演示。

5.3 节介绍了栅格对象的几何变换。这涉及更改像素的大小和数量，以及重新赋值。还包括如何更改栅格的分辨率（也称为栅格聚合和解聚）、范围和起点。如果你想要对来自不同来源的栅格数据集进行对齐，这些操作特别有用。对齐的栅格对象在像素之间有一对一的对应关系，可以使用地图代数操作进行处理，这在 4.3.2 节中有描述。最后，5.4 节连接了矢量和栅格对象。它展示了如何把矢量几何数据作为掩模提取栅格数据的值。更重要的是，它展示了如何将栅格"多边形化"和矢量数据的"光栅化"，使两个数据模型的交互更加方便。

5.2 矢量数据的几何运算

本节介绍更改矢量对象（sf）的几何形状的操作。这比第 4 章中介绍的空间数据操作（在 4.2 节中）更高级，因为这里我们深入到几何形状中：本节讨论的函数不仅适用于 sf 类的对象，还适用于 sfc 类的对象。

5.2.1 简化

简化（simplification）是一种用于概括矢量对象（线和多边形）的过程，通常用于小比例尺的地图。简化对象的另一个原因是减少它们消耗的内存、磁盘空间和网络带宽：在将它们发布到交互式地图上之前，简化复杂的几何体是明智的选择。**sf** 包提供了 st_simplify() 函数，它使用 GEOS 的 Douglas-Peucker 算法[注]实现来减少顶点数。st_simplify() 使用 dTolerance 参数来控制简化程度（详见 Douglas and Peucker，1973）。图 5.1 展示了塞纳河和支流的 LINESTRING 几何形状的简化。简化的几何形状是通过以下命令创建的：

⊖ 这是一个 C/C++ 编写的计算几何的库，参见 https://libgeos.org/。—— 译者注

```
seine_simp = st_simplify(seine,dTolerance = 2000)  # 2000m
```

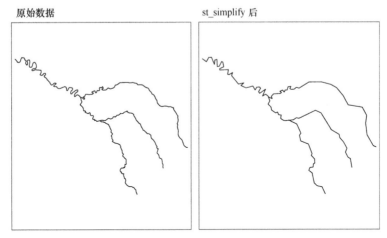

图 5.1   原始的 **seine** 对象和简化后的对比

生成的 seine_simp 对象是原始 seine 的副本，但顶点更少。很明显，结果比原始对象更简单（见图 5.1 右图），并且占用的内存比原始对象少，如下所示：

```
object.size(seine)
# > 18096 bytes
object.size(seine_simp)
# > 9112 bytes
```

简化也适用于多边形。可以用 us_states 数据集来说明，它涵盖了美国本土相邻各州的边界⊖。我们将在第 6 章中看到，GEOS 假定数据使用投影坐标系，当使用地理坐标系时，可能会导致意外的结果。因此，第一步是将数据投影到某个适当的投影坐标系，如美国国家地图等面积投影（epsg=2163）（见图 5.2 左图）：

```
us_states2163 = st_transform(us_states,2163)
```

st_simplify() 对投影后的多边形的简化效果也很好：

```
us_states_simp1 = st_simplify(us_states2163,dTolerance = 100000)  # 100km
```

st_simplify() 的一个缺陷是它基于每个几何形状进行简化。这意味着拓扑关系会

⊖   这些州都是相邻的，不包括夏威夷和阿拉斯加，没有其他国家或地区的领土穿插其中。——译者注

丢失，导致重叠和"孔洞"，如图 5.2（中间图）所示。**rmapshaper** 的 ms_simplify() 提供了一个解决此问题的替代方法。默认情况下，它使用 Visvalingam 算法，该算法克服了 Douglas-Peucker 算法的某些限制（Visvalingam and Whyatt，1993）。以下代码块使用此函数简化了 us_states2163。简化结果的顶点数只有原始输入的 1%（使用 keep 参数设置），但包含的州数量保持不变，因为我们设置了 keep_shapes = TRUE：⊖

```
# 保留的顶点的百分比(0-1,默认是 0.05)
us_states2163$AREA = as.numeric(us_states2163$AREA)
us_states_simp2 = rmapshaper::ms_simplify(us_states2163,keep = 0.01,
                                        keep_shapes = TRUE)
```

最后，原始数据集和两个简化版本的视觉比较显示了 Douglas-Peucker（st_simplify）和 Visvalingam（ms_simplify）算法之间的差异（见图 5.2）。

原始数据   st_simplify 后   ms_simplify 后

图 5.2 多边形简化的实际应用，比较了美国本土的原始几何形状和使用 sf（中间）**和 rmapshaper**（右侧）**包中的函数生成的简化版本**

5.2.2 质心

几何操作中的质心（centroids）操作可以确定地理对象的中心。与统计学中的中心趋势度量（包括平均值和中位数的"平均"定义）一样，有许多方法来定义对象的地理中心。所有这些方法最终都会生成单个点来表示复杂的矢量对象。

最常用的质心操作是地理质心。这种质心操作（通常称为"质心"）表示空间对象的质量的中心（想象在手指上平衡一个盘子）。地理质心有许多用途，例如创建复杂几何图形的简单点表示，或者估计多边形之间的距离。可以使用 **sf** 包的函数

⊖ 简化多边形对象可能会删除小的内部多边形，即使将 keep_shapes 参数设置为 TRUE。为了防止这种情况发生，你需要设置 explode = TRUE。此选项在简化之前将所有多多边形（**multipolygon**）转换为多个独立的多边形（**polygon**）。

st_centroid() 计算它们，如下面的代码所示，该代码生成了新西兰地区和塞纳河支流的地理质心，并在图 5.3 中用黑圆圈表示。

```
nz_centroid = st_centroid(nz)
seine_centroid = st_centroid(seine)
```

有时地理质心会落在其父对象的边界之外（像一个甜甜圈）。在这种情况下，可以使用表面上的点（point on surface）操作来保证点位于父对象中（用于标记不规则的多边形对象，如岛屿国家），如图 5.3 中的红圆圈所示。请注意，这些红圆圈始终位于其父对象上。它们是使用 st_point_on_surface() 创建的，如下所示：[⊖]

```
nz_pos = st_point_on_surface(nz)
seine_pos = st_point_on_surface(seine)
```

还有其他类型的质心，包括切比雪夫中心（Chebyshev center）和视觉中心（visual center）。在此不做探讨，我们将在第 10 章介绍如何使用 R 语言计算它们。

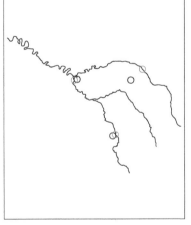

扫码看彩图

图 5.3   新西兰地区（左）和塞纳河（右）数据集的质心（黑圆圈）
和"表面上的点"（红圆圈）

5.2.3   缓冲区

缓冲区（Buffers）是表示一个几何要素在给定距离内的区域的多边形：无论输入

⊖ 有关 st_point_on_surface() 的原理，请参见 https://gis.stackexchange.com/q/76498。

是点、线还是多边形，输出都是多边形。与简化（通常用于可视化和减小文件大小）不同，缓冲区常用于地理数据分析。有多少点在这条线的给定距离内？哪些人口群体可以到达这家新商店？这些问题可以通过在感兴趣的地理实体周围创建缓冲区来可视化并得到解答。

图 5.4 展示了塞纳河和支流的不同大小（5km 和 50km）的缓冲区。这些缓冲区是使用下面的命令创建的，命令显示 st_buffer() 函数至少需要两个参数：输入几何体和距离，其中距离使用几何体对应的 CRS 的单位（在本例中为 m）：

```
seine_buff_5km = st_buffer(seine,dist = 5000)
seine_buff_50km = st_buffer(seine,dist = 50000)
```

5km缓冲区

50km缓冲区

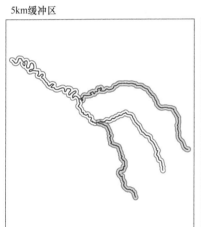
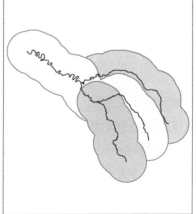

扫码看彩图

图 5.4　塞纳河数据集的 5km（左）和 50km（右）缓冲区
（注意，颜色的不同反映了每个几何要素都创建了一个缓冲区）

提示　st_buffer() 的第三个参数是 nQuadSegs，意思是"每个四分之一圆的线段数"，默认设置为 30（这意味着缓冲区创建的圆由 4×30=120 条线组成）。这个参数很少需要设置。一些不寻常情况下可能需要设置，比如当缓冲区操作的输出消耗的内存是一个主要问题时（在这种情况下应该减少它），或者当需要非常高的精度时（在这种情况下应该增加它）。

5.2.4　仿射变换

仿射变换（affine transformation）是指任何保持线段和线段之间平行关系的变换。然而，角度或长度不一定被保留。仿射变换包括平移（shifting）、缩放（scaling）和旋转（rotation）等。此外还可以使用任何这些操作的组合。仿射变换是地理计算的重要组成部分。例如，平移可以用于标签布置，缩放可以用于非连续区域面积制图（参见 8.6 节），许多仿射变换被应用于重投影，或改进基于扭曲或错误投影的地图创建的几何图形。**sf** 包的 sfg 和 sfc 类的对象都实现了仿射变换。

```
nz_sfc = st_geometry(nz)
```

平移操作将每个点按地图单位移动相同的距离。可以通过与一个数值向量相加来完成。例如，下面的代码将所有 y 轴坐标向北移动 100000m，但保持 x 轴坐标不变（见图 5.5 的左图）。

```
nz_shift = nz_sfc + c(0,100000)
```

缩放可以把对象按照一个缩放因子来放大或缩小。既可以全局使用，也可以用在局部。全局缩放增加或减少所有坐标值与原点坐标的关系，同时保持所有几何拓扑关系不变。可以通过减法或乘法对 sfg 或 sfc 对象进行操作。

局部缩放独立地处理每个几何对象，并需要围绕其进行缩放的点（例如质心）进行处理。在下面的示例中，每个几何体都会在其质心周围缩小一半（见图 5.5 的中间图）。为了实现这一点，首先移动每个对象，使其中心的坐标为 0,0（(nz_sfc-nz_centroid_sfc)）。接下来，将几何体的大小减小一半（*0.5）。最后，移动每个对象使其质心回到原来的位置（+ nz_centroid_sfc）。

```
nz_centroid_sfc = st_centroid(nz_sfc)
nz_scale =(nz_sfc-nz_centroid_sfc)*0.5 + nz_centroid_sfc
```

二维坐标的旋转需要一个旋转矩阵：

$$\boldsymbol{R} = \begin{bmatrix} \cos\theta & -\sin\theta \\ \sin\theta & \cos\theta \end{bmatrix}$$

它按顺时针方向旋转点。旋转矩阵可以在 R 语言中这样实现：

```
rotation = function(a){
  r = a*pi / 180 #将角度 (degrees) 转化成弧度 (radians)
  matrix(c(cos(r),sin(r),-sin(r),cos(r)),nrow = 2,ncol = 2)
}
```

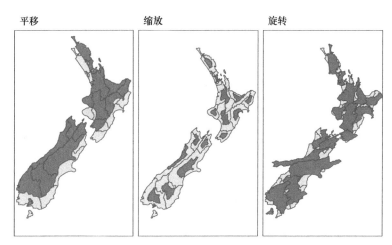

图 5.5　仿射变换的示例：平移、缩放和旋转

rotation 函数接收一个参数 a- 旋转角度，单位是度。可以围绕选中的点（比如质心，参见图 5.5 的右图）进行旋转。更多示例参见 vignette("sf3")。

```
nz_rotate = (nz_sfc - nz_centroid_sfc)*rotation(30) + nz_centroid_sfc
```

最后，最新创建的几何体可以使用 st_set_geometry() 函数替换旧的几何体：

```
nz_scale_sf = st_set_geometry(nz,nz_scale)
```

5.2.5　裁剪

空间剪裁是另一种形式的空间子集筛选，但可能涉及修改 geometry 列的一些几何要素。

剪裁只能应用在比点更复杂的要素：线、多边形及其"multi"版。为了说明这个概念，我们将从一个简单的例子开始：两个重叠的圆，中心点的距离为 1，半径也为 1（见图 5.6）。

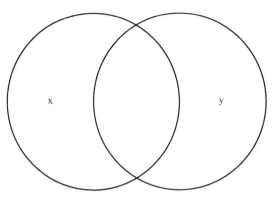

图 5.6　两个有重叠区域的圆

```
b = st_sfc(st_point(c(0,1)),st_point(c(1,1)))  #创建两个点
b = st_buffer(b,dist = 1)  #把点转换成圆
plot(b)
text(x = c(-0.5,1.5),y = 1,labels = c("x","y"))  #添加文本
```

假设你想选择的区域不是其中一个圆，而是 x 和 y 都覆盖的区域。可以使用函数 st_intersection() 来完成，如图 5.7 所示，其中 x 表示左侧的圆，y 表示右侧的圆。

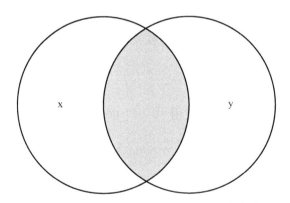

图 5.7　两个有重叠区域的圆（重叠部分用灰色表示）

```
x = b[1]
y = b[2]
x_and_y = st_intersection(x,y)
plot(b)
plot(x_and_y,col = "lightgrey",add = TRUE)  #给重叠区域添加颜色
```

图 5.8 演示了如何处理 x 和 y 的所有关系组合，灵感来自于书籍 *R for Data Science*（Grolemund and Wickham，2016）的图 5.1[⊖]。

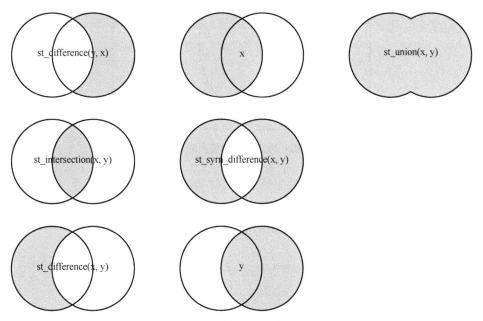

图 5.8　逻辑运算符的空间等价操作

为了说明子集和裁剪之间的关系，我们将对覆盖圆形 x 和 y 的边界框的点进行子集操作。一些点仅在一个圆内，一些点将同时在两个圆内，一些点将在两个圆外。下面使用 st_sample() 在包含 x 和 y 的最小边界框内随机地生成一些点，其输出结果如图 5.9 所示。

```
bb = st_bbox(st_union(x,y))
box = st_as_sfc(bb)
set.seed(2017)
p = st_sample(x = box,size = 10)
plot(box)
plot(x,add = TRUE)
plot(y,add = TRUE)
plot(p,add = TRUE)
text(x = c(-0.5,1.5),y = 1,labels = c("x","y"))
```

⊖　http://r4ds.had.co.nz/transform.html# logical-operators。

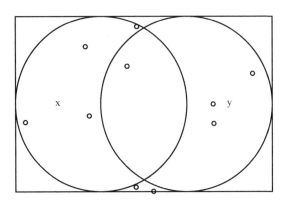

图 5.9   在包含 x 和 y 的最小边界框内随机生成的点的分布

逻辑运算符可以使用空间谓词［例如 st_intersects()］查找处于 x 和 y 内部的点，交集操作（st_intersection）则查找在上面创建的相交区域 x_and_y 内部的点。如下所示，结果相同，但使用裁剪多边形的方法更加简洁：

```
sel_p_xy = st_intersects(p, x, sparse = FALSE)[,1] &
  st_intersects(p, y, sparse = FALSE)[,1]
p_xy1 = p[sel_p_xy]
p_xy2 = p[x_and_y]
identical(p_xy1, p_xy2)
#> [1] TRUE
```

5.2.6　几何体聚合

正如我们在 3.2.2 节中看到的那样，空间聚合可以融合同组中相接的多边形。下面的代码块使用基本函数和 **tidyverse** 函数将 us_states 中的 49 个州聚合成 4 个区域，图 5.10 中展示了结果：

```
regions = aggregate(x = us_states[,"total_pop_15"],
    by = list(us_states$REGION),
                FUN = sum, na.rm = TRUE)
regions2 = us_states %>% group_by(REGION) %>%
  summarize(pop = sum(total_pop_15, na.rm = TRUE))
```

其中的几何体发生了什么变化？在幕后，aggregate() 和 summarize() 都使用 st_union() 聚合几何体并融合了它们之间的边界。下面的代码块演示了如何创建一个聚合的美国西部：

```
us_west = us_states[us_states$REGION == "West",]
us_west_union = st_union(us_west)
```

图 5.10　在连续的多边形上进行空间聚合，例如将美国各州的人口聚合成区域，并用颜色表示人口。请注意，此操作会自动融合州之间的边界

该函数可以接受两个几何体并将它们合并，如下面的代码块所示，它创建了一个包含得克萨斯州的西部聚合区（挑战：重现并绘制结果）：

```
texas = us_states[us_states$NAME == "Texas",]
texas_union = st_union(us_west_union,texas)
```

5.2.7　类型转换

类型转换是一种强大的操作，可以转换几何类型。**sf** 包中的 st_cast 函数实现了这个操作。重要的是，st_cast 在单个简单要素几何（sfg）对象、简单要素几何列（sfc）和简单要素对象上的行为不同。

让我们创建一个多点来说明几何类型转换如何处理简单要素几何（sfg）对象：

```
multipoint = st_multipoint(matrix(c(1,3,5,1,3,1),ncol = 2))
```

在这个例子中，可以使用 st_cast 将新对象转换为线或多边形（图 5.11）：

```
linestring = st_cast(multipoint,"LINESTRING")
polyg = st_cast(multipoint,"POLYGON")
```

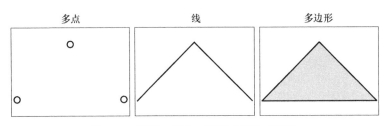

图 5.11   示例：将多点转换成线和多边形

将多点转换为线是一种常见的操作，它从有序的点观测值（例如 GPS 信号或地理标记媒体）创建线。然后可以进行路径长度的计算等空间操作。将多点或线转换为多边形通常用于计算面积，例如从围绕湖泊的 GPS 测量点计算湖泊面积，或从建筑用地的边缘点计算建筑面积。

也可以使用 st_cast 函数做逆向转换：

```
multipoint_2 = st_cast(linestring,"MULTIPOINT")
multipoint_3 = st_cast(polyg,"MULTIPOINT")
all.equal(multipoint,multipoint_2,multipoint_3)
```

> **提示**　　对于单个简单要素几何（sfg），st_cast 还提供了从非多类型到多类型[⊖]（例如，从 POINT 到 MULTIPOINT）和从多类型到非多类型的几何转换。但是第二种情况将只保留旧对象的第一个元素。

在大多数情况下，简单要素几何列（sfc）和简单要素对象的几何类型转换与单个几何对象的转换相同。一个重要的区别是多类型与非多类型之间的转换。在此过程中，多对象被分成多个非多对象[⊖]。

表 5.1 显示了简单要素对象上可能的几何类型转换。每个只有一个元素的简单要素对象（第一列）可以直接转换为另一种几何类型。但其中一些转换是不可行的，例如，你不能将单个点转换为多线或多边形（因此表格中的单元格 [1, 4:5] 为 NA）。另一方面，一些转换将单个元素输入对象拆分为多元素对象。例如，将由 5 对坐标组成的多点转换为点时。

⊖ 非多类型（non-multi-type）是指 point、linestring 和 polygon 类型，多类型（multi-type）是指 multipoint、multilinestring 和 multipolygon。——译者注

⊖ 此处翻译成中文后有些绕口，一个具体的例子是 multipoint 类型的对象可以转换成多个 point 对象。——译者注

表 5.1 简单要素对象的几何类型转换（见 2.1 节），行表示输入类型，列表示输出类型。值如（1）
表示要素的数量；NA 表示该操作不可行。缩写 POI、LIN、POL 和 GC 分别表示 POINT、
LINESTRING、POLYGON 和 GEOMETRYCOLLECTION。这些几何类型的 MULTI 版本
由前缀 M 表示，例如，MPOI 是 MULTIPOINT 的缩写。

	POI	MPOI	LIN	MLIN	POL	MPOL	GC
POI（1）	1	1	1	NA	NA	NA	NA
MPOI（1）	4	1	1	1	1	NA	NA
LIN（1）	5	1	1	1	1	NA	NA
MLIN（1）	7	2	2	1	NA	NA	NA
POL（1）	5	1	1	1	1	1	NA
MPOL（1）	10	1	NA	1	2	1	1
GC（1）	9	1	NA	NA	NA	NA	1

让我们以一个新对象 multilinestring_sf 为例，尝试应用几何类型转换（见
图 5.12 左图所示）：

```
multilinestring_list = list(matrix(c(1,4,5,3),ncol = 2),
                            matrix(c(4,4,4,1),ncol = 2),
                            matrix(c(2,4,2,2),ncol = 2))
multilinestring = st_multilinestring((multilinestring_list))
multilinestring_sf = st_sf(geom = st_sfc(multilinestring))
multilinestring_sf
#> Simple feature collection with 1 feature and 0 fields
#> Geometry type:MULTILINESTRING
#> Dimension:    XY
#> Bounding box: xmin:1 ymin:1 xmax:4 ymax:5
#> CRS:          NA
#>                         geom
#> 1 MULTILINESTRING((1 5,4 3)...
```

你可以将其想象为道路或河流网络。新对象只有一行，包含了所有线条。这限制
了接下来可以进行的操作，例如它不能为每个线段添加名称或计算单个线段的长度。
在这种情况下，可以使用 st_cast 函数，将一个多线对象（mutlilinestring）拆分成
3 个线对象（linestring）：

```
linestring_sf2 = st_cast(multilinestring_sf,"LINESTRING")
linestring_sf2
#> Simple feature collection with 3 features and 0 fields
#> Geometry type: LINESTRING
#> Dimension:        XY
#> Bounding box:  xmin: 1  ymin: 1  xmax: 4  ymax: 5
#> CRS:              NA
#>                    geom
#> 1 LINESTRING(1 5, 4 3)
#> 2 LINESTRING(4 4, 4 1)
#> 3 LINESTRING(2 2, 4 2)
```

多线　　　　　　　　　　　　　　线

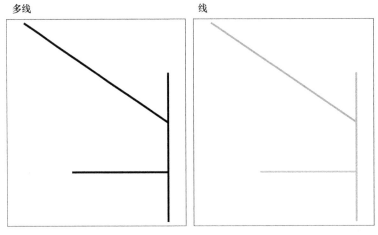

图 5.12　多线（左）与线（右）相互转换的示例

新创建的对象可以添加属性（请参见 3.2.4 节）并测量长度：

```
linestring_sf2$name = c("Riddle Rd","Marshall Ave","Foulke St")
linestring_sf2$length = st_length(linestring_sf2)
linestring_sf2
#> Simple feature collection with 3 features and 2 fields
#> Geometry type: LINESTRING
#> Dimension:        XY
#> Bounding box:  xmin: 1  ymin: 1  xmax: 4  ymax: 5
```

```
#> CRS:            NA
#>                 geom        name length
#> 1 LINESTRING(1 5,4 3)    Riddle Rd  3.61
#> 2 LINESTRING(4 4,4 1)  Marshall Ave  3.00
#> 3 LINESTRING(2 2,4 2)    Foulke St  2.00
```

5.3 栅格数据的几何运算

几何栅格操作包括平移、翻转、镜像、缩放、旋转和扭曲。这些操作在各种应用里都会用到，比如地理配准（georeferencing），用于在已知 CRS 的精确地图上添加图像（Liu and Mason，2009）。有多种地理配准技术，包括：

● 基于已知地面控制点[⊖]的地理配准。

● 正射校正（Orthorectification）也可以对图像进行校正，但需要考虑当地地形。

● 图像（协同）配准是将一个图像与另一个图像对齐的过程（以坐标参照系、原点和分辨率为基础）。比如从不同传感器或不同角度或不同时间点拍摄的同一场景的图像，需要进行配准。

由于前两种技术操作通常需要手动干预，因此不适合使用 R 语言，这就是为什么它们通常需要专用的 GIS 软件的帮助（参见第 9 章）。不过可以使用 R 语言对齐多个图像，本节将介绍如何执行此操作。这通常包括更改图像的范围、分辨率和原点。当然，还需要匹配到相同的投影坐标系。无论如何，总有场景需要对单个栅格图像执行几何操作。例如，在第 13 章中，我们将德国的大都市区定义为具有超过 500000 名居民的 20km² 像素。然而，原始的居民栅格具有 1km² 的分辨率，因此我们将通过 20 的因子来减少（聚合）分辨率（参见 13.5 节）。聚合栅格的另一个原因是为了减少运行时间或节省磁盘空间。当然，只有当任务允许更粗粒度的分辨率时，才能这样操作。有时较粗粒度的分辨率对于当前任务已经足够了。

⊖ http://www.qgistutorials.com/en/docs/georeferencing_basics.html。

5.3.1　几何交集

在 4.3.1 节中，我们展示了如何从叠加其他空间对象的栅格中提取值。要检索空间值，我们可以使用几乎相同的子集语法。唯一的区别是，我们希望通过将 drop 参数设置为 FALSE 来保留矩阵结构。这将返回一个栅格对象，其中点与 clip 对象的中点重叠。

```
if(packageVersion('spData')>='2.0.1'){
  elev = raster(system.file("raster/elev.tif",package ="spData"))
}else{
  data("elev",package ="spData")
}
clip = raster(xmn = 0.9,xmx = 1.8,ymn =-0.45,ymx = 0.45,
  res = 0.3,vals = rep(1,9))
elev[clip,drop = FALSE]
#> class       :RasterLayer
#> dimensions :2,1,2  (nrow,ncol,ncell)
#> resolution :0.5,0.5  (x,y)
#> extent      :1,1.5,-0.5,0.5   (xmin,xmax,ymin,ymax)
#> crs         :+proj=longlat +datum=WGS84 +no_defs
#> source      :memory
#> names       :elev
#> values      :18,24   (min,max)
```

我们可以使用 intersect() 和 crop() 命令执行相同的操作。

5.3.2　范围和原点

当合并或对栅格执行地图代数运算时，它们的分辨率、投影、原点和 / 或范围必须匹配。否则，我们应该如何将分辨率为 0.2 的一个栅格的值添加到另一个分辨率为 1 的栅格中呢？当我们想要合并具有不同投影和分辨率的不同传感器的卫星图像时，也会遇到同样的问题。我们可以通过对齐栅格来处理这种不匹配。

在最简单的情况下，两个图像只有范围不同。以下代码在栅格的每侧均添加了一行和两列，同时将所有新的单元格的值设置为 1000m（见图 5.13）。

```
if(packageVersion('spData') >= '2.0.1') {
  elev = raster(system.file("raster/elev.tif", package = "spData"))
}else{
  data("elev", package = "spData")
}
elev_2 = extend(elev, c(1, 2), value = 1000)
plot(elev_2)
```

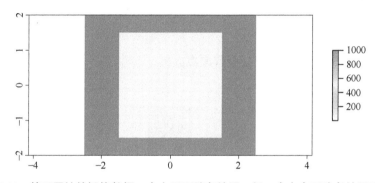

图 5.13　基于原始的栅格数据，在上下两端各扩展一行，在左右两边各扩展两列

在 R 语言中对具有不同范围的两个对象执行代数运算时，**raster** 包将返回交集的结果，并发出警告。

```
elev_3 = elev + elev_2
#> Warning in elev + elev_2:Raster objects have different extents.
#> Result for their intersection is returned
```

然而，我们也可以使用 extend() 函数来对齐两个栅格的范围。与之前的操作不同，我们不需要告诉函数应该添加多少行或列，而是使用另一个栅格对象让函数自己计算。在这里，我们将 elev 对象扩展到 elev_2 的范围。新添加的行和列将接收 value 参数的默认值，即 NA。

```
elev_4 = extend(elev, elev_2)
```

一个栅格的原点是指从任意给定单元格角落开始，以 x 轴和 y 轴的分辨率为步长向（0，0）移动时，最靠近（0，0）的点。

```
origin(elev_4)
#>[1] 0 0
```

如果两个栅格具有不同的原点，则它们的单元格不完全重叠，这种情况下无法使用地图代数运算。可以使用 origin() 函数更改原点[○]。图 5.14 展示了更改原点的效果。

```
# 修改原点
origin(elev_4)= c(0.25,0.25)
plot(elev_4)
# 添加原始的栅格数据
plot(elev,add = TRUE)
```

注意，修改分辨率时通常也会修改原点。

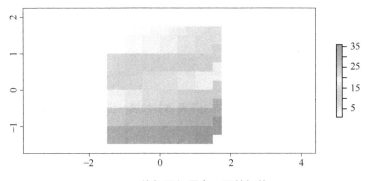

图 5.14   值相同但原点不同的栅格

5.3.3   聚合和解聚

不同的栅格数据集的分辨率也可能不同。为了匹配分辨率，可以通过减少 [aggregate()] 或增加 [disaggregate()] 其中一个栅格的分辨率来实现。[○]例如，我们在这里将 dem 数据集（在 **spDataLarge** 包中找到[○]）的空间分辨率改变了 5 倍（见图 5.15）。此外，输出单元格的值应该等于对应的输入单元格的平均值［注意，也可以

○ 如果两个栅格数据集的原点只是稍微有些不同，有时仅需增加 raster::rasterOptions() 即可。

○ 这里我们指的是空间分辨率。在遥感中，光谱（光谱波段）、时间（同一区域的观测时间）和辐射（颜色深度）分辨率也很重要。请查看文档中的 stackApply() 示例，以了解如何进行时间栅格聚合。

○ 原文是从 **RQGIS** 包中加载，鉴于该包已经停止维护，译者从修改了后文的代码，改为从 **spDataLarge** 包加载。——译者注

使用其他函数, 如 median ( )、sum ( ) 等]:

```
dem = raster(system.file("raster/dem.tif",package = "spDataLarge"))
dem_agg = aggregate(dem,fact = 5,fun = mean)
```

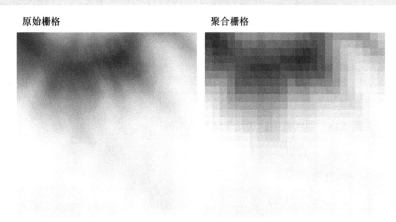

图 5.15 原始的栅格（左）；**聚合后的栅格**（右）

与 aggregate() 相反, disaggregate() 函数可以增加分辨率。但是, 我们必须指定如何填充新的单元格。disaggregate() 函数提供了两种方法。第一种方法（最近邻, 设置参数 method = ""）只是将所有输出单元格的值设置为最近的输入单元格的值, 因此会导致重复值, 从而产生块状的输出图像。

第二种方法是双线性插值（method="bilinear"）, 它使用输入图像的 4 个最近像素中心（见图 5.16 中的浅橙色）按距离计算加权平均（见图 5.16 中的箭头）, 作为输出单元格的值（在图 5.16 左上角的正方形）。

```
dem_disagg = disaggregate(dem_agg,fact = 5,method = "bilinear")
identical(dem,dem_disagg)
#>[1] FALSE
```

通过比较 dem 和 dem_disagg 的值, 可以知道它们不完全相同［你也可以使用 compareRaster() 或 all.equal() 函数］。不过这并不意外, 因为解聚是一种简单的插值技术。需要谨记的是, 解聚会产生更精细的分辨率；然而, 相应的值的精度不会比源栅格更高。

计算新像素位置的过程也称为重采样。实际上, **raster** 包提供了一个 resample() 函数。它可以让你一次性对齐多个栅格属性, 包括原点、范围和分辨率。默认情况下, 它使用双线性插值。

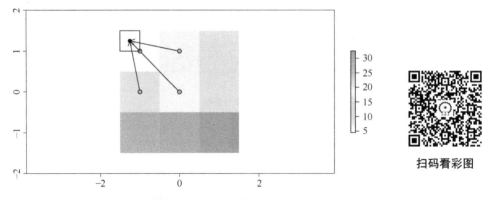

图 5.16   双线性插值法用于解聚的实例

```
#添加两行两列,即改变范围
dem_agg = extend(dem_agg,2)
dem_disagg_2 = resample(dem_agg,dem)
```

最后，为了对齐存储在磁盘上的许多（可能是数百或数千个）图像，可以使用 gdalUtils::align_rasters() 函数。不过你也可以使用 **raster** 处理非常大的数据集。这是因为 **raster** 包：

1）提供了一些函数，可以分块处理数据，让你能够操作大到无法完全放在内存的栅格数据集。

2）尝试使用并行处理。有关更多信息，请参见 beginCluster() 和 clusterR() 的帮助页面。此外，还可以查看 vignette("functions",package = "raster") 中的 *Multi-core functions* 部分。

5.4　栅格与矢量的交互

本节重点介绍了栅格和矢量地理数据模型之间的交互。它包括 4 种主要技术：使用矢量对象进行栅格裁剪和掩模提取（5.4.1 节）；使用不同类型的矢量数据提取栅格值（5.4.2 节）；以及栅格和矢量之间的转换（5.4.3 节和 5.4.4 节）。我们沿用前几章中使用的数据来演示这些技术概念，方便理解它们在现实世界中的潜在应用。

5.4.1　栅格裁剪

许多地理数据的项目涉及整合来自多个不同来源的数据，例如遥感图像（栅格）和行政边界（矢量）。通常，栅格数据集的范围比我们感兴趣的区域更大。在这种情况下，栅格**裁剪**和**掩模**有助于统一输入数据的空间范围。这两个操作都可以减少内存的占用和计算资源的消耗，在创建涉及栅格数据的地图之前，这是必要的预处理步骤。

我们使用两个对象来说明栅格裁剪：

- 一个 raster 对象 srtm，表示犹他州西南部的海拔（m）。
- 一个矢量（sf）对象 zion，表示锡安国家公园。

目标和裁剪对象必须具有相同的投影。以下代码块从第 2 章中下载的 spDataLarge 包中加载数据集，并重新投影了 zion（有关重投影的更多信息，请参见第 6 章）：

```
srtm = raster(system.file("raster/srtm.tif",package = "spDataLarge"))
zion = st_read(system.file("vector/zion.gpkg",package = "spDataLarge"))
zion = st_transform(zion,projection(srtm))
```

我们使用 raster 包中的 crop() 函数来裁剪 srtm 栅格。crop() 函数基于其第二个参数的对象的范围，减少其第一个参数的对象的矩形范围，如下面的命令所示（生成图 5.17b—注意栅格范围变得略小）：

```
srtm_cropped = crop(srtm,zion)
```

与 crop() 相关的是 **raster** 函数 mask()，它将第二个参数传递的对象范围之外的值设置为 NA。因此，以下命令将移除锡安国家公园边界之外的所有单元格（见图 5.17c）：

```
srtm_masked = mask(srtm,zion)
```

更改 mask() 的设置会产生不同的结果。例如，设置 maskvalue = 0 将把所有国家公园之外的像素设置为 0。设置 inverse = TRUE 将移除公园边界内的所有单元格（有关详细信息，请参见 ?mask）（见图 5.17d）。

```
srtm_inv_masked = mask(srtm,zion,inverse = TRUE)
```

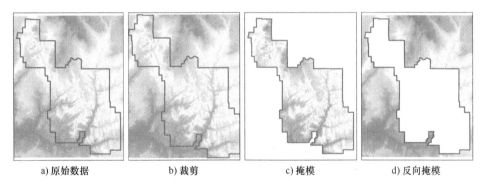

| a) 原始数据 | b) 裁剪 | c) 掩模 | d) 反向掩模 |

图 5.17　示例：栅格的裁剪和掩模

5.4.2　栅格提取

栅格提取是基于一个地理选择器（通常是矢量对象）来识别和返回特定位置处与"目标"栅格相关联的值的过程。结果取决于所使用的选择器类型（点、线或多边形）和传递给 raster::extract() 函数的参数，我们使用该函数来演示栅格提取。栅格提取的反向操作：基于矢量对象给栅格单元格赋值，即栅格化，将在 5.4.3 节介绍。

最简单的示例是在特定的**点**上提取栅格单元格的值。为此，我们将使用 zion_points，其中包含锡安国家公园内 30 个位置的样本（见图 5.18）。以下命令从 srtm 中提取高程值，并将结果赋给 zion_points 数据集中的新列（elevation）：

```
data("zion_points",package =
      "spDataLarge")
zion_points$elevation = raster::
    extract(srtm,zion_points)
```

buffer 参数可用于指定每个点周围的缓冲半径（以 m 为单位）。例如，raster::extract (srtm, zion_points, buffer = 1000) 的结果是一个向量列表，其中每个向量表示与每个点相关联的缓冲区内的单元格的值。实际上，这个示例是使用多边形选择器来提取栅格数据的特例。

也可以使用**线**来提取栅格。为了演示这一点，下面的代码创建了 zion_transect，一条

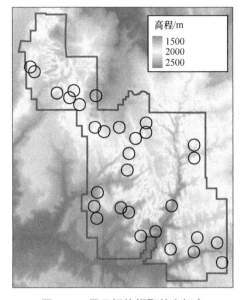

图 5.18　用于栅格提取的坐标点

从锡安国家公园西北到东南的直线，如图 5.19a 所示（有关矢量数据模型的回顾，请参见 2.2 节）：

```
zion_transect = cbind(c(-113.2,-112.9),c(37.45,37.2)) %>%
  st_linestring() %>%
  st_sfc(crs = projection(srtm)) %>%
  st_sf()
```

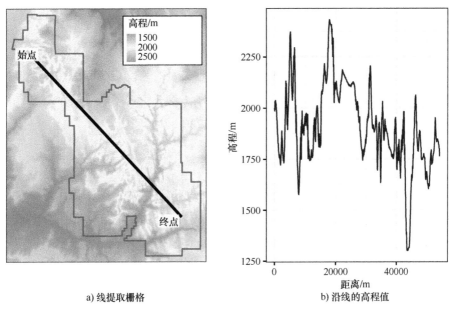

a) 线提取栅格　　　　　　　　　　　b) 沿线的高程值

图 5.19　栅格提取中使用的线（图 a）**和这条线上的高程**（图 b）

下面的代码演示了如何使用 raster::extract() 函数从 srtm 栅格中提取 zion_transect 线路的高程值，并将其绘制为海拔图（见图 5.19b）。注意，raster::extract() 函数返回的是一个列表，其中包含每个点的值。我们使用 unlist() 函数将其转换为向量。

```
transect = raster::extract(srtm,zion_transect,
                           along = TRUE,cellnumbers = TRUE)
```

注意，代码中使用 along = TRUE 和 cellnumbers = TRUE 参数来返回路径上的单元格 ID。结果是一个列表，其中第一个元素是矩阵，矩阵的第一列中表示单元格 ID，第二列表示高程值。列表元素的数量等于我们从中提取值的线或多边形的数量。接下来的代码块首先将这个棘手的由矩阵组成的列表对象转换为一个简单的数据框，返回与每个提取的单元格相关联的坐标，并计算与横截面的距离［有关详细信息，请参见 ?geosphere::distGeo()］：

```
transect_df = purrr::map_dfr(transect, as_data_frame, .id = "ID")
transect_coords = xyFromCell(srtm, transect_df$cell)
transect_df$dist = c(0, cumsum(geosphere::distGeo(transect_coords)))
                    [1:nrow(transect_df)]
```

transect_df 是一个数据框，可以用来创建高程剖面图，如图 5.19b 所示。

最后，多边形也是可以用于栅格提取的地理矢量对象。与线和缓冲区类似，每个多边形通常会返回许多栅格值。下面的命令演示了这一点，结果是一个数据框，其中包含列名 ID（多边形的行号）和 srtm（相关高程值）：

```
zion_srtm_values = raster::extract(x = srtm, y = zion, df = TRUE)
```

这个结果可以用于生成多边形内栅格值的摘要统计信息，用于描述单个区域或比较多个区域。下面的代码演示了如何生成摘要统计信息，它创建了对象 zion_srtm_df，其中包含锡安国家公园海拔值的摘要统计信息（参见图 5.20a）：

```
group_by(zion_srtm_values, ID) %>%
  summarize_at(vars(srtm), list(min=min, mean=mean, max=max))
#># A tibble:1 x 4
#>    ID    min   mean   max
#>   <dbl> <dbl> <dbl> <dbl>
#> 1   1   1122  1818.  2661
```

前面的代码块使用 **tidyverse** 为每个多边形 ID 的单元格值计算摘要统计信息，如第 3 章所述。结果显示了公园中的最大高度约为 2661m（也可以用这种方式计算其他摘要统计信息，如标准差）。由于示例中只有一个多边形，因此返回了一个只有一行的数据框；不过当使用的选择器是多个多边形时，该方法也适用。

同样的方法也适用于计算多边形内分类栅格值的出现次数。图 5.20b 和下面的代码使用来自 **spDataLarge** 包的土地覆盖数据集 nlcd 演示了这一点：

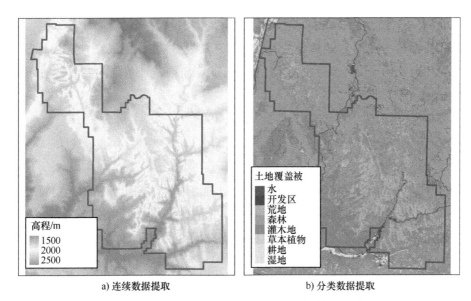

a) 连续数据提取   b) 分类数据提取

图 5.20　a) 连续栅格提取的区域；b) 分类栅格提取的区域

```
zion_nlcd = raster::extract(nlcd, zion, df = TRUE, factors = TRUE)
dplyr::select(zion_nlcd, ID, levels) %>%
  tidyr::gather(key, value, -ID) %>%
  group_by(ID, key, value) %>%
  tally() %>%
  tidyr::spread(value, n, fill = 0)
#> # A tibble: 1 × 9
#> # Groups: ID, key[1]
#>    ID key Barren Cultivated Developed Forest Herbaceous Shrubland Wetlands
#>   <dbl> <chr>  <dbl>     <dbl>     <dbl>  <dbl>      <dbl>     <dbl>    <dbl>
#> 1    1 levels  98285        62      4205 298299        235    203701      679
```

目前为止，我们已经看到了 raster::extract() 是从一系列输入的地理对象中提取栅格单元格值的一种灵活方式。但该函数的一个问题是它效率较低。如果你在意这个问题，那么了解一些替代方案是很有用的，下面介绍了其中的 3 种。

● **并行化**：将多个地理向量选择器对象分成组，分别为每个组提取单元格值（有关此方法的详细信息，请参见？raster::clusterR()）。

● 使用 **velox** 包（Hunziker，2017），该包提供了一种快速的方法来提取内存中的栅格数据（有关详细信息，请参见包的 extract[⊖]文档）。

● 使用 R 语言调用 GIS 软件（请参见第 9 章）：例如，可以在 SAGA 函数 `saga:`
`gridstatisticsforpolygons` 中找到从多边形计算栅格统计信息的高效方法，可以通
过 **RQGIS**[⊜]访问该函数。

5.4.3　栅格化

栅格化是将矢量对象转换为栅格对象的过程。通常，输出栅格用于定量分析（例
如地形分析）或建模。正如我们在第 2 章中看到的，栅格数据模型具有某些特征，使
得某些方法只适用于栅格数据。此外，栅格化过程可以帮助简化数据集，因为生成的
值都具有相同的空间分辨率：栅格化可以看作是一种特殊类型的地理数据聚合。

raster 包中的 rasterize() 函数可以用来做栅格化的操作。它的前两个参数分别
是 x（待栅格化的矢量对象）和 y（"模板栅格"对象，定义了输出的范围、分辨率和
CRS）。参数 y 中的地理分辨率对计算结果有很大影响：如果太低（单元格太大），则结
果可能会丢失矢量数据的完整地理变化；如果太高，则计算时间可能过长。在选取适
当的地理分辨率时，没有简单的规则可供遵循，这十分依赖于结果的预期用途。通常，
目标分辨率是由使用场景确定的，例如，当栅格化的输出需要与现有栅格对齐时。

为了演示栅格化的操作，我们将使用一个模板栅格，该栅格的范围和 CRS 与矢量
数据 cycle_hire_osm_projected（伦敦的自行车租赁点数据集，如图 5.21a 所示）相
同，空间分辨率为 1000m：

```
cycle_hire_osm_projected = st_transform(cycle_hire_osm, 27700)
raster_template = raster(extent(cycle_hire_osm_projected), resolution = 1000,
                         crs = st_crs(cycle_hire_osm_projected)$proj4string)
```

栅格化是一种非常灵活的操作：结果不仅取决于模板栅格的性质，还取决于输入
矢量的类型（例如，点、多边形）以及 rasterize() 函数的各种参数。

为了演示这种灵活性，我们将尝试 3 种不同的栅格化方法。首先，我们创建
一个栅格，表示是否存在自行车租赁点（称为存在 / 不存在栅格）。在这种情况下，
rasterize() 除了 x 和 y（前面提到的矢量和栅格对象）之外，还需要一个额外的 field

⊖ https://hunzikp.github.io/velox/extract.html。

⊜ **RQGIS** 包已经停止更新，建议切换使用 **qgisprocess**，详细信息请参阅 https://github.com/r-spatial/
qgisprocess。—译者注

参数：它的值将赋给所有的非空单元格（结果如图 5.21b 所示）。

```
ch_raster1 = rasterize(cycle_hire_osm_projected,raster_template,field = 1)
```

fun 参数指定了用于将多个观测值转换为栅格对象中的关联单元格的汇总统计信息。默认值是 fun ="last"，但可以使用其他选项，例如 fun ="count"，这时将计算每个网格单元中的自行车租赁点数量（图 5.21c 中展示了此操作的结果）。

```
ch_raster2 = rasterize(cycle_hire_osm_projected,raster_template,
                       field = 1,fun = "count")
```

新的输出 ch_raster2 显示了每个网格单元中的自行车租赁点数量。不同位置的自行车租赁点有不同数量的自行车，记录在 cycle_hire_osm_projected 对象的 capacity 变量中。随之而来的一个问题是，每个网格单元中的自行车总量是多少？为了计算这个值，我们必须对字段（"capacity"）进行求和，结果如图 5.21d 所示，使用以下命令进行计算（也可以使用其他汇总函数，如 mean）：

```
ch_raster3 = rasterize(cycle_hire_osm_projected,raster_template,
                       field = "capacity",fun = sum)
```

另一个基于加利福尼亚州的多边形和边界的数据集可用于演示线条的栅格化。将多边形对象转换为多线后，使用 0.5° 的分辨率创建模板栅格：

```
california = dplyr::filter(us_states,NAME == "California")
california_borders = st_cast(california,"MULTILINESTRING")
raster_template2 = raster(extent(california),resolution = 0.5,
                          crs = st_crs(california)$proj4string)
```

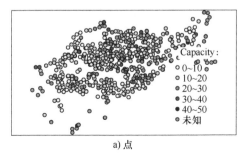

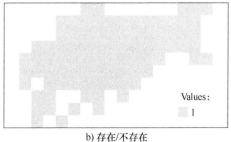

a) 点　　　　　　　　　　　　　　b) 存在/不存在

图 5.21　对点进行栅格化的示例

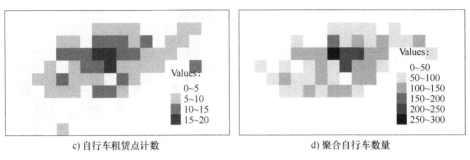

c) 自行车租赁点计数　　　　　　　　d) 聚合自行车数量

图 5.21　对点进行栅格化的示例（续）

下面的代码演示了线的栅格化。在生成的栅格中，所有与线条接触的单元格都会被赋值，如图 5.22a 所示。

```
california_raster1 = rasterize(california_borders, raster_template2)
```

相比之下，多边形的栅格化只选择其质心在多边形内的单元格，如图 5.22b 所示。

```
california_raster2 = rasterize(california, raster_template2)
```

与 raster::extract() 一样，raster::rasterize() 对大多数情况都适用，但性能不是最优的。幸运的是，有几个替代方案，包括 fasterize::fasterize() 和 gdalUtils::gdal_rasterize()。前者比 rasterize() 快得多（100 倍以上），但目前仅限于多边形栅格化。后者是 GDAL 的一部分，因此需要矢量文件（而不是 sf 对象）

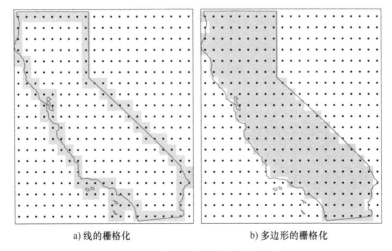

a) 线的栅格化　　　　　　　　　b) 多边形的栅格化

图 5.22　线和多边形的栅格化示例

和栅格化参数（而不是 Raster* 模板对象）作为输入[⊖]。

5.4.4　空间矢量化

空间矢量化（vectorization）是栅格化（5.4.3 节）的逆向操作。它是将空间连续的栅格数据转换为空间离散的矢量数据，例如点、线或多边形。

> **提示**　注意 vectorization 这个术语![⊖]在 R 语言中，矢量化（vectorization）是指用 1:10/2 这样的方式替换 for 循环等（见 Wickham，2014a）。

最简单的矢量化是将每个单元格的质心转换为点。rasterToPoints() 函数正是这样做的，它在所有非 NA 的单元格上执行此操作（见图 5.23）。将 spatial 参数设置为 TRUE 可确保输出是空间对象，而不是矩阵。

```
elev_point = rasterToPoints(elev, spatial = TRUE) %>%
  st_as_sf()
```

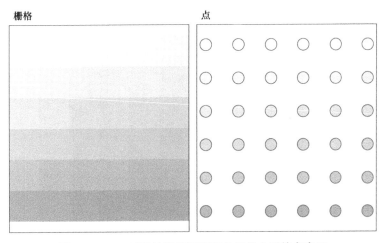

图 5.23　elev 对象的栅格表示和矢量化之后的点表示

另一种常见的矢量化类型是创建等高线，表示高度或温度等连续值（例如等温线）。我们将使用真实的数字高程模型（DEM 数据集），因为人工构造的栅格数据 elev

---

⊖　更多信息请参见 http://gdal.org/gdal_rasterize.html。

⊖　矢量化和向量化在英文中都是 vectorization，但含义完全不同。——译者注会产生平行线（任务：验证这一点并解释为什么会发生这种情况）。可以使用 **raster** 函数 rasterToContour() 创建等高线，它本身是 contourLines() 的一层封装，如下所示（结果未显示）：

```
dem = raster(system.file("raster/dem.tif",package = "spDataLarge"))
cl = rasterToContour(dem)
plot(dem,axes = FALSE)
plot(cl,add = TRUE)
```

等高线也可以使用函数［例如 contour()，rasterVis::contourplot() 或 tmap::tm_iso()］添加到现有的绘图中。如图 5.24 所示，等高线还可以添加数值标记。

```
#创建并绘制山体阴影
hs = hillShade(slope = terrain(dem,"slope"),aspect = terrain(dem,"aspect"))
plot(hs,col = gray(0:100/100),legend = FALSE)
#叠加 DEM 图层
plot(dem,col = terrain.colors(25),alpha = 0.5,legend = FALSE,add = TRUE)
#添加等高线
contour(dem,col ="white",add = TRUE)
```

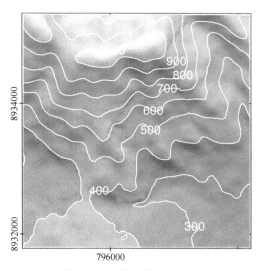

图 5.24   蒙贡山南侧的山体阴影与等高线重叠

最后一种矢量化类型是将栅格转换为多边形。可以使用 raster::rasterToPolygons()
完成，它将每个栅格单元格转换为由 5 个坐标组成的多边形，所有这些坐标都存储在
内存中（这解释了为什么栅格通常比矢量快一些！）。

下面的示例将 grain 对象转换为多边形，并融合具有相同属性值的多边形之间的
边界［也可以参见 rasterToPolygons() 中的 dissolve 参数］。在这个例子中，属性存
储在名为 grain 的列中（参见 5.2.6 节和图 5.25）。［注意：将栅格转换为多边形的一种
方便的替代方法是 spex::polygonize()，默认情况下返回 sf 对象。］

```
grain = raster(system.file('raster/grain.tif',package = 'spData'))
grain_poly = rasterToPolygons(grain) %>%
  st_as_sf()
grain_poly2 = grain_poly %>%
  group_by(grain)%>%
  summarize()
```

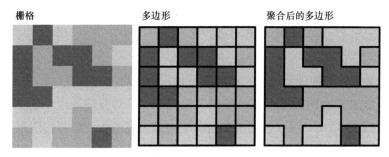

图 5.25   示例：将栅格（左）矢量化为多边形（中），并进行多边形聚合（右）

5.5 练习

以下部分练习使用了来自 **RQGIS**[⊖] 包的矢量数据（random_points）和栅格数据
集（ndvi）。还使用了从 random_points 数据集派生的多边形"凸包"来代表感兴趣的
研究区域［变量 ch］：

⊖ 鉴于 RQGIS 包已经停止维护，这里使用其他方式来加载所需数据，读者无需安装 RQGIS 包。——译者注

```
ndvi = raster(system.file("raster/ndvi.tif",package ="spDataLarge"))
download.file("https://raw.githubusercontent.com/r-spatial/RQGIS3/master/
                data/random_points.rda",
                destfile ="random_points.rda")
load("random_points.rda")
ch = st_combine(random_points)%>%
  st_convex_hull()
```

1）简化 nz 数据集并绘制出来。调用 ms_simplify() 函数并尝试不同的参数值 keep（从 0.5 到 0.00005）；调用 st_simplify() 函数并尝试不同的 dTolerance 值（100 到 100,000）。

● 对每种方法，从哪个参数值开始，简化后的轮廓无法辨认出是新西兰？

● 进阶问题：st_simplify() 返回的几何类型与 ms_simplify() 返回的几何类型有何不同？这会带来什么问题，如何解决？

2）在第 4 章的第一个练习中，已经确定坎特伯雷地区有新西兰的 101 个最高点中的 70 个。使用 st_buffer() 计算有多少个 nz_height 中的点与距坎特伯雷的距离在 100km 以内？

3）找到新西兰的地理质心。它距离坎特伯雷的地理质心有多远？

4）大多数世界地图都采用北向朝向。通过 world 对象的几何反射（未在 5.2.4 节中提到的仿射变换之一）可以创建一个南向朝向的世界地图。编写代码来实现此操作。提示：你需要使用一个含有两个元素的向量来进行此转换。

● 附加题：创建一个倒置的你所在国家的地图。

5）用以下两个方法从 p 中提取包含在 x 和 y 中的点（请参见 5.2.5 节和图 5.8）。

● 使用基本子集运算符 [。

● 使用 st_intersection() 创建的中间对象。

6）计算美国各州边界线的长度（以 m 为单位）。哪个州的边界线最长，哪个州最短？提示：使用 st_length 函数计算 LINESTRING 或 MULTILINESTRING 几何体的长度。

7）使用 random_points 数据集和 ch 数据集分别对 ndvi 栅格进行裁剪，并绘制结果。输出的地图有什么区别吗？接下来，使用这两个数据集作为 ndvi 的掩模。现在有什么区别吗？如何解释这个结果？

8）首先，从 random_points 中表示的点中提取 ndvi 的值。接下来，使用 random_points 中每个点周围 90m 的缓冲区提取 ndvi 的平均值，并比较这两组值。在什么情况下，通过缓冲区提取值的比仅通过点更合适？

9）从新西兰的高度数据集 nz_height 中提取高于 3100m 的点，并创建一个分辨率为 3km 的模板栅格。使用这些数据：

- 计算每个单元格中最高点的数量。
- 找到每个单元格中的最大高度。

10）聚合新西兰高点的栅格（基于练习 9 的结果），将其地理分辨率减半（因此每个单元格表示 6×6 公里的区域）并绘制结果。

- 将较低分辨率的栅格重新采样为 3km 的分辨率。结果有何变化？
- 列出减少栅格分辨率的两个优点和缺点。

11）把 grain 数据集转换成多边形类型的矢量数据，并过滤掉"clay"类型的所有单元格。

- 列出矢量数据相对于栅格数据的两个优点和缺点。
- 在你的工作中，是否有将栅格转换为矢量数据的场景？

第6章

重投影地理数据

前提要求

- 本章需要加载以下包（**lwgeom** 也会用到，但不需要提前加载）

```
library(sf)
library(raster)
library(dplyr)
library(spData)
library(spDataLarge)
```

6.1 导读

2.4 节介绍了坐标参照系（CRS），并说明了它们的重要性。本章进一步阐述使用不适当的 CRS 可能会出现的问题，以及如何将数据从一个 CRS 转换为另一个 CRS。

如图 2.1 所示，有两大类的 CRS：地理坐标系（'lon/lat'，单位为经度和纬度的度数）和投影坐标系（通常以基准面的 m 为单位）。不了解当前数据所属的 CRS，可能会导致一些错误的操作。例如，**sf** 中的许多几何操作假定其输入是在投影坐标系下，因为它们基于的 GEOS 函数假定数据是投影后的。为了解决这个问题，**sf** 提供了函数 st_is_longlat() 进行检查。在某些情况下，CRS 是未知的，如 2.2 节中介绍过的伦敦的示例：

```
london = data.frame(lon = -0.1, lat = 51.5) %>%
  st_as_sf(coords = c("lon","lat"))
st_is_longlat(london)
# >[1] NA
```

这表明，除非手动指定 CRS 或从具有 CRS 元数据的源加载数据，否则 CRS 为 NA。可以使用 st_set_crs() 将 CRS 添加到 sf 对象中，如下所示：[⊖]

```
london_geo = st_set_crs(london, 4326)
st_is_longlat(london_geo)
# >[1] TRUE
```

操作没有指定 CRS 的数据集很可能会出问题。如下面代码中的示例，它围绕 london 和 london_geo 对象分别创建了一个距离为 1 的缓冲区：

```
london_buff_no_crs = st_buffer(london, dist = 1)
london_buff = st_buffer(london_geo, dist = 1)
# > Warning in st_buffer.sfc(st_geometry(x), dist, nQuadSegs, endCapStyle =
# > endCapStyle,:st_buffer does not correctly buffer longitude/latitude data
# > dist is assumed to be in decimal degrees(arc_degrees).
```

执行第二行时会发出警告[⊖]。警告信息告诉我们结果可能有问题，因为它是以纬度和经度的度数为单位，而不是 m 或其他适当的距离度量。在图 6.1（左图）中说明了在未使用投影数据时的后果：缓冲区在南北方向上被拉长，因为经线会汇聚到地球的极点。

⊖　在创建 sf 对象时，也可以使用 crs 参数添加 CRS（例如，st_sf（geometry = st_sfc（st_point (c(-0.1,51.5))），crs = 4326）。在创建栅格数据集时也可以使用相同的参数来设置 CRS（例如，raster(crs = "+proj=longlat"))。

⊖　**sf** 包自 1.0-0 版本开始加入了 s2 引擎的支持，使用大于 1.0-0 版本的包将不会看到警告信息，返回的数据也是正确的。关于 s2 引擎，参考阅读 https://r-spatial.github.io/sf/articles/sf7.html。——译者注

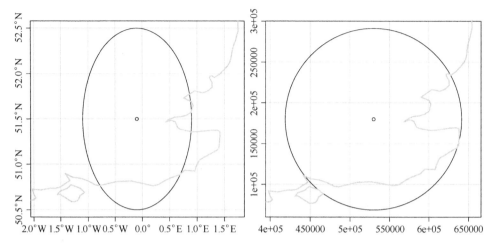

图 6.1　地理 CRS（左）**和投影 CRS**（右）**下围绕伦敦创建的缓冲区**（灰色轮廓表示英国海岸线）

提示　　　两条经线（也称子午线）之间的距离，在赤道上大约为 111km［执行 geosphere::distGeo(c(0,0),c(1,0)) 查看精确的距离］，在极点处的距离则缩小为零。而在伦敦的纬度上，经线之间的距离则小于 70km（挑战：执行代码验证此内容）。相比之下，纬线之间的距离始终相等，与纬度无关：它们始终相距约 111km，包括在赤道和极地附近。这在图 6.1 中说明。

　　不要将关于地理（longitude/latitude）CRS 的警告理解为"不应设置 CRS"，几乎所有情况都应该设置 CRS！应该把它理解为，建议将数据**重投影（reproject）**到投影坐标系上。但这个建议有时又可以忽略：在某些情况下（例如空间子集），CRS 对执行空间和几何操作几乎没有影响。但是对于涉及缓冲区等距离相关的操作，确保获得正确结果的唯一方法是把数据投影到投影坐标系后再执行操作[⊖]。下面的代码块中实现了这个操作：

```
london_proj = data.frame(x = 530000,y = 180000)%>%
  st_as_sf(coords = 1:2,crs = 27700)
```

　　结果是一个新对象，它与 london 相同，但重投影到了一个适当的 CRS 上［这个例子中的 CRS 是 EPSG 代码 27700，表示英国国家网格（British National Grid）］，其单位为 m。我们可以使用 st_crs() 验证 CRS 是否已更改，如下所示（一些输出已

⊖　参考前文，1.0-0 版本之后的 **sf** 包可以直接操作地理坐标系下的数据。——译者注

被 ... 替换）：

```
st_crs(london_proj)
#> Coordinate Reference System:
#>   EPSG: 27700
#>   proj4string: "+proj=tmerc +lat_0=49 +lon_0=-2...+units=m +no_defs"
```

这个 CRS 描述中醒目的组成部分包括 EPSG 代码（EPSG: 27700）、投影（横向墨卡托投影⊖，+proj=tmerc）、原点（+lat_0=49+lon_0=-2）和单位（+units=m）⊖。CRS 的单位为 m（而不是度数）告诉我们这是一个投影 CRS：st_is_longlat(london_proj) 现在返回 FALSE，并且对 london_proj 的几何操作将不会出现警告，这意味着可以使用适当的距离单位来生成缓冲区。如上所述，移动一度意味着在赤道上移动略多于 111km（确切地说是 111320m）。这可以用作新的缓冲距离：

```
london_proj_buff = st_buffer(london_proj,111320)
```

图 6.1（右图）中的结果显示，基于投影 CRS 的缓冲区不会发生扭曲：缓冲区边界的每个部分与伦敦的距离都相等。

伦敦的示例说明了 CRS（主要是投影 CRS 和地理 CRS）的重要性。后续的章节进一步探索如何选择合适的 CRS，并详细介绍如何重投影矢量数据和栅格数据。

6.2　何时重投影

前一节展示了使用 st_set_crs(london, 4326) 手动设置 CRS。然而，在实际应用中，当数据被读入时，CRS 通常会自动设置。涉及 CRS 的主要任务通常是将对象从一个 CRS 转换为另一个 CRS。但是，何时应该转换数据？转换到哪个 CRS？这些问题没有明确的答案，CRS 的选择总是涉及权衡（Maling, 1992）。不过本节提供了一些通用原则，可以帮你做出决策。

⊖ https://en.wikipedia.org/wiki/Transverse_Mercator_projection。
⊖ 有关投影参数和相关概念的简短描述，请参见 Jochen Albrecht 的第四次讲座，托管在 http://www.geography.hunter.cuny.edu/~jochen/GTECH361/lectures/ 和 https://proj4.org/parameters.html 上的信息。有关投影的其他优秀资源是 spatialreference.org 和 progonos.com/furuti/MapProj。

首先值得考虑的是何时进行转换。在某些情况下，转换为投影 CRS 是必要的，例如使用几何函数 [如 st_buffer()] 时，如图 6.1 所示。相反，使用 **leaflet** 包在线发布数据可能需要地理 CRS。另一种情况是当必须比较或组合具有不同 CRS 的两个对象时，如下所示，当我们尝试查找具有不同 CRS 的两个对象之间的距离时：

```
st_distance(london_geo,london_proj)
#> Error:st_crs(x) == st_crs(y)is not TRUE
```

为了使 london 和 london_proj 对象在地理上可比较，必须把其中一个对象转换到另一个的 CRS 上。但是使用哪个 CRS 呢？答案通常是 "转换为投影 CRS"，在这个例子中指的是英国国家网格（EPSG：27700）：

```
london2 = st_transform(london_geo,27700)
```

现在已经使用 **sf** 函数 st_transform() 创建了投影后的 london，可以找到两个伦敦表示之间的距离。也许令人惊讶的是，london 和 london2 之间的距离仅略大于 2km ![⊖]

```
st_distance(london2,london_proj)
#> Units: [m]
#>        [,1]
#> [1,] 2018
```

6.3   投影到哪个 CRS

选择正确的 CRS 是一个棘手的问题，很少有 "正确" 的答案："不存在通用的投影，所有投影在远离指定框架的中心时都会产生扭曲"（Bivand et al.，2013）。对于地理 CRS，通常的选择是 WGS84[⊖]，因为它不仅适用于 Web 地图映射，而且 GPS 数据

⊖ 两个点之间的位置差异不是由于转换操作的不完美（实际上非常准确），而是由于手动创建 london 和 london_proj 的坐标的低精度。令人惊讶的是，结果以 m 为单位的矩阵形式提供。这是因为 st_distance() 可以计算许多要素之间的距离，而传入对象的 CRS 的单位是 m。使用 as.numeric() 可以把结果强制转换为常规数字。

⊖ https://en.wikipedia.org/wiki/World_Geodetic_System# A_new_World_Geodetic_System: _WGS_84。

集和数千个栅格与矢量数据集的默认 CRS 就是它。WGS84 是世界上最常见的 CRS，因此值得谨记它的 EPSG 代码：4326。这个"魔法数字"可以用来将具有不寻常的投影 CRS 的对象转换到广为人知的坐标系下。

那么，何时需要投影 CRS 呢？在某些情况下，我们无法自由决定："通常，投影的选择是由公共制图机构做出的"（Bivand et al.，2013）。这意味着在处理本地数据源时，最好使用数据中默认提供的 CRS，以确保兼容性，即使官方 CRS 不是最准确的。在上一节伦敦的示例中，这个问题很容易回答，因为①英国国家网格（及其相关的 EPSG 代码 27700）是众所周知的，②原始数据集（london）的 CRS 就是 EPSG：27700。

在适合的 CRS 不清楚的情况下，CRS 的选择应该取决于随后的地图和分析中需要保持的最重要的特征。所有 CRS 都是等面积、等距离、保形（形状不变）或这些折中方案的某种组合。可以为感兴趣的区域创建具有本地参数的自定义 CRS，并且在没有单个 CRS 适用于所有任务的情况下，可以在项目中使用多个 CRS。如果没有合适的 CRS，则"大地计算"可以提供最后的备选方案（请参见 proj4.org/geodesic.html[一]）。不论任何投影 CRS，当用于覆盖数百 km 的几何图形时，结果都可能不准确。

在决定自定义 CRS 时，我们建议如下的投影：[二]

● 兰伯特方位等积投影（Lambert Azimuthal Equal-Area，LAEA[三]），用于自定义本地投影（将 lon_0 和 lat_0 设置为研究区域的中心），在所有位置上都是等面积投影，但在数千 km 之外会扭曲形状。

● 等距方位投影（Azimuthal Equidistant，AEQD[四]），用于在本地投影的中心点和另一个点之间提供特别准确的直线距离。

● 兰伯特等角投影（Lambert Conformal Conic，LCC[五]），用于覆盖数千 km 的区域，圆锥被设置为在割线之间保持合理的距离和面积属性。

● 赤平投影（STERE[六]），用于极地区域，但要注意不要在距中心数千 km 的地方计算面积和距离。

一种常用的默认投影是通用横轴墨卡托投影（UTM[七]），它将地球分成 60 个经度楔形和 20 个纬度段。UTM CRS 使用的横轴墨卡托投影是共形的（尽量保持形状不变），

[一] https://proj4.org/geodesic.html。
[二] 感谢某位匿名审稿人的评论，为这些建议提供了基础。
[三] https://en.wikipedia.org/wiki/Lambert_azimuthal_equal-area_projection。
[四] https://en.wikipedia.org/wiki/Azimuthal_equidistant_projection。
[五] https://en.wikipedia.org/wiki/Lambert_conformal_conic_projection。
[六] https://en.wikipedia.org/wiki/Stereographic_projection。
[七] https://en.wikipedia.org/wiki/Universal_Transverse_Mercator_coordinate_system。

但随着距离 UTM 区域中心的距离增加，会越来越严重地扭曲面积和距离。因此，GIS 软件 Manifold 的文档建议将使用 UTM 区域的项目的经度范围限制在中央经线的 6 度内（来源：manifold.net[⊖]）。

地球上几乎每个地方都有一个 UTM 代码，例如 "60H"，它指的是 R 语言诞生地，新西兰北部。所有 UTM 都具有相同的基准面（WGS84），它们在北半球的 EPSG 代码从 32601 到 32660 按顺序递增，在南半球的 EPSG 代码是 32701 到 32760。

为了展示这个系统的工作原理，让我们创建一个名为 lonlat2UTM() 的函数，用于计算地球上任意点对应的 EPSG 代码，如下所示：参考链接[⊖]。

```
lonlat2UTM = function(lonlat){
  utm = (floor((lonlat[1]+ 180)/6) %%60) + 1
  if(lonlat[2] > 0) {
    utm + 32600
  }else{
    utm + 32700
  }
}
```

下面的命令使用此函数来识别奥克兰和伦敦的 UTM 区域和相关的 EPSG 代码：

```
epsg_utm_auk = lonlat2UTM(c(174.7,-36.9))
epsg_utm_lnd = lonlat2UTM(st_coordinates(london))
st_crs(epsg_utm_auk)$proj4string
#> [1]"+proj=utm +zone=60 +south +datum=WGS84 +units=m +no_defs"
st_crs(epsg_utm_lnd)$proj4string
#> [1]"+proj=utm +zone=30 +datum=WGS84 +units=m +no_defs"
```

从 dmap.co.uk[⊜]提供的 UTM 区域地图确认伦敦位于 UTM 区域 30U。

自动选择某个特定数据集的投影 CRS 的另一种方法是为研究区域的中心点创建一个等距方位投影（AEQD^⑩）。这涉及创建一个自定义 CRS（没有 EPSG 代码），其单位

⊖　http://www.manifold.net/doc/mfd9/universal_transverse_mercator_projection.htm。

⊜　https://stackoverflow.com/a/9188972/。

⊜　http://www.dmap.co.uk/utmworld.htm。

㉓　https://en.wikipedia.org/wiki/Azimuthal_equidistant_projection。

为 m，而且基于数据集的中心点。应谨慎使用此方法：因为自定义的 CRS 与其他数据集不兼容，而且在覆盖数百 km 的数据集上使用时可能不准确。

尽管我们使用矢量数据集来说明本节中概述的要点，但这些原则同样适用于栅格数据集。接下来的几节将解释 CRS 转换的特点，这些特点对于每个地理数据模型都是独特的，下一节（6.4 节）将继续讨论矢量数据，然后 6.6 节转向解释栅格转换的不同之处。

6.4 重投影矢量数据

第 2 章演示了矢量几何是如何由点组成的，以及点如何构成更复杂的对象，如线和多边形。重投影矢量数据就是要转换这些点的坐标。这可以通过 cycle_hire_osm 来说明，它是 **spData** 中表示伦敦各地的自行车租赁位置的 sf 对象。前一节展示了如何使用 st_crs() 查询矢量数据的 CRS。尽管此函数的输出是作为单个实体被打印出来，但它其实是一个 crs 类对象，也是一个命名列表。其中的 proj4string 属性包含了 CRS 的完整详细信息，epsg 属性记录了 EPSG 代码。查看下面的代码演示：

```
crs_lnd = st_crs(cycle_hire_osm)
class(crs_lnd)
#> [1] "crs"
crs_lnd$epsg
#> [1] 4326
```

CRS 对象的这种双重性意味着它们可以使用 EPSG 代码或 proj4string 来设置。这意味着 st_crs("+proj=longlat +datum=WGS84 +no_defs") 和 st_crs(4326) 是等效的，虽然并非所有的 proj4string 都有对应的 EPSG 代码。重投影 CRS 对象时，对象的 EPSG 代码和 proj4string 会同时被改变：

```
cycle_hire_osm_projected = st_transform(cycle_hire_osm,27700)
```

生成的对象具有一个新的 CRS，其 EPSG 代码为 27700。但是如何查找有关此 EPSG 代码或任何代码的更多详细信息呢？一种选择是在线搜索。另一种选择是使用 **rgdal** 包中的函数来查找 CRS 的名称：

```
crs_codes = rgdal::make_EPSG()[1:2]
dplyr::filter(crs_codes,code == 27700)
#>    code                            note
#> 1 27700 OSGB36 / British National Grid
```

结果显示，EPSG 代码 27700 表示英国国家网格（British National Grid），这个结果可以通过在网上搜索"EPSG 27700⊖"来找到。但是 proj4string 元素呢？ proj4string 是一种特定格式的文本字符串，用于描述 CRS。它们可以被视为将投影点转换为地球表面上的点的公式，并且可以通过以下方式从 crs 对象中访问（有关输出的详细信息，请参见 proj4.org⊖）：

```
st_crs(27700)$proj4string
#>[1] "+proj=tmerc +lat_0=49 +lon_0=-2 +k=0.9996012717 +x_0=400000...
```

提示 在控制台中打印输出空间对象会自动返回其坐标参照系。要显式访问和修改它，请使用 st_crs 函数，例如 st_crs(cycle_hire_osm)。

6.5　修改地图投影

由 EPSG 代码表示的已有的 CRS 已经可以满足许多应用场景。但在某些情况下，使用自定义的 proj4string 创建新的 CRS 是更合适的。这种方式可以创建非常广泛的投影。

已经有许多投影算法被开发出来，这个数量还会不断增长。其中许多投影可以使用 proj4string 的 +proj= 元素进行设置⊖。在保持面积关系的同时绘制世界地图时，莫尔韦德（Mollweide）投影是一个不错的选择（Jenny et al.，2017）。要使用此投影，我们需要在 st_transform 函数中指定 "+proj=moll"：

⊖　https://www.google.com/search？q=CRS+27700。

⊖　http://proj4.org/。

⊖　维基百科页面"地图投影列表"列出了 70 多个投影和插图。

```
world_mollweide = st_transform(world,crs = "+proj=moll")
```

另一方面，在绘制世界地图时，通常希望所有空间属性（面积、方向、距离）的扭曲尽可能小。其中最流行的投影之一是温克尔投影（Winkel tripel projection）[1]。使用 **lwgeom** 包中的 st_transform_proj() 可以将坐标转换到一系列的 CRS，包括温克尔投影：

```
world_wintri = lwgeom::st_transform_proj(world,crs = "+proj=wintri")
```

> 对简单要素进行坐标转换的 3 个主要函数是 sf::st_transform()、sf::sf_project() 和 lwgeom::st_transform_proj()。st_transform 函数使用 PROJ 的 GDAL 接口，而 sf_project()（适用于表示点的两列数字矩阵）和 lwgeom::st_transform_proj() 直接使用 PROJ API。第一个函数适用于大多数情况，并提供了一组最常用的参数和定义清晰的转换。最后一个函数允许更大程度的自定义，包括在 st_transform() 中不可用的 PROJ 参数（例如 +over）或投影（+proj=wintri）。[2]

提示

此外，大多数 CRS 定义中的 PROJ 参数都可以修改。下面的代码将坐标转换到兰伯特方位等积投影，并以经度和纬度为 0 的位置为中心。

```
world_laea1 = st_transform(world,
                           crs = "+proj=laea +x_0=0 +y_0=0 +lon_0=
                           0+lat_0=0")
```

我们可以更改 PROJ 参数，例如使用 +lon_0 和 +lat_0 参数更改投影的中心。下面的代码将地图居中于纽约市。

```
world_laea2 = st_transform(world,
                           crs = "+proj=laea +x_0=0 +y_0=0 +lon_0=
                           -74 +lat_0=40")
```

有关 CRS 修改的更多信息可以在 Using PROJ[3]文档中找到。

---

[1] 该投影被许多机构使用，包括美国国家地理学会（National Geographic Society）。
[2] 当前最新版本的 sf 包中，**st_transform** 函数已经支持 PROJ 函数。——译者注
[3] http://proj4.org/usage/index.html。

6.6 重投影栅格数据

前一节中描述的投影概念同样适用于栅格数据。然而，在矢量和栅格的重投影中存在重要的差异：转换矢量对象涉及更改每个点的坐标，但这不适用于栅格数据。栅格由相同大小的矩形单元格组成（由地图单位表示，例如度或 m），因此无法单独转换像素的坐标。栅格重投影涉及创建一个新的栅格对象，通常具有与原始对象不同的列数和行数。随后必须重新估计单元格的值，使用适当的值"填充"新像素。换句话说，栅格重投影可以被认为是两个单独的空间操作：将单元格质心的矢量重投影到另一个 CRS（6.4 节），并通过重采样计算新的像素值（5.3.3 节）。因此，在大多数情况下，当同时使用栅格和矢量数据时，最好避免重投影栅格，而是重投影矢量。

使用 **raster** 包中的 projectRaster() 函数可以进行栅格重投影。与前一节中演示的 st_transform() 函数类似，projectRaster() 接受地理对象（在本例中为栅格数据集）和 crs 参数。但是，projectRaster() 仅接受冗长的 proj4string 定义的 CRS，不接受简洁的 EPSG 代码。

提示　可以使用 "+init=epsg:MY_NUMBER" 在 proj4string 定义中使用 EPSG 代码。例如，可以使用 "+init=epsg: 4326" 定义将 CRS 设置为 WGS84（EPSG 代码为 4326）。PROJ 库会自动添加其余的参数并将其转换为 "+init=epsg:4326 + proj=longlat +datum=WGS84 +no_defs +ellps=WGS84 +towgs84=0,0,0"。

让我们来看两个栅格转换的例子：分别使用分类栅格和连续栅格数据。土地覆盖数据通常由分类地图表示。nlcd2011.tif 文件提供了来自 2011 年国家土地覆盖数据库（National Land Cover Database 2011）[注]中的犹他州某个小区域的信息，对应的坐标系是 NAD83/UTM zone 12NCRS。

```
cat_raster = raster(system.file("raster/nlcd2011.tif",package =
"spDataLarge"))
crs(cat_raster)@projargs
#> [1] "+proj=utm +zone=12 +ellps=GRS80 +units=m +no_defs"
```

⊖　https://www.mrlc.gov/nlcd2011.php。

在这个区域中，共有 14 种土地覆盖类别（完整的 NLCD2011 土地覆盖类别列表可以在 mrlc.gov[⊖]找到）：

```
unique(cat_raster)
#> [1] 11 21 22 23 31 41 42 43 52 71 81 82 90 95
```

当重投影分类栅格时，估计值必须与原始值相同。这可以使用最近邻方法（ngb）来完成。该方法找到输入栅格中最接近的单元格中心，将新的单元格值赋给这些最接近的单元格。例如，将 cat_raster 投影到适合 Web 地图的地理 CRS WGS84。第一步是获取此 CRS 的 PROJ 定义，可以借助 http://spatialreference.org[⊖]网页完成。最后一步是使用 projectRaster() 函数重投影栅格，当栅格值是分类数据时使用最近邻方法（ngb）：

```
wgs84 = "+proj=longlat +ellps=WGS84 +datum=WGS84 +no_defs"
cat_raster_wgs84 = projectRaster(cat_raster,crs = wgs84,method = "ngb")
```

表 6.1 显示了新对象与旧对象的许多属性不同，包括列数和行数（因此单元格数目不同），分辨率（从 m 转换为度），以及范围（注意，类别数从 14 增加到 15 是因为添加了 NA 值，而不是因为创建了新类别，土地覆盖类别的信息被保留下来了）。

重投影数值栅格（具有 numeric 或在本例中具有 integer 值）的过程几乎相同。下面通过 **spDataLarge** 中来自航天雷达地形测量任务（SRTM）[⊖]的 srtm.tif 演示这一点，它使用 WGS84 CRS 表示海拔：

表 6.1　原始的分类栅格对象（'cat_raster'）和投影对象（'cat_raster_wgs84'）的关键特征对比

CRS	nrow（行数）	ncol（列数）	ncell（单元数）	resolution（分辨率）	unique_categories（类别数）
NAD83	1359	1073	1458207	31.5275	14
WGS84	1394	1111	1548734	0.0003	15

```
con_raster = raster(system.file("raster/srtm.tif",package ="spDataLarge"))
crs(con_raster)@projargs
#> [1] "+proj=longlat +datum=WGS84 +no_defs"
```

⊖　https://www.mrlc.gov/nlcd11_leg.php。

⊖　http://spatialreference.org/ref/epsg/wgs-84/。

⊖　https://www2.jpl.nasa.gov/srtm/。

我们将把这个数据集重投影到一个投影 CRS 中，但不使用最近邻方法，这种方法适用于分类数据。我们将使用双线性插值法，该方法基于原始栅格中的 4 个最近单元格计算输出单元格值。投影数据集中的值是这 4 个单元格的距离加权平均值：输入单元格距离输出单元格中心越近，其权重越大。以下命令创建一个表示兰伯特方位等积投影的文本字符串，并使用 bilinear 方法将栅格投影到此 CRS 中：

```
equalarea = "+proj=laea +lat_0=37.32 +lon_0=-113.04"
con_raster_ea = projectRaster(con_raster,crs = equalarea,method ="bilinear")
crs(con_raster_ea)@projargs
#> [1] "+proj=laea +lat_0=37.32 +lon_0=-113.04 +x_0=0 +y_0=0 +datum=WGS84
+units=m +no_defs"
```

数值变量的栅格投影也会导致值和空间属性（例如单元格数、分辨率和范围）的微小变化。表 6.2 展示了这些变化[⊖]。

> 当然，2D 地球投影的限制同样适用于矢量和栅格数据。最优情况下，我们可以保持 3 个空间属性中的两个（距离、面积、方向）。因此，当前的任务决定了选择哪种投影方式。例如，如果我们对密度（每个网格单元的点数或每个网格单元的居民数）感兴趣，我们应该使用等面积投影（也可以参见第 13 章）。

提示

表 6.2 原始的连续栅格对象（'con_raster'）和投影对象（'con_raster_ea'）的关键特征对比

CRS	nrow（行数）	ncol（列数）	ncell（单元数）	resolution（分辨率）	mean（平均）
WGS84	457	465	212505	31.5275	1843
Equal-area	467	478	223226	0.0003	1842

关于 CRS 还有很多要学习的内容。R Spatial 网站是该领域的一个优秀资源，也是用 R 语言实现的。建议阅读这本免费在线书籍的第 6 章，参见：rspatial.org/spatial/rst/6crs.html[⊖]。

⊖ 另一个未在表 6.2 中表示的小变化是，新投影的栅格数据集中的值的类别是 numeric。这是因为 bilinear 方法使用连续数据，结果很少被强制转换为整数值。当保存栅格数据集时，这可能会对文件大小产生影响。

⊖ http://rspatial.org/spatial/rst/6-crs.html。

6.7　练习

1）将 nz 对象转换到 WGS84 CRS，命名为 nz_wgs。

● 为这两个对象创建 crs 类的对象，并使用它们来查询它们的 CRS。

● 参考每个对象的边界框，每个 CRS 使用的单位是什么？

● 从 nz_wgs 中删除 CRS 并绘制地图：地图中的新西兰区域有什么问题，为什么？

2）将 world 数据集转换为横轴墨卡托投影（"+proj=tmerc"）并绘制结果。转换后发生了哪些变化，为什么？尝试将其转换回 WGS84 并绘制新对象。为什么新对象与原始对象不同？

3）使用最近邻方法将连续栅格（con_raster，使用 raster(system.file("raster/srtm.tif",package = "spDataLarge")) 读取数据）转换到 NAD83/UTM zone 12N（对应的 EPSG 代码是 32612）。哪些关键特征发生了变化？它如何影响绘制结果？

4）使用双线性插值方法将分类栅格（cat_raster）转换到 WGS84。哪些关键特征发生了变化？它如何影响绘制结果？

5）自定义一个 proj4string 字符串。它使用兰伯特方位等积投影（laea），基准面使用 WGS84 椭球体，投影中心的经度和纬度分别是西经 95 度和北纬 60 度，单位应该是 m。接下来，从 world 对象中筛选加拿大区域，并将其转换为新的投影。绘制并比较转换前后的地图。

第 7 章

地理数据的读写

前提要求

本章需要加载以下包：

```
library(sf)
library(raster)
library(dplyr)
library(spData)
```

7.1 导读

本章内容关于地理数据的读写。地理计算的第一步便是地理数据的导入：现实世界的应用不可能不需要数据。为了保存你的工作成果并惠及他人，数据的写出也是至关重要的。综合来讲，我们称这些过程为 I/O，即输入 / 输出。

地理数据的读写操作通常只是一整个工作流的一部分。你还需要知道哪些数据集是可用的，在哪里可以找到，以及如何检索它们。7.2 节介绍了这些主题，其中涵盖了各种地理门户网站以及它们的使用方法，这些网站的数据加起来高达数 TB。为了进一步简化数据获取，已经有许多用于下载地理数据的包被开发出来，这些将在 7.3 节介绍。

地理数据文件有很多种格式，它们各有优劣。7.5 节将会介绍这些格式。7.6 节和 7.7 节分别介绍了如何高效地读写这些文件格式。最后，7.8 节展示了保存可视化输出（地图）的方法，为第 8 章的可视化做准备。

7.2 检索开放数据

互联网上有大量可用的地理数据，并且这个数量还在不断增长，其中大部分可以免费获取和使用（可能需要数据提供商的授权）。从某种意义上说，现在的数据"太多"了，因为经常有多个地方可以访问同一个数据集。而且，有些数据集的质量很差。在这种情况下，知道去哪里寻找数据是至关重要的，因此这一节介绍了一些最重要的数据源。从各种"地理门户"（提供地理数据集的网络服务，如 Data.gov[⊖]）开始查找是一个不错的选择，它们提供了各种各样的数据，但通常只涵盖特定的地理位置（如这个保持更新的维基百科页面[⊖]所示）。

一些全球性的地理门户网站解决了数据范围的问题。如 GEOSS portal[⊜] 和 Copernicus Open Access Hub^⑭ 包含了很多全球范围的栅格数据集。而美国国家航空航天局（NASA）、SEDAC^⑮门户和欧盟的 INSPIRE geoportal[⊗]则提供了大量覆盖全球或特定区域的矢量数据集。

大多数地理数据门户提供了图形界面，允许基于空间和时间范围等特征查询数据集，美国地质调查局的 EarthExplorer[⊕]就是一个典型的例子。在浏览器上交互式地探索数据集是了解可用图层的有效方法。然而，从可重复性和效率的角度来看，最好使用代码下载数据。可以使用各种技术从命令行启动下载，主要是通过 URL 和 API（参考 Sentinel API[Ⓐ]）。托管在静态网页上的文件可以使用 download.file() 下载，如下面的

○　https://catalog.data.gov/dataset?metadata_type=geospatial。
○　https://en.wikipedia.org/wiki/Geoportal。
○　http://www.geoportal.org/。
⑭　https://scihub.copernicus.eu/。
⑮　http://sedac.ciesin.columbia.edu/。
⑥　http://inspire-geoportal.ec.europa.eu/。
⑦　https://earthexplorer.usgs.gov/。
⑧　https://scihub.copernicus.eu/twiki/do/view/SciHubWebPortal/APIHubDescription。

代码块所示，该代码块访问来自 catalog.data.gov/dataset/national-parks[⊖]的美国国家公园数据：

```
download.file(url = "http://nrdata.nps.gov/programs/lands/nps_boundary.zip",
              destfile = "nps_boundary.zip")
unzip(zipfile = "nps_boundary.zip")
usa_parks = st_read(dsn = "nps_boundary.shp")
```

7.3   地理数据的软件包

为了方便获取地理数据，有众多 R 语言包被开发出来，表 7.1 介绍了其中一部分。这些包提供了多个空间数据库和地理门户的接口，使得在命令行中访问数据更加快捷。

表 7.1   用于地理数据检索的 R 语言包

包	描述
getlandsat	提供对 Landsat 8 数据的访问
osmdata	下载和导入 OpenStreetMap 数据
raster	getData() 函数可以导入行政区划、高程和 WorldClim 的数据
rnaturalearth	访问自然地球（Natural Earth）的矢量和栅格数据
rnoaa	导入美国国家海洋和大气局（National Oceanic and Atmospheric Administration，NOAA）的气候数据
rWBclimate	获取世界银行的气候数据

需要强调的是，表 7.1 只是地理数据包的一小部分。其他值得注意的包有 **GSODR**，它提供了 R 语言中的全球每日天气数据（有关天气数据来源的概述，请参阅该包的 README 文件[⊖]）；**tidycensus** 和 **tigris** 提供了美国社会人口的矢量数据；以及 **hddtools**，它提供了访问一系列水文数据集的接口。

每个包都有自己获取数据的语法。下面的代码块展示了如何使用表 7.1 中的 3 个包来获取数据。国家边界数据经常被用到，可以使用 **rnaturalearth** 包中的 ne_countries()

⊖ https://catalog.data.gov/dataset/national-parks。

⊖ https://github.com/ropensci/GSODR。

函数来获取，如下所示：

```
library(rnaturalearth)
usa = ne_countries(country = "United States of America")  #美国国家边界
class(usa)
#> [1] "SpatialPolygonsDataFrame"
#> attr(,"package")
#> [1] "sp"
#另一方式是使用 raster::getData()
# getData("GADM",country = "USA",level = 0)
```

　　rnaturalearth 包默认返回 Spatial 对象，可以使用 st_as_sf() 函数将其转换为 sf 对象，如下所示：

```
usa_sf = st_as_sf(usa)
```

　　第二个例子下载了一系列全球月降水总量的栅格数据，空间分辨率为 10 分[⊖]。结果是一个 RasterStack 类型的多层栅格对象。

```
library(raster)
worldclim_prec = getData(name = "worldclim",var = "prec",res = 10)
class(worldclim_prec)
#> [1] "RasterStack"
#> attr(,"package")
#> [1] "raster"
```

　　第三个例子使用 **osmdata** 包（Padgham et al.，2018）从 OpenStreetMap（OSM）数据库中查找公园。如下面的代码块所示，查询从函数 opq()（OpenStreetMap query 的缩写）开始，它的第一个参数是边界框或表示边界框的文本字符串（这里是利兹市）。结果传递给下一个函数，用于选择我们感兴趣的 OSM 元素（这里是公园），其筛选参数表示为键值对。接下来，它们被传递给函数 osmdata_sf()，它负责下载数据并将其转换为 sf 对象的列表 [有关详细信息，请参阅 vignette('osmdata')]：

　　⊖　此处的 "分" 是地理坐标系中的角度单位，1 度等于 60 分。十分约为 340km^2，参见 https://www.worldclim.org/data/worldclim21.html。——译者注

```
library(osmdata)
parks = opq(bbox = "leeds uk") %>%
  add_osm_feature(key = "leisure",value = "park") %>%
  osmdata_sf()
```

OpenStreetMap 是一个巨大的全球数据库，它的数据来自众包，每天都更新。虽然它的数据质量不如许多官方数据集，但 OSM 数据有许多优点：它们是全球免费的，使用众包数据可以鼓励"公民科学"和对数字公共资源的贡献。第 9 章、第 12 章和第 13 章提供了 **osmdata** 包的更多示例。

有些包会内置一些数据集，可以用以下 4 种方法来获取：通过加载包（如果包使用了"惰性加载"，如 **spData** 包）；使用 data(dataset) 函数；通过 pkg::dataset 来引用数据集；或者使用 system.file() 函数来访问原始数据文件。下面的代码块演示了获取 world 数据集的后两种方法（通过 library(spData) 加载）[⊖]：

```
world2 = spData::world
world3 = st_read(system.file("shapes/world.gpkg",package = "spData"))
```

7.4 地理数据的网络服务

为了将访问空间数据的 Web API 标准化，开放地理空间信息联盟（OGC）创建了一些 Web 服务规范（统称为 OWS），其中包括 Web 要素服务（Web Feature Service，WFS）、Web 地图服务（Web Map Service，WMS）、Web 地图瓦片服务（Web Map Tile Service，WMTS）、Web 覆盖服务（Web Coverage Service，WCS）以及 Web 处理服务（Wep Processing Service，WPS）。地图服务器如 PostGIS 采用了这些协议，从而实现了查询的标准化：与其他 Web API 一样，OWS API 使用"基本 URL"和在？之后的"查询字符串"来请求数据。

我们可以向 OWS 服务发送多种请求。其中最基本的是 getCapabilities，以下代码使用 **httr** 包演示了如何构建和发送 API 查询，以此来发现由联合国粮食及农业组织（Food and Agriculture Organization，FAO）提供的服务的能力：

⊖ 更多从 R 语言包中导入数据的信息，参见 Gillespie and Lovelace（2016）的 5.5 节和 5.6 节。

```
base_url = "http://www.fao.org/figis/geoserver/wfs"
q = list(request = "GetCapabilities")
res = httr::GET(url = base_url, query = q)
res$url
#> [1] "https://www.fao.org/figis/geoserver/wfs?request=GetCapabilities"
```

上面的代码块演示了如何使用 GET() 函数构建 API 请求，该函数接收一个基本的
URL 和查询参数列表，其中参数列表可以轻松扩展。请求的结果保存在 res 中，这
是 **httr** 包中定义的 response 类的对象，它是一个包含请求信息（包括 URL）的列表。
通过执行 browseURL(res$url) 也可以直接在浏览器中查看。提取请求内容的一种方法
如下：

```
txt = httr::content(res, "text")
xml = xml2::read_xml(txt)
```

```
#> {xml_document}...
#> [1] <ows:ServiceIdentification>\n  <ows:Title>GeoServer WFS...
#> [2] <ows:ServiceProvider>\n  <ows:ProviderName>Food and Agr...
#> ...
```

如下代码块演示了如何使用 GetFeature 请求和特定的 typeName 从 WFS 服务中
下载数据：

根据所访问的 Web 要素服务不同，可用的名称也不同。可以使用 Web 技术编写代
码提取它们（Nolan and Lang，2014），也可以在浏览器中手动滚动 GetCapabilities
输出的内容来提取名称。

```
qf = list(request = "GetFeature", typeName = "area:FAO_AREAS")
file = tempfile(fileext = ".gml")
httr::GET(url = base_url, query = qf, httr::write_disk(file))
fao_areas = sf::read_sf(file)
```

注意代码中使用 write_disk() 把结果写入磁盘，而不是加载到内存中，然后可
以使用 **sf** 导入。此示例演示了如何使用 **httr** 进行 Web 服务的底层访问，这对于理解
Web 服务的工作原理非常有用。然而，对于许多日常任务，更高级别的接口可能更合

适，已经有许多相应的 R 语言包和教程被开发出来。

为了使用 OWS 服务，可以使用 R 语言包 **ows4R**、**rwfs** 和 **sos4R**，分别用于处理 OWS 服务、WFS 和传感器观测服务（Sensor Observation Service，SOS）。截至 2018 年 10 月，只有 **ows4R** 在 CRAN 上。下面演示了该包的基本功能，使用与前面代码块相同的命令获取所有 FAO_AREAS⊖：

```
library(ows4R)
wfs = WFSClient$new("http://www.fao.org/figis/geoserver/wfs",
                    serviceVersion = "1.0.0",logger ="INFO")
fao_areas = wfs$getFeatures("area:FAO_AREAS")
```

关于 Web 服务还有很多需要学习的内容，R 语言与 OWS 服务的接口也有很大的开发潜力，这是一个活跃的开发领域。有关此主题的更多信息，建议查看欧洲中期天气预报中心（European Centre for Medium-Range Weather Forecasts，ECMWF）服务的示例，网址为 github.com/OpenDataHack⊖，并阅读 OCG Web 服务的相关资料，网址为 opengeospatial.org⊖。

7.5 文件格式

地理数据集通常存储在文件或空间数据库中。一个文件格式只能存储矢量或栅格数据，而空间数据库（例如 PostGIS⑭）可以存储两者（另请参见 9.6.2 节）。如今文件格式的多样性看起来可能令人困惑，但自 20 世纪 60 年代哈佛大学创建第一个广泛使用的空间分析软件（SYMAP⑮）（Coppock and Rhind，1991）以来，行业已经对文件格式进行了大量的整合和标准化。

自 2000 年发布以来，Geospatial Data Abstraction Library（GDAL，应该发音为"goo-dal"，双"o"是对面向对象的引用）解决了许多地理文件格式不兼容的问题。

⊖　为了在下载前过滤服务器上的要素，可使用 `cql_filter` 参数。比如添加 `cql_filter = URLencode` (`"F_CODE= '27' "`) 参数会让服务器只返回列属性 `F_CODE` 等于 27 的要素。
⊖　https://github.com/OpenDataHack/data_service_catalogue。
⊖　http://www.opengeospatial.org/standards。
⑭　https://trac.osgeo.org/postgis/wiki/WKTRaster。
⑮　https://news.harvard.edu/gazette/story/2011/10/the-invention-of-gis/。

GDAL 提供了一个统一和高性能的接口，用于读写众多栅格和矢量数据格式。许多开放和封闭的 GIS 程序，包括 GRASS、ArcGIS 和 QGIS，其 GUI 背后都使用 GDAL 来处理各种格式的地理数据。

GDAL 支持访问 200 多种矢量和栅格数据格式。表 7.2 提供了经常使用的空间文件格式的一些基本信息。

1994 年成立的开放地理空间信息联盟（OGC[⊖]），是推动文件格式的标准化和开源化的一个重要里程碑。除了定义简单要素数据模型（参见 2.2.1 节）之外，OGC 还协调开放标准的制定，例如在文件格式（如 KML 和 GeoPackage）中使用的标准。OGC 支持的开放文件格式比专有格式具有几个优点：标准公开发布，确保透明度，并允许用户进一步开发和调整文件格式以满足其特定需求。

ESRI Shapefile 是最流行的矢量数据交换格式。然而，它不是开放格式（尽管其规范是开放的）。它是在 20 世纪 90 年代初开发的，并且有许多限制。首先，它是一种多文件格式，由至少 3 个文件组成。它只支持 255 列，列名限制为 10 个字符，文件大小限制为 2GB。此外，ESRI Shapefile 没有支持所有的几何类型，例如，它无法区分多边形和多多边形。[⊜]尽管存在这些限制，但长期以来一直缺少一个可行的替代方案。与此同时，GeoPackage[⊜]出现了，似乎是 ESRI Shapefile 的一个更合适的替代候选者。Geopackage 是一种用于交换地理空间信息的格式和 OGC 标准。GeoPackage 标准描述了如何在一个微小的 SQLite 容器中存储地理空间信息的规则。因此，GeoPackage 是一个轻量级的空间数据库容器，它支持存储矢量和栅格数据，而且也允许存储非空间数据。除了 GeoPackage，还有其他值得调研的地理空间数据交换格式（见表 7.2）。

表 7.2　选定的空间文件格式

格式名	扩展名	描述	数据类型	模式
ESRI Shapefile	.shp（主文件）	最流行的矢量数据交换格式，由至少 3 个文件组成；不支持以下文件：超过 2G 的文件，混合数据类型，超过 10 个字符的属性名，超过 255 列	矢量	部分开放
GeoJSON	.geojson	扩展的 JSON 格式，增加了简单要素的表示	矢量	开放

⊖　http://www.opengeospatial.org/。

⊜　要了解有关 ESRI Shapefile 的限制和可能的替代文件格式，请访问 http://switchfromshapefile.org/。

⊜　https://www.geopackage.org/。

（续）

格式名	扩展名	描述	数据类型	模式
KML	.kml	基于 XML 的空间可视化格式，专为与 Google Earth 配合使用而开发，压缩的 KML 文件形成了 KMZ 格式	矢量	开放
GPX	.gpx	用于传输 GPS 数据而创建的 XML 模式	矢量	开放
GeoTIFF	.tiff	一种流行的栅格格式，类似于 .tif 格式，但它还存储了栅格的头部信息	栅格	开放
Arc ASCII	.asc	一种文本格式，其中前 6 行表示栅格头部信息，接着是按行和列排列的栅格单元格值	栅格	开放
R-raster SQLite/SpatiaLite	.gri，.grd，.sqlite	R 语言包 raster 的原生栅格格式，单机的关系数据库，SpatiaLite 是 SQLite 的空间扩展	栅格矢量和栅格	开放
ESRI FileGDB	.gdb	由 ArcGIS 创建的空间和非空间对象；允许多个要素类和拓扑关系；GDAL 的支持有限	矢量和栅格	私有
GeoPackage	.gpkg	基于 SQLite 的轻量级数据库容器，简单易用，可以跨平台地交换地理数据	矢量和栅格	开放

7.6 数据读入

执行 sf::st_read()（用于加载矢量数据的主要函数）或 raster::raster()（用于加载栅格数据的主要函数）等命令从文件中读取数据时，后台会悄悄地引发一系列事件。此外，有许多 R 语言包含有各种地理数据或提供简便的方式访问不同数据源。这些包都将数据加载到 R 语言中，更准确地说是分配给你的工作空间，存储在内存中，可以从 R 语言会话的 .GlobalEnv[⊖]中访问。

7.6.1 矢量数据

空间矢量数据以各种文件格式的形式存在，其中大多数可以通过 **sf** 函数 st_read()

⊖ http://adv-r.had.co.nz/Environments.html。

读入。它会在幕后调用 GDAL。要了解 **sf** 支持哪些数据格式，请运行 st_drivers()。
这里，我们仅显示前 5 个驱动程序（请参见表 7.3）：

```
sf_drivers = st_drivers()
head(sf_drivers,n = 5)
```

st_read() 的第一个参数是 dsn，它应该是一个文本字符串或包含单个文本字符串
的对象。文本字符串的内容可能因不同的驱动程序而异。在大多数情况下，例如 ESRI
Shapefile（.shp）或 GeoPackage 格式（.gpkg）中，dsn 将是一个文件名。st_read()
根据文件扩展名猜测驱动程序，下面以 .gpkg 文件为示例：

```
vector_filepath = system.file("shapes/world.gpkg",package = "spData")
world = st_read(vector_filepath)
#> Reading layer 'world' from data source '.../world.gpkg' using driver 'GPKG'
#> Simple feature collection with 177 features and 10 fields
#> geometry type:    MULTIPOLYGON
#> dimension:        XY
#> bbox:             xmin:-180 ymin:-90 xmax:180 ymax:83.64513
#> epsg(SRID):       4326
#> proj4string:      +proj=longlat +datum=WGS84 +no_defs
```

表 7.3　部分可用于读写矢量数据的驱动程序（在不同的 GDAL 版本之间可能会有所不同）

简称	全称	写	支持栅格数据	支持矢量数据
ESRI Shapefile	ESRI Shapefile	TRUE	FALSE	TRUE
GPX	GPX	TRUE	FALSE	TRUE
KML	Keyhole Markup Language	TRUE	FALSE	TRUE
GeoJSON	GeoJSON	TRUE	FALSE	TRUE
GPKG	GeoPackage	TRUE	TRUE	TRUE

对于某些驱动程序，dsn 可以是文件夹名称、数据库的访问凭据或 GeoJSON 字符
串［有关更多详细信息，请参见 st_read() 帮助页面的示例］。

一些矢量驱动程序格式可以存储多个数据层。默认情况下，st_read() 自动读取
dsn 中指定文件的第一层，但使用 layer 参数可以指定任何其他层。

　　自然地，某些选项只适用于某些特定的驱动程序。[⊖]例如，考虑以电子表格格式（.csv）存储的坐标。要将此类文件读入空间对象中，我们自然必须指定表示坐标的列的名称（在下面的示例中为 X 和 Y）。我们可以使用 options 参数来实现。要了解所有可能的选项，请参阅相应 GDAL 驱动程序描述的"打开选项"部分。有关 CSV 格式，请访问 http://www.gdal.org/drv_csv.html。

```
cycle_hire_txt = system.file("misc/cycle_hire_xy.csv",package = "spData")
cycle_hire_xy = st_read(cycle_hire_txt,options = c("X_POSSIBLE_NAMES=X",
                                                   "Y_POSSIBLE_NAMES=Y"))
```

　　除了使用 X 和 Y 两列描述坐标之外，单个列也可以包含几何信息。比如 Well-Known Text（WKT）、Well-Known Binary（WKB）和 GeoJSON 格式。例如，world_wkt.csv 文件有一个名为 WKT 的列，表示世界各国的多边形。我们将再次使用 options 参数来指示这一点。在这里，我们将使用 read_sf()，它与 st_read() 完全相同，只是它不会将驱动程序名称打印到控制台，并将字符串存储为字符变量而不是因子变量。

```
world_txt = system.file("misc/world_wkt.csv",package = "spData")
world_wkt = read_sf(world_txt,options = "GEOM_POSSIBLE_NAMES=WKT")
#等价于
world_wkt = st_read(world_txt,options = "GEOM_POSSIBLE_NAMES=WKT",
                    quiet = TRUE,stringsAsFactors = FALSE)
```

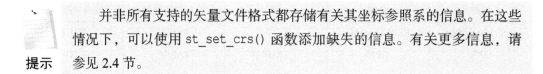

　　提示　　并非所有支持的矢量文件格式都存储有关其坐标参照系的信息。在这些情况下，可以使用 st_set_crs() 函数添加缺失的信息。有关更多信息，请参见 2.4 节。

　　最后一个例子，我们将展示如何使用 st_read() 读取 KML 文件。KML 文件以 XML 格式存储地理信息：这是一种以应用程序无关的方式传输数据的数据格式（Nolan and Lang，2014），主要用于创建网页。在这里，我们从网上获得一个 KML 文件。该文件包含多个图层。st_layers() 列出所有可用的图层。我们选择第一个图层 Placemarks，并使用 read_sf() 中的 layer 参数来指定。

　　⊖　支持的矢量格式和选项列表可以在 http://gdal.org/ogr_formats.html 找到。

```
u = "https://developers.google.com/kml/documentation/KML_Samples.kml"
download.file(u,"KML_Samples.kml")
st_layers("KML_Samples.kml")
#> Driver: LIBKML
#> Available layers:
#>                layer_name geometry_type features fields crs_name
#> 1              Placemarks                      3      11 WGS 84
#> 2        Styles and Markup                     1      11 WGS 84
#> 3         Highlighted Icon                     1      11 WGS 84
#> 4          Ground Overlays                     1      11 WGS 84
#> 5          Screen Overlays                     0      11 WGS 84
#> 6                    Paths                     6      11 WGS 84
#> 7                 Polygons                     0      11 WGS 84
#> 8           Google Campus                      4      11 WGS 84
#> 9          Extruded Polygon                    1      11 WGS 84
#> 10 Absolute and Relative                      4      11 WGS 84
kml = read_sf("KML_Samples.kml",layer = "Placemarks")
```

　　到目前为止，在本节中展示的所有示例都使用了 **sf** 包进行地理数据导入。它快速而灵活，但是对于特定的文件格式，值得考虑其他软件包。比如 **geojsonsf** 包。一个基准测试[⊖]表明，它读取 .geojson 文件的速度比 **sf** 包快约 10 倍。

7.6.2　栅格数据

　　与矢量数据类似，栅格数据也有许多文件格式，其中一些支持多层文件。**raster** 的 raster() 函数可以读取单个图层。

```
raster_filepath = system.file("raster/srtm.tif",package = "spDataLarge")
single_layer = raster(raster_filepath)
```

　　如果你想从多层文件中读取单个层，请使用 band 参数指定一个图层。

⊖　https://github.com/ATFutures/geobench。

```
multilayer_filepath = system.file("raster/landsat.tif",package = "spDataLarge")
band3 = raster(multilayer_filepath,band = 3)
```

如果你想读取所有层，请使用 brick() 或 stack()。

```
multilayer_brick = brick(multilayer_filepath)
multilayer_stack = stack(multilayer_filepath)
```

参考 2.3.3 节，了解 stack 和 brick 之间的区别。

7.7　数据写出

地理数据的写出可以将一种格式转换为另一种格式，并保存新创建的对象。根据数据类型（矢量或栅格）、对象类（例如 multipoint 或 RasterLayer）以及存储信息的类型和数量（例如对象大小、值范围），了解如何以最有效的方式存储空间文件非常重要。接下来的两节将演示如何实现这一点。

7.7.1　矢量数据

st_write() 是与 st_read() 对应的函数。它可以将 **sf** 对象写入各种地理矢量文件格式，包括最常见的 .geojson、.shp 和 .gpkg。根据文件的扩展名，st_write() 自动决定使用哪个驱动程序。写入的速度也取决于驱动程序。

```
st_write(obj = world,dsn = "world.gpkg")
#> Writing layer 'world' to data source 'world.gpkg' using driver 'GPKG'
#> Writing 177 features with 10 fields and geometry type Multi Polygon.
```

注意：如果你尝试再次写入相同的数据源，该函数将失败：

```
st_write(obj = world,dsn = "world.gpkg")
#> Updating layer 'world' to data source 'world.gpkg' using driver 'GPKG'
#> Creating layer world failed.
```

```
#> Error in CPL_write_ogr(obj,dsn,layer,driver,...),:
#>   Layer creation failed.
#> In addition:Warning message:
#> In CPL_write_ogr(obj,dsn,layer,driver,...),:
#>   GDAL Error 1:Layer world already exists,CreateLayer failed.
#> Use the layer creation option OVERWRITE=YES to replace it.
```

　　错误消息提供了一些有关函数失败原因的信息。GDAL Error 1 语句清楚地表明了失败发生在 GDAL 中。此外，错误消息中提供了解决问题的建议：使用参数 OVERWRITE=YES。但它不是 st_write() 的参数，而是 GDAL 选项。幸运的是，st_write 通过 layer_options 参数提供了传递驱动程序相关选项的方法：

```
st_write(obj = world,dsn = "world.gpkg",layer_options = "OVERWRITE=YES")
```

　　另一种方式是使用 st_write() 函数的 delete_layer 参数。设置为 TRUE 会在写入数据前，把数据源中已经存在的图层删除掉（注意还有一个 delete_dsn 参数）：

```
st_write(obj = world,dsn ="world.gpkg",delete_layer = TRUE)
```

　　write_sf() 与 st_write() 等价，但其参数 delete_layer 和 quiet 的默认值均为 TRUE。因此，你可以使用 write_sf() 实现与 st_write() 相同的效果。

```
write_sf(obj = world,dsn = "world.gpkg")
```

　　layer_options 参数还可以用于其他场景。其中之一是将空间数据写入文本文件。这可以通过在 layer_options 中指定 GEOMETRY 来完成。对于简单的点数据集，可以使用 AS_XY（它会创建两个新列以存储坐标）；对于更复杂的空间数据，可以使用 AS_WKT（它会创建一个新列，其中包含空间对象的 Well-Known Text 表示）。

```
st_write(cycle_hire_xy,"cycle_hire_xy.csv",layer_options = "GEOMETRY=AS_XY")
st_write(world_wkt,"world_wkt.csv",layer_options = "GEOMETRY=AS_WKT")
```

7.7.2 栅格数据

writeRaster() 函数将 Raster* 对象保存到磁盘上的文件中。该函数需要有关输出数据类型和文件格式的输入，同时也接受仅适用于所选文件格式的 GDAL 选项（有关更多详细信息，请参见 ?writeRaster ）。

在保存栅格数据时，raster 包提供了 9 种数据类型：LOG1S、INT1S、INT1U、INT2S、INT2U、INT4S、INT4U、FLT4S 和 FLT8S。⊖数据类型决定了写入磁盘的栅格对象的位表示（见表 7.4）。使用哪种数据类型取决于栅格对象值的范围。数据类型能够表示的值越多，文件在磁盘上占用的空间就越大。通常，LOG1S 用于位图（二进制）栅格。无符号整数（INT1U、INT2U、INT4U）适用于分类数据，而浮点数（FLT4S 和 FLT8S）通常表示连续数据。writeRaster() 默认使用 FLT4S。虽然在大多数情况下这是有效的，但如果保存的是二进制或分类数据，则输出文件的大小将不必要地变大。因此，我们建议使用需要最少存储空间但仍能表示所有值的数据类型［使用 summary() 函数检查值的范围］。

当将 Raster* 对象保存到磁盘时，文件扩展名决定了输出文件的格式。例如，.tif 扩展名将创建一个 GeoTIFF 文件：

```
writeRaster(x = single_layer,
            filename = "my_raster.tif",
            datatype = "INT2U")
```

表 7.4   raster 包支持的数据类型

数据类型	最小值	最大值
LOG1S	FALSE（0）	TRUE（1）
INT1S	−127	127
INT1U	0	255
INT2S	−32767	32767
INT2U	0	65534
INT4S	−2147483647	2147483647
INT4U	0	4294967296
FLT4S	−3.4e+38	3.4e+38
FLT8S	−1.7e+308	1.7e+308

⊖ 不推荐使用 INT4U，因为 R 语言不支持 32 位无符号整数。

当文件扩展名无效或缺失时，会使用 raster 文件格式（raster 包的原生格式）。一些栅格文件格式带有其他选项，你可以在 options 参数⊖中指定它们。例如，GeoTIFF 文件可以使用 COMPRESS 进行压缩：

```
writeRaster(x = single_layer,
            filename = "my_raster.tif",
            datatype = "INT2U",
            options = c("COMPRESS=DEFLATE"),
            overwrite = TRUE)
```

注意，可以使用 writeFormats() 函数返回支持的所有文件格式的列表。

7.8　可视化输出

R 语言支持许多不同的静态和交互式图形格式。保存静态图的最通用方法是打开一个图形设备，创建一个图形，然后关闭它，例如：

```
png(filename = "lifeExp.png", width = 500, height = 350)
plot(world["lifeExp"])
dev.off()
```

还有其他可用的图形设备，包括 pdf()、bmp()、jpeg()、png() 和 tiff()。你可以指定输出图形的多个属性，包括宽度、高度和分辨率。

此外，有几个图形包提供了自带的函数来保存图形输出。例如，**tmap** 包有 tmap_save() 函数。你可以通过指定对象名称和新图形文件的文件路径将 tmap 对象保存为不同的图形格式。

```
library(tmap)
tmap_obj = tm_shape(world) +
  tm_polygons(col = "lifeExp")
tmap_save(tm = tmap_obj, filename = "lifeExp_tmap.png")
```

⊖　http://www.gdal.org/formats_list.html。

另一方面，你可以使用 mapshot() 函数将 mapview 包中创建的交互式地图保存为 HTML 文件或图像：

```
library(mapview)
mapview_obj = mapview(world, zcol = "lifeExp", legend = TRUE)
mapshot(mapview_obj, file = "my_interactive_map.html")
```

7.9 练习

1）分别列出 3 种矢量、栅格和地理数据库格式的类型，并描述它们。

2）列出 read_sf() 和更为人熟知的 st_read() 之间的区别，至少说出两个。

3）读取 **spData** 包中的 cycle_hire_xy.csv 文件（提示：它位于 misc\ 文件夹中），要求读取后的对象是空间对象。空间对象的几何类型是什么？

4）使用 **rnaturalearth** 包下载德国的边界，并创建一个名为 germany_borders 的新对象。将这个新对象写入 GeoPackage 格式的文件中。

5）使用 **raster** 包下载全球每月最低温度，空间分辨率为 5 分。提取 6 月份的值，并将其保存到名为 tmin_june.tif 的文件中（提示：使用 raster::subset()）。

6）使用德国边界数据创建一个静态地图，并保存为 PNG 文件。

7）使用 cycle_hire_xy.csv 文件中的数据创建一个交互式地图。将此地图导出到名为 cycle_hire.html 的文件中。

第二部分

扩　展

第 8 章

使用 R 语言制作地图

前提要求

● 本章需要使用以下软件包：

```
library(sf)
library(raster)
library(dplyr)
library(spData)
library(spDataLarge)
```

● 另外，还使用了以下的可视化包：

```
library(tmap)          # 制作静态地图和交互地图
library(leaflet)       # 制作交互地图
library(mapview)       # 制作交互地图
library(ggplot2)       # tidyverse 的可视化包
library(shiny)         # 制作 web 交互应用
```

8.1　导读

地理研究中一个重要且令人陶醉的点，是研究成果的交流。制图，即地图制作的艺术，是一项古老的技术，涉及沟通、直觉和创造力等能力。使用 plot() 可以轻易绘制静态地图。使用基本的 R 语言函数（Murrell，2016）也可以创建高级地图，但本章将重点介绍专门的制图软件包。当学习一项新技能时，深入理解一个领域并逐渐拓展是合理的路径。制图也不例外，因此本章深入介绍了一个软件包（**tmap**），而不是浅尝辄止地涉及很多个包。除了有趣且有创造力外，制图在实际应用中也具有重要意义。一张精心制作的地图对有效传达你的研究结果（Brewer，2015）至关重要：

业余水平的地图可能会让观众无法抓住重要信息，并削弱专业数据调查的呈现效果。

几千年来，地图被用于各种各样的目的。历史上的例子包括 3000 多年前古巴比伦王朝的建筑和土地所有权地图以及 2000 多年前托勒密在其著作《地理学》中的世界地图（Talbert，2014）。

历史上，地图只能由精英群体或以精英们的名义制作。随着诸如 R 语言包 **tmap**和 QGIS 等开源地图软件的出现，这种情况已经改变，任何人都可以制作高质量的地图，实现了"公民科学"。此外，地图通常是呈现地理计算研究成果的最佳方式。因此，地图制作是地理计算的一个关键环节，它不仅强调描述，还强调改变世界。

本章将演示如何制作各种地图。8.2 节介绍了一系列静态地图，包括美学考虑、分面和内嵌地图。8.3~8.5 节介绍了动态和交互式地图（包括网络地图和地图应用）。最后，8.6 节介绍了一些其他的制图软件包，包括 **ggplot2** 和 **cartogram**。

8.2　静态地图

静态地图是地理计算中最常见的可视化输出。常见的静态地图格式包括栅格输出 .png 和矢量输出 .pdf（交互地图在 8.4 节中介绍）。最初，R 语言只能绘制静态地图。

自 **sp** 发布以来（Pebesma and Bivand，2005），制图技术取得了巨大进步，许多地图制作的新技术被开发出来。然而，十多年后，静态绘图仍然是 R 语言中地理数据可视化的重点（Cheshire and Lovelace，2015）。

尽管 R 语言中支持新颖的交互式地图，但静态地图仍然是地图制作的基础。plot() 函数通常是从矢量和栅格对象中创建静态地图的最快方法。有时简单和效率是优先考虑的因素，特别是在项目开发阶段，这也是 plot() 的优势所在。plot() 函数有许多参数，可用于扩展地图制作。另一种低级方法是 **grid** 包，它提供了对图形输出的低级控制函数，参见 *R Graphics*（Murrell，2016），特别是第 14 章[一]。不过本节的重点是使用 **tmap** 制作静态地图。

为什么使用 **tmap**？因为它是一个强大而灵活的地图制作包，而且有合理的默认值。它有简洁的语法，可以使用最少的代码创建有吸引力的地图，对于 **ggplot2** 用户来说会非常熟悉。此外，**tmap** 有一个独特的功能，可以通过 tmap_mode() 使用相同的代码生成静态和交互式地图。它支持比 **ggplot2** 等替代品更广泛的空间类（包括 raster 对象），文档 tmap-getstarted[二]和 tmap-changes-v2[三]以及一篇关于这个主题的学术论文（Tennekes，2018）阐述了这点。本节将介绍如何使用 **tmap** 制作静态地图，重点介绍美学和布局相关的参数。

8.2.1　tmap 基础

与 **ggplot2** 一样，**tmap** 基于"图形语法（grammar of graphics）"（Wilkinson and Wills，2005）的思想。这涉及数据和美学（数据如何可视化）之间的分离：每个数据集都可以用不同的方式"映射"，包括地图上的位置（由数据中的 geometry 定义）、颜色和其他视觉变量。最基础的组件是 tm_shape()（定义输入数据、栅格和矢量对象），然后是一个或多个图层元素，如 tm_fill() 和 tm_dots()。下面的代码块演示了这种分层，它生成了图 8.1 中的地图。

```
# 为 nz 添加填充图层
tm_shape(nz) +
  tm_fill()
```

[一] https://www.stat.auckland.ac.nz/~paul/RG2e/chapter14.html。

[二] https://cran.r-project.org/web/packages/tmap/vignettes/tmap-getstarted.html。

[三] https://cran.r-project.org/web/packages/tmap/vignettes/tmap-changes-v2.html。

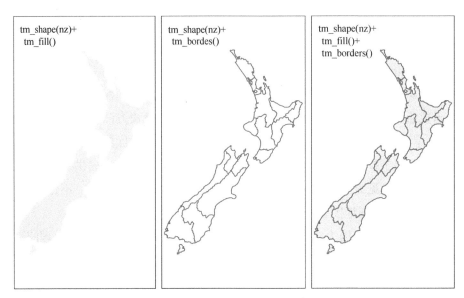

图 8.1   使用 **tmap** 函数绘制的新西兰地形图，左图为填充图层，中图为边界图层，
右图为填充和边界图层叠加的效果

```
# 添加边界图层
tm_shape(nz) +
  tm_borders()
# 添加填充和边界图层
tm_shape(nz) +
  tm_fill() +
  tm_borders()
```

传递给 tm_shape() 的对象是 nz，这是一个代表新西兰地区的 sf 对象（有关 sf
对象的更多内容，请参见 2.2.1 节）。tm_fill() 和 tm_borders() 通过添加图层来可视化
nz，分别在图 8.1 的左图和中图创建出阴影区域（左图）和边界描边（中图）。

这是一种符合直觉的制图方法：添加新图层的任务通常是由加号 + 之后的 tm_*()
函数来完成的。星号（*）指的是一系列具有自解释名称的图层类型，包括 fill、
borders（如刚才演示的）、bubbles、text 和 raster（完整列表请参阅 help("tmap-
element"）。图 8.1 的右图演示了这种分层思想，它是在填充图层的基础上再添加边界
图层。

提示

　　qtm() 是一个用于快速创建 **tmap** 地图（因此名称简洁）的函数。它简洁明了，并在许多情况下提供了良好的默认可视化效果：例如，qtm(nz) 等同于 tm_shape(nz) + tm_fill() + tm_borders()。此外，可以使用多个 qtm() 简洁地添加图层，例如 qtm(nz) + qtm(nz_height)。缺点是它使得单个图层的细节更难控制，这就是为什么我们避免在本章中教授它。

8.2.2　地图对象

　　tmap 一个很有用的特性，就是可以存储代表地图的对象。下面的代码块演示了如何将图 8.1 中的右图存储为 tmap 类的对象［注意 tm_polygons() 函数是把 tm_fill() + tm_borders() 简化成了一个函数］：

```
map_nz = tm_shape(nz) + tm_polygons()
class(map_nz)
#> [1] "tmap"
```

　　map_nz 可以延迟绘制，例如添加额外的图层（如下所示）后再绘制，或直接在控制台中运行 map_nz，它相当于 print(map_nz)。

　　新的几何体可以通过 + tm_shape(new_obj) 添加。在这个例子中，new_obj 是要叠加在前面的图层上的新空间对象。当以这种方式添加新的几何体时，所有后续的美学函数都会指向它，直到添加另一个新的几何体为止。该语法允许使用 tm_raster() 函数创建具有多个几何体和图层的地图，如下一个代码块中所示（设置 alpha 参数使图层半透明）：

```
map_nz1 = map_nz +
  tm_shape(nz_elev) + tm_raster(alpha = 0.7)
```

　　基于之前创建的 map_nz 对象，前面的代码创建了一个新的地图对象 map_nz1，它包含另一个几何体（nz_elev），代表新西兰的平均海拔（见图 8.2 左图）。还可以添加更多的几何体和图层，如下面的代码块所示，它创建了代表新西兰的领海⊖的 nz_water，并将生成的线添加到现有的地图对象中。

　　⊖ https://en.wikipedia.org/wiki/Territorial_waters。

```
nz_water = st_union(nz) %>% st_buffer(22200) %>%
  st_cast(to = "LINESTRING")
map_nz2 = map_nz1 +
  tm_shape(nz_water) + tm_lines()
```

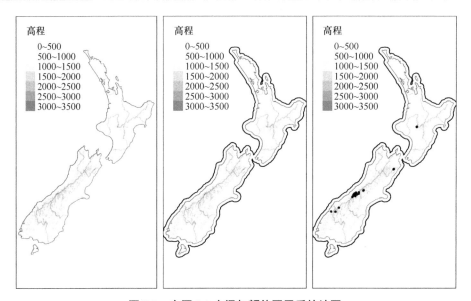

图 8.2   在图 8.1 上添加额外图层后的地图

　　向 tmap 对象添加的图层和几何体数量是没有限制的。甚至可以多次使用同一个几何体。图 8.2 右图所示的地图是通过添加一个表示高点的图层（存储在对象 nz_height 中）到先前创建的 map_nz2 对象上，使用 tm_dots() 实现（有关 **tmap** 的点绘图功能的详细信息，请参见 ?tm_dots 和 ?tm_bubbles）。最终地图里有 4 个图层，如图 8.2 右图所示：

```
map_nz3 = map_nz2 +
  tm_shape(nz_height) + tm_dots()
```

　　tmap 有一个有用而又鲜为人知的功能是，多个地图对象可以使用 tmap_arrange() 放置在一个"元绘图（metaplot）"中。下面的代码块展示了一个示例，它将 map_nz1 到 map_nz3 画到同一图中，结果如图 8.2 所示。

```
tmap_arrange(map_nz1,map_nz2,map_nz3)
```

　　用 + 操作符也可以添加更多元素。然而美学设置由图层函数中的参数控制。

8.2.3　美学

上一节的绘图展示了 **tmap** 的默认美学设置。tm_fill() 和 tm_bubbles() 图层使用灰色阴影，tm_lines() 创建的线条使用连续的黑线。当然，这些默认值和其他美学元素可以被覆盖。本节的目的是展示如何修改它们。

地图美学设置有两种主要类型：随数据变化的和固定的。与 **ggplot2** 不同，它使用辅助函数 aes() 把变量映射到美学表示，**tmap** 接受变量（基于列名）或常数值作为美学参数⊖。用于填充和边界图层的最常用美学元素包括颜色、透明度、线宽和线型，分别用 col、alpha、lwd 和 lty 参数设置。图 8.3 演示了设置固定值的效果。

```
ma1 = tm_shape(nz) + tm_fill(col = "red")
ma2 = tm_shape(nz) + tm_fill(col = "red",alpha = 0.3)
```

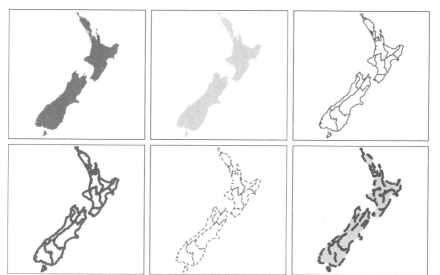

扫码看彩图

图 8.3　修改 **fill** 和 **border** 的常用美学参数，设置成固定值的效果

```
ma3 = tm_shape(nz) + tm_borders(col = "blue")
ma4 = tm_shape(nz) + tm_borders(lwd = 3)
ma5 = tm_shape(nz) + tm_borders(lty = 2)
ma6 = tm_shape(nz) + tm_fill(col = "red",alpha = 0.3) +
```

⊖　如果固定值与列名发生冲突，优先作为列名使用。可以通过在运行 nz$red = 1:nrow(nz) 之后运行下一个代码段来验证。

```
tm_borders(col ="blue",lwd = 3,lty = 2)
tmap_arrange(ma1,ma2,ma3,ma4,ma5,ma6)
```

定义美学特征的参数也支持变量。不像以下代码块中第一行的 R 语言代码（它生成了图 8.4 的左图），**tmap** 的美学参数不支持数值向量：

```
plot(st_geometry(nz),col = nz$Land_area) # 有效
tm_shape(nz) + tm_fill(col = nz$Land_area) # 无效
#> Error:Fill argument neither colors nor valid variable name(s)
```

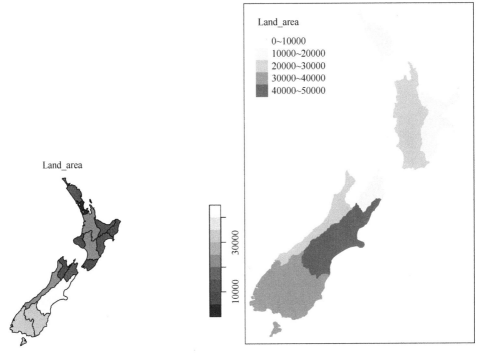

图 8.4　比较基本绘图函数（左图）和 **tmap**（右图）**对数值颜色字段的处理方式**

col（以及其他的美学参数，如线图层上的 lwd 和点图层上的 size）需要使用一个字符串来关联几何体的属性。因此，你可以用如下方式来实现期望的结果（见图 8.4 的右图）：

```
tm_shape(nz) + tm_fill(col ="Land_area")
```

在定义图层的函数中，如 tm_fill()，一个重要的参数是 title，它用于设置相关图例的标题。下面的代码块演示了该功能，它提供了一个比变量名称 Land_area 更有

吸引力的名称［注意使用 expression() 来创建上标文本］：

```
legend_title = expression("Area(km"^2*") ")
map_nza = tm_shape(nz) +
tm_fill(col = "Land_area",title = legend_title) + tm_borders()
```

8.2.4 颜色设置

颜色设置是地图设计的重要组成部分。它们可以对空间变异性的呈现产生重大影响，如图 8.5 所示。这张图展示了 4 种依据新西兰的中位收入对区域进行着色的方式，从左到右（并在下面的代码块中演示）：

- 使用默认设置的区间，在下一段中有详细描述。
- breaks 允许你手动设置分隔点。
- n 设置将数值变量分类的箱数。
- palette 定义颜色方案，例如 BuGn。

```
tm_shape(nz) + tm_polygons(col = "Median_income")
breaks = c(0,3,4,5) * 10000
tm_shape(nz) + tm_polygons(col = "Median_income",breaks = breaks)
tm_shape(nz) + tm_polygons(col = "Median_income",n = 10)
tm_shape(nz) + tm_polygons(col = "Median_income",palette ="BuGn")
```

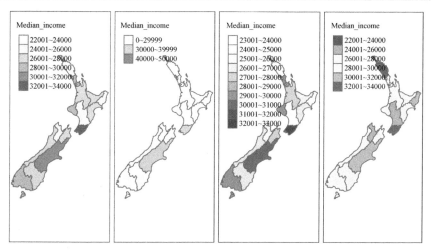

图 8.5　各种影响颜色的设置的效果展示（从左到右依次为默认设置、手动分段、n 个分段以及改变调色板）

另一种更改颜色设置的方式是通过改变分割点（breaks 或 bin 参数）设置。除了手动设置 breaks 外，**tmap** 还允许用户指定算法以自动使用 style 参数创建分隔点。图 8.6 描绘了 6 种最常用的样式，具体描述如下：

● style = pretty，默认设置，它尽量将分隔点四舍五入为整数，并将它们均匀地分布在地图上。

● style = equal 将输入值分为具有相等范围的组，适用于均匀分布的变量（不推荐用于分布偏斜的变量，因为生成的地图可能会缺乏色彩多样性）。

● style = quantile 确保每个类别具有相同数量的观测值（潜在的缺点是每组范围可能变化很大）。

● style = jenks 识别相近的值并划进同一组，并最大化组与组之间的差异。

● style = cont（和 order）在连续色域上定义大量颜色，特别适用于连续栅格（order 可以帮助可视化偏斜分布）。

● style = cat 旨在表示分类值，并确保每个类别都有一个独特的颜色。

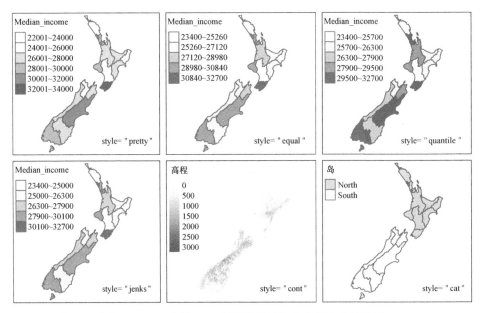

图 8.6   **tmap** 中的 **style** 参数设置的不同分箱方法的示例

> **提示**   虽然 style 是 **tmap** 函数的一个参数，但实际上它最初是作为 classInt::classIntervals() 函数的一个参数存在的。有关详细信息，请参阅该函数的帮助页面。

调色板定义颜色范围，由上面描述的 breaks、n 和 style 参数确定。默认的调色板由 tm_layout() 指定（参见 8.2.5 节以了解更多）；但可以使用 palette 参数快速更改它。它需要传入一个颜色向量或新的调色板名称，可以使用 tmaptools::palette_explorer() 以交互的方式进行选择。你可以在前面加上一个 – 来反转调色板的顺序。

调色板可以分为三大类：分类（categorical）调色板、顺序（sequential）调色板和发散（diverging）调色板（见图 8.7），每种调色板都有其不同的用途。分类调色板由易于区分的颜色组成，最适合没有任何特定顺序的分类数据，如州名或土地覆盖类别。颜色应该是直观的：比如河流应该是蓝色，牧场是绿色。尽量不要在包含太多类别的数据上使用分类调色板，太多颜色的地图会很难理解[⊖]。

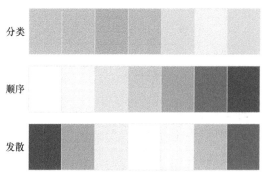

图 8.7　分类、顺序和发散调色板的示例

第二组是顺序调色板。它们遵循一个渐变，例如从浅色到深色（浅色倾向于代表较低的值），适用于连续（数字）变量。顺序调色板可以是单色（比如 Blues 从浅蓝到深蓝）或多颜色 / 色调（比如 YlOrBr 从浅黄到棕色），如下面的代码块所示——输出未展示，请读者自行运行代码查看。

```
tm_shape(nz) + tm_polygons("Population",palette = "Blues")
tm_shape(nz) + tm_polygons("Population",palette = "YlOrBr")
```

最后一类，即发散调色板，通常介于 3 种不同的颜色（图 8.7 中为紫色 - 白色 - 绿色）之间，通常是通过把两种单色顺序调色板的较深的颜色连接起来而创建的。它的主要目的是可视化重要参考点的差异，例如某一温度、中位家庭收入或干旱事件的平

⊖　col = "MAP_COLORS" 可以用于大量独立多边形的地图（例如，一张包含各个国家的地图），以便为相邻多边形创建唯一的颜色。

均概率。**tmap** 可以使用 midpoint 参数来调整参考点的值。

当处理颜色时，有两个重要的原则需要考虑：可感知性（perceptibility）和无障碍（accessibility）。首先，地图上的颜色应与我们的感知相匹配。因为某些颜色的含义是能够通过我们的经验和文化直观感受到的。例如，绿色通常代表植被或低地，蓝色与水或凉爽有关。设置的调色板也应该便于理解，以有效地传达信息。它应该清楚地表达出哪些值更低，哪些值更高，颜色也应该逐渐变化。彩虹色调表不具备这一性质；因此，我们建议在地理数据可视化中避免使用它（Borland and Taylor II，2007）。推荐 viridis 色调表⊖，在 **tmap** 中也可以使用。其次，颜色的变化应让尽可能多的人可以感受到。因此，尽可能经常使用色盲友好的调色板很重要⊖。

8.2.5　布局

地图布局指的是将所有地图元素组合成一个有条理的地图。地图元素包括要映射的对象、标题、比例尺、边距和宽高比，而上一节中涵盖的颜色设置涉及影响地图外观的调色板和分隔点。这两者都可能会让地图产生微妙的变化，并给读者留下同样深刻的印象。

其他的元素，如指北针和比例尺，也有相应的函数 tm_compass() 和 tm_scale_bar()（见图 8.8）。

图 8.8　带有指北针和比例尺的地图

```
map_nz +
  tm_compass(type = "8star",position =
c("left","top") ) +
  tm_scale_bar(breaks = c(0,100,200),
text.size = 1)
```

tmap 有很多更改布局的参数设置，其中一些如图 8.9 所示，使用以下代码生成 [相关参数的完整列表，请参见 args(tm_layout) 或 ?tm_layout]：

⊖ https://cran.r-project.org/web/packages/viridis/。
⊖ 可以在 tmaptools::palette_explorer() 中查看"色盲模拟器"选项。

```
map_nz + tm_layout(title = "New Zealand")
map_nz + tm_layout(scale = 5)
map_nz + tm_layout(bg.color = "lightblue")
map_nz + tm_layout(frame = FALSE)
```

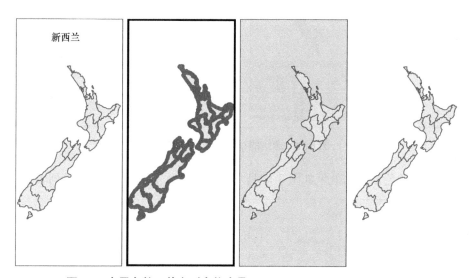

图 8.9　布局参数，从左到右依次是 title、scale、bg.color 和 frame

tm_layout() 中的参数提供了更多关于地图与画布的控制。以下列出了一些有用的布局设置（见图 8.10，演示了其中一些功能）：

● 框宽（frame.lwd）和是否允许双线（frame.double.line）的选项。

● 包括 outer.margin 和 inner.margin 在内的边距设置。

● 由 fontface 和 fontfamily 控制的字体设置。

● 图例设置，包括二元选项，如 legend.show（是否显示图例）、legend.only（省略地图）和 legend.outside（图例是否在地图外），以及多选设置，如 legend.position。

● 图层的默认颜色（aes.color），地图属性的默认颜色（attr.color）。

● 颜色设置 sepia.intensity（控制地图乌墨色效果的强度）和 saturation（色彩 - 灰度）。

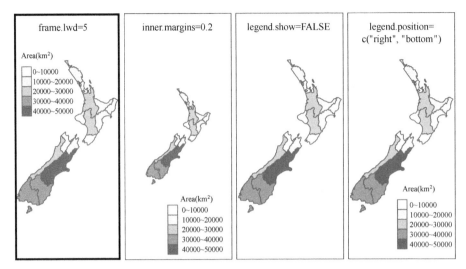

图 8.10 选定的布局参数的效果演示

上述更改颜色设置的效果如图 8.11 所示（详见 `?tm_layout` 了解完整列表）。

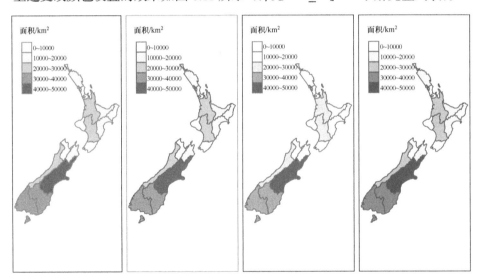

图 8.11 选定的颜色相关的布局参数的效果演示

除了控制布局和颜色的底层函数外，**tmap** 的 tm_style() 函数还提供了高级样式。某些样式如 tm_style("cobalt") 会产生风格化的地图，而其他样式如 tm_style("gray") 能做出更微妙的改变，如图 8.12 所示，该图使用下面的代码创建（参见 08-tmstyles.R）：

```
map_nza + tm_style("bw")
map_nza + tm_style("classic")
```

```
map_nza + tm_style("cobalt")
map_nza + tm_style("col_blind")
```

图 8.12　选定的地图样式，从左到右依次是 bw、classic、cobalt 和 col_blind

提示

　　执行 tmap_style_catalogue() 可以生成预定义样式的预览。它将创建一个名为 tmap_style_previews 的文件夹，其中包含 9 张图片。从 tm_style_albatross.png 到 tm_style_white.png，每幅图像都显示了对应样式下的世界分面图。注意：tmap_style_catalogue() 的运行时间可能较长。

8.2.6　分面地图

　　分面地图，也称为"小多重图"，由多个地图并排或垂直堆叠组成（Meulemans et al.，2017）。分面能可视化空间关系如何随另一变量（如时间）而变化。例如，定居点人口的变化可以在分面地图中表示，每个面板代表特定时刻的人口。时间维度可以通过另一种视觉属性表示，如颜色。但是这可能会导致地图混乱，因为它将涉及多个重叠点（城市一般不会随着时间而移动！）。

　　通常，分面地图中的所有单个分面都包含相同的几何数据，每个属性数据列都重复多次（这是 sf 对象的默认绘图方法）。但分面也可以表示几何体的变化，如点集随时间的演变。

除了用于显示变化的空间关系外，分面地图还可作为动态地图的基础（参见 8.3 节）。

8.2.7　内嵌图

内嵌图是在主地图内部或旁边渲染的较小的地图。它可以有多种不同的用途，包括提供背景（参见图 8.13）或将一些不连续的地区放得更近以便比较（参见图 8.14）。它们也可以用于关注较小区域的更多细节，或者覆盖与地图相同的区域，但表示不同的主题。

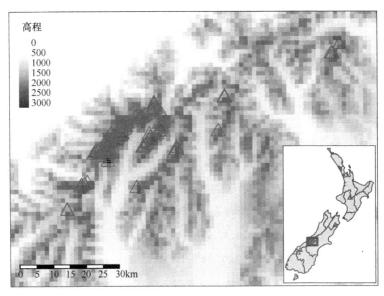

图 8.13　提供背景的内嵌地图——新西兰南阿尔卑斯山中间部分的位置

在下面的示例中，我们创建了新西兰南阿尔卑斯山脉中间部分的地图。我们的内嵌图将显示主地图与整个新西兰的关系。第一步是定义感兴趣的区域，可以通过创建一个新的空间对象 nz_region 来完成。

```
nz_region = st_bbox(c(xmin = 1340000,xmax = 1450000,
                      ymin = 5130000,ymax = 5210000),
                    crs = st_crs(nz_height) ) %>%
st_as_sfc()
```

阿拉斯加

夏威夷

图 8.14 美国地图

第二步，创建了一张基础地图，展示了新西兰的南阿尔卑斯山区域，这个区域传递了最重要的信息。

```
nz_height_map = tm_shape(nz_elev,bbox = nz_region) +
  tm_raster(style = "cont",palette = "YlGn",legend.show = TRUE) +
tm_shape(nz_height) + tm_symbols(shape = 2,col = "red",size = 1) +
tm_scale_bar(position = c("left","bottom") )
```

第三步是创建内嵌图。它提供了一个上下文，帮助定位感兴趣的区域。重要的是，这张地图通过标明主地图的边界，清楚地指出了主地图的位置。

```
nz_map = tm_shape(nz) + tm_polygons() +
  tm_shape(nz_height) + tm_symbols(shape = 2,col = "red",size = 0.1) +
  tm_shape(nz_region) + tm_borders(lwd = 3)
```

最后，使用 **grid** 包中的 viewport() 函数将两个地图合并，其中第一个参数指定内嵌图的中心位置（x 和 y）和大小（width 和 height）。

```
library(grid)
nz_height_map
print(nz_map,vp = viewport(0.8,0.27,width = 0.5,height = 0.5) )
```

可以使用图形设备（参见 7.8 节）或 tmap_save() 函数及其参数 insets_tm 和
insets_vp 将内嵌图保存到文件中。

内嵌图也可以用于创建不连续区域的地图。最常见的例子可能是一张美国地图，
由相邻的美国本土区域及夏威夷和阿拉斯加组成。在这个例子中，最重要的是找到每
个内嵌图的最佳投影（查看第 6 章以了解更多信息）。我们可以通过将其 EPSG 代码放
入 tm_shape() 的 projection 参数中，使用美国国家地图均衡面积投影（US National
Atlas Equal Area）[⊖]来制作连续的美国地图。

```
us_states_map = tm_shape(us_states,projection = 2163) + tm_polygons() +
  tm_layout(frame = FALSE)
```

其余的对象，如 hawaii 和 alaska，已有相应的投影方式，因此我们只需要创建
两张单独的地图即可：

```
hawaii_map = tm_shape(hawaii) + tm_polygons() +
  tm_layout(title = "Hawaii",frame = FALSE,bg.color = NA,
            title.position = c("LEFT","BOTTOM") )
alaska_map = tm_shape(alaska) + tm_polygons() +
  tm_layout(title = "Alaska",frame = FALSE,bg.color = NA)
```

最终的地图是通过结合和排列这三张地图创建的：

```
us_states_map
print(hawaii_map,vp = grid::viewport(0.35,0.1,width = 0.2,height = 0.1))
print(alaska_map,vp = grid::viewport(0.15,0.15,width = 0.3,height = 0.3))
```

上述代码很简洁，可以作为其他内嵌地图的一个简单示例。其展示效果（见图 8.14），
对夏威夷和阿拉斯加的位置表示不够准确。要想获得更深入的知识，可以参考 **geocompkg**
提供的 us-map[⊖]文档。

⊖ 该投影的 EPSG 编码为 2163，参考链接为 https://epsg.io/2163。——译者注
⊖ https://geocompr.github.io/geocompkg/articles/us-map.html。

8.3　动态地图

上一节介绍的分面地图可以显示变量的空间分布如何变化（例如随时间的变化），但该方法也有缺点。当分面数量较多时，每个分面会变得非常小。此外，每个分面在屏幕或页面中被分隔开，使得这些分面之间的微妙差异很难被发现。

动态地图可以解决这些问题。虽然它们只能在数字出版中使用，但随着越来越多的内容转移到线上，这逐渐不是个问题。动态地图也可以增强纸质报告：你可以通过链接让读者访问含有动态（或交互式）版本的印刷地图的网页，使得地图变得更生动。在 R 语言中有几种创建动态地图的方法，包括使用 **gganimate** 等动态地图包，它基于 **ggplot2**（见 8.6 节）。

一个展示动态地图的强大的例子是图 8.15。它显示了美国各州的发展，最初是从东部开始形成，然后逐步蔓延至西部，最终扩展至内地。重现这张地图的代码可以在脚本 `08-usboundaries.R` 中找到。

图 8.15　展示美国人口增长、州形成和边界变化的动态地图，时间范围为 1790 年至 2010 年（注：mln 为百万的意思。在线的动画版本可以在 https://r.geocompx.org/adv-map.html 查看）

8.4　交互式地图

虽然静态和动态地图可以让地理数据集更生动，但交互式地图可以让体验更上一层楼。交互性可以以许多形式呈现，其中最常见和有用的是，可以通过缩放在地理数据集的任何一部分上漫游。低级的交互包括，当你单击不同的要素时出现的弹出窗口，即一种交互标签。高级的交互包括地图的倾斜和旋转，如下面 **mapdeck** 示例所示，它提供了"动态联动"的子图，当用户进行漫游和缩放时，该子图会自动更新（Pezanowski et al.，2018）。

然而，最重要的交互类型是在交互式或可缩放 Web 地图上展示地理数据。2015 年 **leaflet** 包的发布彻底改变了 R 语言中创建交互式 Web 地图的方式，许多软件包在这个基础上，增加了新的功能（例如 **leaflet.extras**），使得创建 Web 地图就像创建静态地图一样简单（例如 **mapview** 和 **tmap**）。本节以相反的顺序说明每种方法。我们将探索如何使用 **tmap**（我们已经学习了它的语法）、**mapview** 和最后的 **leaflet**（可以对交互式地图提供低级别控制）制作交互式地图。

在 8.2 节中提到的 **tmap** 的一个独特特性是，可以使用相同的代码创建静态和交互式地图。可以通过使用指令 tmap_mode("view")，在任何时候将地图转换为视图模式来查看交互式地图。下面的代码演示了这一点，它基于 8.2.2 节创建的 tmap 对象 map_nz 创建了一个新西兰的交互式地图，并在图 8.16 中展示：

```
tmap_mode("view")

map_nz
```

现在交互模式已经"打开"，所有使用 **tmap** 制作的地图都将开启该模式（另一种创建交互式地图的方法是使用 tmap_leaflet 函数）。这种交互模式的显著特点是可以用 tm_basemap()［或 tmap_options()］来指定基础地图，如下所示（结果未显示）：

```
map_nz + tm_basemap(server = "OpenTopoMap")
```

tmap 的视图模式有一个令人印象深刻但鲜为人知的功能，就是它也可以使用分面图。

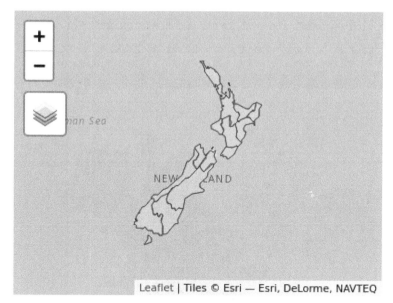

图 8.16　在视图模式下，使用 tmap 创建的新西兰的交互式地图
（在线的交互式版本可以在 https://r.geocompx.org/adv-map.html 查看）

如果你不熟悉 **tmap**，最快的创建交互式地图的方法可能是使用 **mapview**。下面的命令是靠谱的可交互式探索广泛的地理数据格式的方法：

```
mapview::mapview(nz)
```

mapview 具有简洁而又强大的语法。默认情况下，它提供一些标准的 GIS 功能，如鼠标位置信息、属性查询（通过弹出窗口）、比例尺和缩放至图层按钮。它还提供了高级控件，包括将数据集分割成多个图层，并通过使用 + 加上地理对象的名称来添加多个图层。此外，它还提供了属性的自动着色（通过参数 zcol）。简而言之，它可以被认为是一个数据驱动的 **leaflet** API（有关 **leaflet** 的更多信息，请参见下文）。鉴于 **mapview** 始终需要一个空间对象（sf、Spatial*、Raster*）作为其第一个参数，它可以很好地配合管道表达式使用。参考下面的示例，其中使用 **sf** 来计算相交线和多边形，然后使用 **mapview** 进行可视化（见图 8.17）。

```
trails %>%
  st_transform(st_crs(franconia)) %>%
  st_intersection(franconia[franconia$district == "Oberfranken",]) %>%
  st_collection_extract("LINE") %>%
```

```
mapview(color = "red",lwd = 3,layer.name = "trails") +
mapview(franconia,zcol ="district",burst = TRUE) +
breweries
```

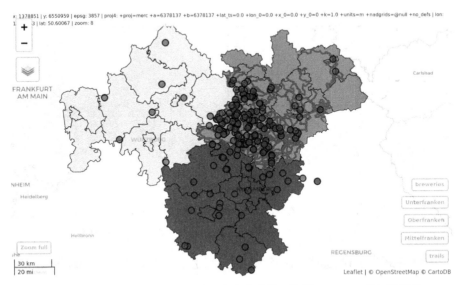

图 8.17   在一个基于 sf 对象的管道表达式结尾，使用 mapview 进行可视化

    需要谨记的一点是，**mapview** 图层是通过 + 运算符添加的（类似于 **ggplot2** 或
tmap）。这在使用管道工作流程并使用 %>% 作为主要绑定运算符时经常会遇到问
题[⊖]。有关 **mapview** 的更多信息，请参阅该包的网站：r-spatial.github.io/mapview/[⊖]。

    还有其他方法可以使用 R 语言创建交互式地图。例如，**googleway** 包提供了一个灵
活且可扩展的交互式地图界面（有关详细信息，请参阅 googleway-vignette[⊖]）。另一
种方法是使用 **mapdeck**[⑭]，也是 **googleway** 的作者开发的，它提供了对 Uber 的 Deck.
gl 框架的接口。它使用的 WebGL 可以交互式可视化大型数据集（最多可达数百万点）。
该软件包需要 Mapbox 访问令牌[⑮]，在使用该软件包之前，你必须先注册。

⊖ https://en.wikipedia.org/wiki/Gotcha_(programming)。

⊖ https://r-spatial.github.io/mapview/articles/。

⊖ https://cran.r-project.org/web/packages/googleway/vignettes/googleway-vignette.html。

⑭ https://github.com/SymbolixAU/mapdeck。

⑮ https://www.mapbox.com/help/how-access-tokens-work/。

提示　注意，以下代码块假设你的 R 语言环境中存储了一个名为 MAPBOX 的访问令牌，其值为 your_unique_key。你可以使用 **usethis** 包中的 edit_r_environ() 函数将其添加到 R 语言环境中。

mapdeck 的一个独特特性是它提供了交互式的 "2.5D" 视角，如图 8.18 所示。这意味着你可以在地图上进行平移、缩放和旋转，并查看从地图中提取出来的数据。图 8.18 由以下代码块生成，它可视化英国道路交通事故的数据，柱子的高度表示每个区域的伤亡人数。

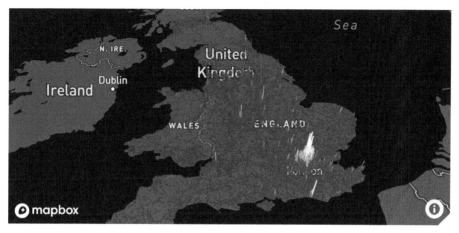

图 8.18　使用 mapdeck 生成的地图，表示英国各地的道路交通事故
（每 1km^2 的柱子的高度代表了事故数量）

```
library(mapdeck)
set_token(Sys.getenv("MAPBOX"))
df = read.csv("https://git.io/geocompr-mapdeck")
df = na.omit(df)
ms = mapdeck_style("dark")
mapdeck(style = ms,pitch = 45,location = c(0,52),zoom = 4) %>%
add_grid(data = df,lat = "lat",lon = "lng",cell_size = 1000,
        elevation_scale = 50,layer_id = "grid_layer",
        colour_range = viridisLite::plasma(6))
```

在浏览器中，你可以缩放和拖动，此外还可以按 Cmd/Ctrl 键旋转和倾斜地图。可

以使用 `%>%` 运算符添加多个图层，如 mapdeck 小册子⊖中所示。

　　Mapdeck 还支持 sf 对象，可以通过将前面代码块中的 `add_grid()` 函数替换为 `add_polygon(data = lnd, layer_id ="polygon_layer")`，将代表伦敦的多边形添加到交互式倾斜地图中，以查看效果。

　　最后，也是最重要的是 **leaflet**，它是 R 语言中最成熟、使用最广泛的交互式地图包。**leaflet** 为 Leaflet JavaScript 库提供了相对底层的接口，其大部分参数都可以通过阅读原始 JavaScript 库文档来理解（参见 leafletjs.com⊖）。

　　使用 `leaflet()` 就可以创建 leaflet 地图，返回的是 leaflet 地图对象，可以被管道连接到其他 **leaflet** 功能中。这样可以依次添加多个地图图层和控制设置，如下面的代码演示，生成的图如 8.19 所示（详情参见 rstudio.github.io/leaflet/⊖）。

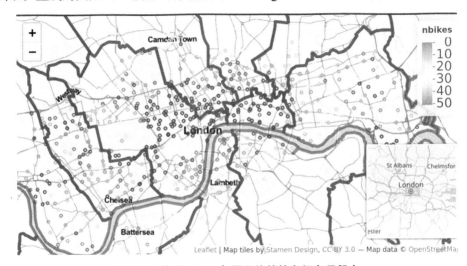

图 8.19　使用 leaflet 包展示伦敦的自行车租赁点

```
pal = colorNumeric("RdYlBu", domain = cycle_hire$nbikes)
leaflet(data = cycle_hire) %>%
  addCircles(col = ~pal(nbikes), opacity = 0.9) %>%
  addPolygons(data = lnd, fill = FALSE) %>%
  addLegend(pal = pal, values = ~nbikes) %>%
  setView(lng = -0.1, 51.5, zoom = 12) %>%
  addMiniMap()
```

⊖ https://cran.r-project.org/web/packages/mapdeck/vignettes/mapdeck.html。
⊖ http://leafletjs.com/reference-1.3.0.html。
⊖ https://rstudio.github.io/leaflet/。

8.5　地图应用

8.4 节中展示的交互式 Web 地图可以实现更多功能。通过精心挑选的图层显示、底图和弹出窗口,可以用来传达许多涉及地理计算的项目的主要成果。但 Web 地图的交互性也有局限性:

● 尽管地图在漫游、缩放和单击方面是交互式的,但代码是静态的,这意味着用户界面是固定的。

● 网络地图中的所有地图内容通常都是静态的,这意味着网络地图无法轻松处理大型数据集。

● 使用网络地图很难创建额外的交互图层,例如显示变量之间关系的图表和仪表盘。

静态 Web 地图无法克服这些限制,需要转向地理空间框架和地图服务器。该领域的产品包括 GeoDjango⊖(它扩展了 Django Web 框架,是用 Python⊜编写的)、MapGuide⊜(一个用 C++⑲编写的用于开发 Web 应用程序的框架)和 GeoServer⑤(一个用 Java⑥编写的成熟而强大的地图服务器)。每个地图服务器(尤其是 GeoServer)都是可扩展的,每天可以向数千人提供服务,前提是真有足够的公众对此感兴趣。坏消息是,这种服务器端解决方案需要大量熟练的技术人员和时间来开发和维护,通常需要一个小组,其中有专门的地理空间数据库管理员(DBA⑦)的角色。

好消息是,现在可以使用 **shiny** 迅速创建 Web 地图应用,它是一个将 R 代码转换为交互式 Web 应用的包。这要归功于它对交互式地图的支持,例如 renderLeaflet()函数,RStudio 的 **leaflet** 网站上的 Shiny 集成⑧部分有文档说明。本节给出了一些背景,从 Web 地图角度教授 **shiny** 的基础知识,最终给出一个示例,用不到 100 行的代码创建一个地图应用。

⊖ https://docs.djangoproject.com/en/2.0/ref/contrib/gis/。

⊖ https://github.com/django/django。

⊜ https://www.osgeo.org/projects/mapguide-open-source/。

⑭ https://trac.osgeo.org/mapguide/wiki/MapGuideArchitecture。

⑤ http://geoserver.org/。

⑥ https://github.com/geoserver/geoserver。

⑦ http://wiki.gis.com/wiki/index.php/Database_administrator。

⑧ https://rstudio.github.io/leaflet/shiny.html。

shiny.rstudio.com[①]上有 **shiny** 的使用文档。**shiny** 应用程序的两个关键元素反映了大多数 Web 应用程序开发中的二元性：'前端'（用户看到的部分）和'后端'代码。在 **shiny** 应用程序中，这些元素通常在名为 ui 和 server 的对象中创建，这些对象位于名为 app.R 的 R 脚本中，该脚本位于'app 文件夹'中。这可以将 Web 地图应用程序放入单个文件，例如书中的 GitHub 存储库中的 coffeeApp/app.R[②]文件。

> **在 shiny 应用程序中**，通常将文件拆分为 ui.R（User Interface 的缩写）和 server.R 文件，这是由 shiny-server 约定的命名方式。shiny-server 是一个服务器端的 Linux 应用，可以将 shiny 应用程序部署在公开的网站上。shiny-server 还可以部署定义在某个 app 文件夹中单个 app.R 文件中定义的 shiny 应用。你可以通过以下链接了解更多信息：https://github.com/rstudio/shiny-server。
>
> 提示

在考虑大型应用程序之前，值得通过查看"lifeApp"这个最小示例来学习[③]。以下代码使用 shinyApp() 命令定义并启动一个 lifeApp，它提供一个交互式滑块，允许用户调整预期寿命水平并动态显示对应的国家：

```
library(shiny)          #用于构建 shiny 应用
library(leaflet)        #加载 renderLeaflet 函数
library(spData)         #加载 world 数据集
ui = fluidPage(
  sliderInput(inputId = "life","Life expectancy", 49, 84, value = 80),
    leafletOutput(outputId = "map")
  )
server = function(input, output){
  output$map = renderLeaflet({
    leaflet() %>%
    #译者注:此主题已经失效不可用,因此注释掉此行
```

[①] https://shiny.rstudio.com/。

[②] https://github.com/geocompx/geocompr/tree/main/apps/coffeeApp/app.R。

[③] 在这里，"app"一词指的是"web 应用程序"，不要与智能手机应用程序混淆，后者是此词术语更常见的含义。

```
# addProviderTiles("OpenStreetMap.BlackAndWhite") %>%
    addPolygons(data = world[world$lifeExp < input$life,])})})
}
shinyApp(ui,server)
```

lifeApp 的**用户界面**（ui）由 fluidPage() 创建。

服务端（server）是一个具有 input 和 output 参数的函数。output 是一个包含由 render*() 函数生成的对象列表 – 在本例中是 renderLeaflet()，它会生成 output$map。服务端中提到的 input$life 等输入元素必须与 ui 中存在的元素相关联 - 在上面的代码中由 inputId = "life" 定义。函数 shinyApp() 将 ui 和 server 组件结合起来，并通过新的 R 进程以交互方式呈现结果。

掌握了这个基本示例，并且知道如何获取帮助（参见 ?shiny）之后，现在最好的学习方式也许是暂停阅读，开始编程！建议下一步是在所选 IDE 中打开先前提到的 coffeeApp/app.R[⊖]脚本，反复对其进行修改并重新运行它。该示例包含了一些在 **shiny** 中实现的 web 地图应用的组件，应该能清晰展示它们的行为。

coffeeApp/app.R 脚本包含了一些 **shiny** 函数，是 lifeApp 简单示例中没有用到的。它们包括 reactive() 和 observe()（用于创建对应用户输入的输出，参见 ?reactive）以及 leafletProxy()（用于修改已经创建的 leaflet 对象）。这些元素对于在 **shiny** 中创建 Web 地图应用至关重要。一些列的"事件"也可以通过编程实现，包括 RStudio 的 **leaflet** 网站[⊖]中所述的高级功能，如绘制新图层或数据子集。

提示　有多种方法启动一个 **shiny** 应用。对于 RStudio 用户，最简单的办法可能是，在编辑器中打开 app.R，ui.R 或者 server.R 脚本，单击 source 面板右上方的 "Run App" 按钮。**shiny** 应用也可以通过使用 runApp() 函数来启动，第一个参数是包含应用代码和数据的文件夹：在这个例子中是 runApp("coffeeApp")（假设名为 coffeeApp 的文件夹包含 app.R 脚本，并且在你的工作目录中）。

使用诸如 coffeeApp 这样的应用程序进行实验，不仅可以增加你在 R 语言中 Web 地图应用的知识，还可以强化你的实践技能。比如，更改 setView() 的内容将更改用

⊖ https://github.com/geocompx/geocompr/tree/main/apps/coffeeApp/app.R。

⊖ https://rstudio.github.io/leaflet/shiny.html。

户在应用启动时看到的起始边界框。尽管鼓励进行实验，但你应当有目的地进行，而不是随意尝试。参考相关的文档，从 ?shiny 开始，并以解决习题中提出的问题为动机进行实验。

使用 **shiny** 可以让制作地图应用的原型比以往任何时候都更高效、更容易（部署 **shiny** 应用程序是一个超出本章范围的单独的主题）。即使你最终使用不同的技术来部署应用程序，**shiny** 也无疑可以用相对较少的代码（coffeeApp 的代码量为 60 行）来完成。但这并不意味着 shiny 应用程序不能变得更大。例如，pct.bike⊖上托管的自行车倾向工具（The Propensity to Cycle Tool，PCT）是英国交通部资助的全国地图工具应用，每天有数十人使用，有超过 1000 行的代码⊖（Lovelace et al.，2017）和多个交互元素。

虽然开发这样的应用程序无疑需要花费更多的时间和精力，但 **shiny** 提供了一个可复现的原型框架，应该有助于开发过程。使用 **shiny** 轻松开发原型的一个潜在问题是，在详细构想应用的目的之前，过早开始编程。出于这个原因，尽管我们提倡 **shiny**，但我们建议先用纸笔设计草稿，以此作为交互式地图项目的第一阶段。这时，你的应用原型不应该受到技术的限制，而应受到你的动机和想象力的限制。

8.6   其他地图制作的软件包

tmap 为创建各种静态地图提供了一个功能强大的接口（参见 8.2 节），同时还支持交互式地图（参见 8.4 节）。不过在 R 语言中创建地图还有许多其他选择。本节的目的是为大家提供其中的一些示例，并提供额外的资源：地图制作是 R 语言包开发中一个非常活跃的领域，因此需要学习的知识远远超出本文所述。

最成熟的选择是使用核心的空间软件包 **sf** 和 **raster** 提供的 plot() 方法。我们在前面没有提及的是，当结果绘制到相同的绘图区域时，栅格和矢量对象的绘图方法可以组合使用（**sf** 绘图中的元素，如键和多波段栅格会干扰这种组合）。接下来的代码块展示了这种行为，并生成图 8.20。plot() 还有许多其他选项，可以通过 ?plot 帮助页面中的链接和 **sf** 小册子 sf5⊖来探索。

⊖ http://www.pct.bike/。

⊖ https://github.com/npct/pct-shiny/blob/master/regions_www/m/server.R。

⊖ https://cran.r-project.org/web/packages/sf/vignettes/sf5.html。

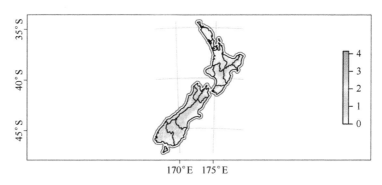

图 8.20　使用 plot( ) 绘制的新西兰地图，右侧的图例表示海拔（单位：1000m）

```
g = st_graticule(nz,lon = c(170,175),lat = c(-45,-40,-35) )
plot(nz_water,graticule = g,axes = TRUE,col ="blue")
raster::plot(nz_elev/1000,add = TRUE)
plot(st_geometry(nz),add = TRUE)
```

　　从 2.3.0[⊖] 版本起，**tidyverse** 的绘图包 **ggplot2** 已经支持使用 geom_sf() 来绘制 sf 对象。语法与 **tmap** 使用的语法类似：调用初始函数 ggplot() 之后，使用 + geom_*() 添加一个或多个图层，其中 * 代表图层类型，如 geom_sf()（用于 sf 对象）或 geom_points()（用于点）。

　　ggplot2 默认情况下会绘制经纬网格。可以使用 scale_x_continuous()、scale_y_continuous() 或 coord_sf(datum = NA)[⊖] 覆盖默认的经纬网格设置。其他值得注意的特性还包括：使用 aes() 封装的不带引号的变量名来表示哪些栅格可变，以及使用 data 参数切换数据源，如下面的代码块所示，用于创建图 8.21：

```
library(ggplot2)
g1 = ggplot() + geom_sf(data = nz,aes(fill = Median_income) ) +
  geom_sf(data = nz_height) +
  scale_x_continuous(breaks = c(170,175) )
g1
```

　　ggplot2 的优点之一是有很强的用户社群和许多附加套件。可以在开源的 ggplot2 book[⊖]（Wickham，2016）中找到优质的附加资源，以及众多以"gg"开头的套件，例

⊖ https://www.tidyverse.org/articles/2018/05/ggplot2-2-3-0/。

⊖ https://github.com/tidyverse/ggplot2/issues/2071。

⊖ https://github.com/hadley/ggplot2-book。

如 **ggrepel** 和 **tidygraph**。

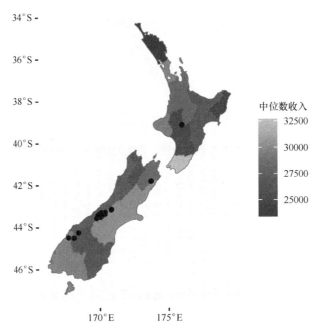

图 8.21　使用 **ggplot2** 创建的新西兰地图

使用 **ggplot2** 创建地图的另一个好处是，可以使用 **plotly** 包中的 ggplotly() 函数轻松将其转为有一定交互程度的地图。例如，尝试 plotly::ggplotly(g1)，并将结果与在 blog.cpsievert.me⊖中描述的其他 **plotly** 地图功能进行比较。

同时，**ggplot2** 也有一些缺点。geom_sf() 函数并不总能使用空间数据⊖创建预期的图例。**ggplot2** 也没有提供对栅格对象的原生支持，需要在绘图前将栅格转换为数据框。

我们已经介绍了使用 **sf**、**raster** 和 **ggplot2** 软件包制作地图，因为这些软件包非常灵活，可以创建各种各样的静态地图。许多其他制作静态地图的包更专注于特定的领域或功能。在我们介绍绘制特定类型地图的包之前（在下一段中），值得考虑一下已经介绍的通用地图制作软件包的替代方案（见表 8.1）。

表 8.1 显示了一系列的地图软件包，还有很多其他包未在表中列出。值得注意的是 **cartography**，它可以生成一系列不寻常的地图，包括分级区域图、"比例符号"和"流量"图，每种图都在小册子 cartography⊖中有记载。

⊖ https://blog.cpsievert.me/2018/03/30/visualizing-geo-spatial-data-with-sf-and-plotly/。
⊖ https://github.com/tidyverse/ggplot2/issues/2037。
⊖ https://cran.r-project.org/web/packages/cartography/vignettes/cartography.html。

表 8.1 通用地图制作软件包

包名	描述
cartography	主题卡托图
ggplot2	使用图形语法创建优雅的数据可视化作品
googleway	通过调用 Google 地图来获取数据并绘制地图
ggspatial	ggplot2 的空间数据可视化框架
leaflet	使用 JavaScript 库 leaflet 创建交互式 Web 地图
mapview	在 R 语言中交互式探索空间数据
plotly	使用 plotly.js 创建交互式 Web 图形
rasterVis	提供栅格数据的可视化函数
tmap	主题地图

有几个包专注于特定的地图类型，如表 8.2 所示。这些包可以创建扭曲地理空间的卡托图（Cartograms）、线性地图，将多边形转换为规则的或六边形的网格，以及在表示地理拓扑的网格上可视化复杂数据。

所有上述软件包都有不同的数据准备和地图创建方法。在下一段中，我们聚焦在 **cartogram** 包上。因此对于其他包，我们建议阅读 linemap[⊖]，geogrid[⊖]和 geofacet[⊖]文档以了解更多信息。

表 8.2 特定目的的地图制作包与相应的用途

包名	描述
cartogram	使用 R 语言创建卡托图
geogrid	将多边形转换为六边形或规则的网格
geofacet	ggplot2 用于地理数据的分面工具
globe	绘制 2D 和 3D 视角的地球，包含主要的海岸线
linemap	线构造的地图

卡托图是一种地图，其几何形状按比例扭曲来表示一个映射变量。在 R 语言中，可以使用 **cartogram** 创建这种类型的地图，它允许创建连续和非连续的区域图。它本身并不是一个地图软件包，但它允许构建扭曲的空间对象，可以使用任何通用的地图软件包进行绘制。

`cartogram_cont()` 函数创建区域连续的卡托图。它接受 sf 对象和变量（列）的

⊖ https://github.com/rCarto/linemap。

⊖ https://github.com/jbaileyh/geogrid。

⊖ https://github.com/hafen/geofacet。

名称作为输入。此外，还可以修改 intermax 参数，即卡托图转换的最大迭代次数。例如，我们可以将新西兰地区的中位数收入表示为连续卡托图（图 8.22 的右图），如下所示：

```
library(cartogram)
nz_carto = cartogram_cont(nz,"Median_income",itermax = 5)
tm_shape(nz_carto) + tm_polygons("Median_income")
```

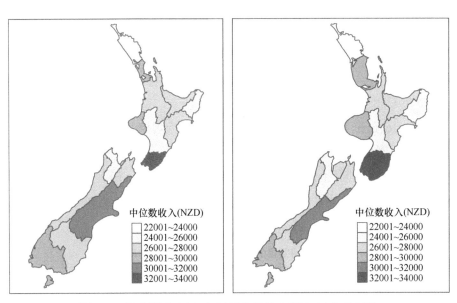

图 8.22　标准地图（左）与区域连续的卡托图（右）的对比

cartogram 包也提供了使用 cartogram_ncont() 创建非连续区域的卡托图，以及使用 cartogram_dorling() 创建 Dorling 卡托图的功能。非连续区域卡托图是根据提供的加权变量缩放每个区域而创建的。Dorling 卡托图由多个圆组成，每个圆的面积与加权变量成比例。下面这段代码展示了如何创建美国各州人口的非连续区域卡托图和 Dorling 卡托图（见图 8.23）：

```
us_states2163 = st_transform(us_states,2163)
us_states2163_ncont = cartogram_ncont(us_states2163,"total_pop_15")
us_states2163_dorling = cartogram_dorling(us_states2163,"total_pop_15")
```

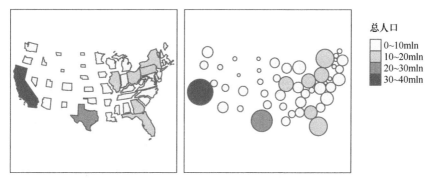

图 8.23　非连续区域的卡托图（左）与 Dorling 卡托图（右）的对比

新的地图软件包一直在不断出现。仅在 2018 年，就有多个地图包在 CRAN 上发布，包括 **mapdeck**、**mapsapi** 和 **rayshader**。至于交互式地图，**leaflet.extras** 包含了许多扩展 **leaflet** 功能的函数（可参考 **geocompkg** 网站上的 point-pattern[⊖] 小节，了解如何用 **leaflet.extras** 创建热力图）。

8.7　练习

以下练习需要一个新的对象 africa。使用 **spData** 包的 world 和 worldbank_df 数据集创建它（参见第 3 章）：

```
africa = world %>%
  filter(continent == "Africa",!is.na(iso_a2)) %>%
  left_join(worldbank_df,by = "iso_a2") %>%
  dplyr::select(name,subregion,gdpPercap,HDI,pop_growth) %>%
  st_transform("+proj=aea +lat_1=20 +lat_2=-23 +lat_0=0 +lon_0=25")
```

我们还将使用来自 **spDataLarge** 的 zion 和 nlcd 数据集：

```
zion = st_read((system.file("vector/zion.gpkg",package = "spDataLarge")))
data(nlcd,package = "spDataLarge")
```

1）使用基本的 **graphics** 包 [提示：使用 plot()] 和 **tmap** 包 [提示：使用

⊖　https://github.com/geocompx/geocompkg/blob/master/vignettes/point-pattern.Rmd。

`tm_shape(africa) +...`] 分别创建一张地图，展示人类发展指数（HDI）在非洲的地理分布。

● 根据使用体验，介绍每个包的两个优点。

● 介绍其他 3 种地图制作的包及每个包的优点。

● 附加题：使用这 3 个包创建 3 张非洲的地图。

2）扩展前一个练习中使用 **tmap** 创建的地图，使得该图例有 3 个分类："高"（HDI 高于 0.7）、"中"（HDI 的范围为 0.55~0.7）和"低"（HDI 低于 0.55）。

● 附加题：改善地图参数使其更美观，例如改变图例标题、类标签和颜色调色板。

3）在地图上表示 africa 的各个区域。更改默认的调色板和图例标题。然后，将此地图与前一个练习创建的地图合并为单张地图。

4）创建锡安国家公园的土地覆盖地图。

● 更改默认颜色以匹配你对土地覆盖分类的看法。

● 添加比例尺和指北针，并改变它们的位置，让地图更美观。

● 附加题：添加锡安国家公园在犹他州的位置的内嵌地图（提示：可以从 us_states 数据集中提取表示犹他州的对象）。

5）创建东非国家的分面地图：

● 其中一个分面显示 HDI，另一分面显示人口增长（提示：使用变量 HDI 和 pop_growth）。

● 让每个国家都有一个分面。

6）在前面的分面地图示例的基础上，创建东非的动态地图：

● 首先展示 HDI 得分的空间分布，然后展示人口增长。

● 按顺序展示每个国家。

7）用不同的软件包创建非洲的交互式地图：

● 使用 **tmap**；

● 使用 **mapview**；

● 使用 **leaflet**；

● 附加题：在每种方法的结果中，添加图例（如果没有自动提供）和比例尺。

8）分别在以下 3 个背景下，在纸上勾勒出一个 Web 地图应用的设计，该应用可基于数据，辅助制定更合理的交通或土地利用政策：

● 在你居住的城市，每天仅有几位用户使用。

● 在你居住的国家，每天有几十位用户使用。

- 全球范围内，每天有数百位用户使用，并且需要处理大量数据。

9）更新 coffeeApp/app.R 中的代码，使用户可以选择要关注的国家而不是以巴西为中心：

- 使用 textInput()。
- 使用 selectInput()。

10）使用 **ggplot2** 包尽可能精确地重现图 8.1 和图 8.6 的第 1 个和第 6 个图。

11）将 us_states 和 us_states_df 连接在一起，并利用新数据集计算每个州的贫困率。接下来，根据总人口绘制连续区域卡托图。最后，创建以下两张贫困率地图并进行比较：①标准的分级统计地图和②使用卡托图边界的地图。第一张地图和第二张地图分别提供了什么信息？它们之间有什么不同？

12）可视化非洲地区的人口增长情况。接下来，将其与使用 **geogrid** 包创建的六边形和常规网格的地图进行比较。

第9章

与 GIS 软件协作

前提要求

本章需要安装 QGIS、SAGA 和 GRASS 并加载以下 R 语言包[⊖]：

```
library(sf)
library(raster)
library(qgisprocess)⊖
library(RSAGA)
library(rgrass)⊖
```

9.1 导读

R 语言与图形化界面的显著区别在于它的交互方式：你键入命令，然后按 Enter 键（或者在 RStudio 源代码编辑器中编写代码时按 Ctrl+Enter 键）会立即执行它们。

⊖ **spData**、**spDataLarge**、**dplyr** 也需要提前加载。

⊖ RQGIS 包已经不在维护，此处替换为 qgisprocess。——译者注

⊖ rgrass7 已停止维护，此处替换为 rgrass。——译者注

这种与计算机的交互方式称为命令行界面（Command-Line Interface，CLI），后文中有详细定义。需要注意的是，CLI 交互并不是 R 语言独有的[⊖]。与此形成鲜明对比的是，在专业 GIS 软件中，重点往往放在图形用户界面（Graphical User Unterface，GUI）上。尽管你可以从系统终端和嵌入式 CLI（比如 QGIS 中的 Python 控制台[⊖]）与 GRASS、QGIS、SAGA 和 gvSIG 进行交互，但"鼠标点选"通常是主要方式。这意味着许多 GIS 用户可能错过命令行所带来的一些优势，正如 QGIS 的创始人，Gary Sherman 所说（Sherman，2008）：

> 随着"现代"GIS 软件的出现，大多数人更倾向于通过鼠标点选的方式来完成工作。这很方便，但在命令行中隐藏着巨大的灵活性和强大功能。很多时候，你可以在命令行上来完成某些任务，耗时比使用 GUI 要短得多。

"命令行界面（CLI）与图形用户界面（GUI）"的争论可能会产生对立，但实际上并非如此；这两种选择可以根据具体任务和用户的技能来灵活选择，交替使用。[⊜]类似 R 语言这样的命令行界面，在 RStudio 等集成开发环境的增强支持下，具有众多优势：

- 有助于重复任务的自动化。
- 促进了透明性和可复现性，这是良好科学实践和数据科学的基础。
- 提供修改现有函数和实现新函数的工具，有利于软件开发。
- 帮助培养具备前瞻性编程技能，这在许多领域和行业中非常受欢迎。
- 用户友好且高效，有助于提高工作效率。

另一方面，基于 GUI 的 GIS（尤其是 QGIS）也有其优点：

- 具有较为"平缓"的学习曲线，意味着你不需要花费数小时学习新语言，就可以探索和可视化地理数据。
- 对"数字化（digitizing）"（创建新的矢量数据集）提供了出色的支持，包括跟踪、捕捉和拓扑工具[⑭]。

⊖ 其他基于 CLI 的有与操作系统交互的终端，以及解释型语言，如 Python 等。许多 GIS 软件最初也采用了 CLI 作为其交互方式。直到 20 世纪 90 年代，计算机鼠标和高分辨率屏幕广泛普及，图形用户界面（GUI）才变得常见。例如，作为历史最悠久的 GIS 程序之一，GRASS 在开发出 GUI 之前主要依赖命令行交互（Landa，2008）。

⊖ https://docs.qgis.org/testing/en/docs/pyqgis_developer_cookbook/intro.html。

⊜ GRASS GIS 和 PostGIS 在学术界和工业界都非常流行，它们可以被视为逆潮流的典型产品，因为它们以命令行为核心构建。

⑭ 可以使用 **mapedit** 包快速编辑一些空间要素，但不适用于专业的大规模地图可视化。

- 支持使用地面控制点和正射校正进行地理参考（将栅格图像与现有地图匹配）。
- 支持立体地图制图（如 LiDAR 和结构运动）。
- 支持访问空间数据库管理系统，支持面向对象的关系数据模型、拓扑和快速（空间）查询。

专业 GIS 软件的另一个优势在于它们提供了数百种"地理算法"（用于处理地理问题的解决方案，详见第 10 章）。其中许多在 R 语言命令行上无法直接使用，除非通过"GIS 桥梁"（本章的主题和动机）。[⊖]

> 命令行界面（CLI）是一种与计算机程序交互的方式，用户通过连续的文本行（命令行）来输入命令。Linux 中的 bash 和 Windows 中的 PowerShell 是常见的示例。CLI 可以通过像 RStudio 这样的集成开发环境进行增强，提供代码自动补全和其他功能，以改善用户体验。

提示

R 语言最初是作为一种接口语言而设计的。它的前身 S 语言通过提供一个直观的读取—执行—打印循环（Read-Evaluate-Print Loop，REPL），实现了对其他语言（尤其是 FORTRAN）中的统计算法的访问（Chambers，2016）。R 语言延续了这一传统，具有与众多其他编程语言的接口，特别是 C++，如第 1 章所述。虽然 R 语言并不是专门为 GIS 设计的，但它能够调用专业 GIS 软件，从而获得强大的地理空间能力。R 语言作为一种统计编程语言而闻名，但很多人不知道它具备复制 GIS 工作流程的能力，并且还提供了一个（相对）一致的命令行界面。此外，R 语言在一些地理计算领域表现出色，包括交互式 / 动画地图制作（参见第 8 章）和空间统计建模（参见第 11 章）。

本章重点介绍与 3 个成熟的开源 GIS 产品建立的"桥梁"（参见表 9.1）：QGIS（通过 **qgisprocess** 包；参见 9.2 节）、SAGA（通过 **RSAGA**；参见 9.3 节）和 GRASS（通过 **rgrass**；参见 9.4 节）。虽然本章未介绍 ArcGIS，但值得注意，ArcGIS 是一款收费且非常流行的 GIS 软件，可以通过 **RPyGeo** 与 ArcGIS 建立连接[⊖]。所谓的 R-ArcGIS 桥梁（参见 https://github.com/R-ArcGIS/r-bridge）允许在 ArcGIS 中使用 R 语言。此外，在 QGIS 中也可以使用 R 脚本（参见 https://docs.qgis.org/2.18/en/docs/training_manual/processing/r_intro.html）。最后，还可以在 GRASS GIS 命令行中使用 R 语言（参见 https://grasswiki.osgeo.org/wiki/R_statistics/rgrass）。

⊖　早期使用"桥梁"一词是指将 R 语言与 GRASS 相结合（Neteler and Mitasova，2008）。Roger Bivand 在 2016 年 GEOSTAT 暑期学校上的演讲中详细介绍了这一概念，题为 "Bridges between GIS and R"（可参考幻灯片链接：http://spatial.nhh.no/misc/）。

⊖　此外，还可以在桌面 GIS 软件包内调用 R 语言。——译者注出于完成性的考虑，本章最后简要介绍了调用其他空间工具（9.6.1 节）和空间数据库（9.6.2 节）的接口。

表 9.1　3 种开源 GIS 的比较（混合指的是它们对矢量和栅格操作的支持）

GIS 名称	首发年份	函数数量	支持
GRASS	1982[一]	>500	混合
QGIS	2002	>1000	混合
SAGA	2004	>600	混合

9.2　（R）QGIS

QGIS 是最流行的 GIS 软件之一（见表 9.1 和 Graser and Olaya，2015）。其主要优势在于，它提供了一个访问其他开源 GIS 软件的统一接口。这意味着你可以通过 QGIS 调用 GDAL、GRASS 和 SAGA 等软件（Graser and Olaya，2015）。QGIS 提供了 Python 接口，可以在不使用 QGIS GUI 的情况下调用地理算法（通常有 1000 多种的算法可用，取决于你的软件配置）。**RQGIS** 通过 **reticulate** 包建立了一个与 Python 交换数据的通道。由于 **RGIS** 已停止维护，**qgisprocess** 包封装了单机的 qgis_process 命令行工具[二]，重新实现了原来 **RQGIS** 中存档的功能[三]。在运行 **qgisprocess** 之前，需要先安装 QGIS（3.16 以上的版本）和相关的第三方依赖（如 SAGA 和 GRASS）。在 Widnows、Linux、Mac 等平台安装 QGIS 的指南可以在这个网站[四]找到。**qgisprocess** 包的安装可以参考官方文档[五]。

安装完成后，可以通过 qgis_configure() 命令来确认。

```
library(qgisprocess)
qgis_configure()
#>...
```

[一]　原文中 GRASS 首次发布是 1984 年，应改为 1982 年。——译者注

[二]　https://docs.qgis.org/latest/en/docs/user_manual/processing/standalone.html。

[三]　为了方便读者，后文的介绍和代码实现也都基于 **qgisprocess** 包。——译者注

[四]　https://download.qgis.org/。

[五]　https://github.com/r-spatial/qgisprocess。

```
#> Success!
#> Now using 'qgis_process' at '/Applications/QGIS.app/Contents/MacOS/bin/
qgis_process'.
#>...
```

qgis_configure() 命令的日志会打印 QGIS 的安装目录。如果自动配置失败，或者安装了多个版本的 QGIS，可以通过 options(qgisprocess.path = "path/to/qgis_process") 来指定具体的 QGIS 版本。

我们现在已经准备好在 R 语言中调用 QGIS 进行地理处理了！下面的例子展示了如何聚合多边形，这个过程不幸地产生了所谓的狭长面（sliver polygons），因为输入数据之间的重叠出现的微小多边形，这在实际数据中经常出现。我们将演示如何去除它们。

我们依然沿用 4.2.5 节中遇到的多边形数据。它们都可以从 **spData** 包中加载，现将其转换到地理坐标系（参见第 6 章）。

```
data("incongruent","aggregating_zones",package = "spData")
incongr_wgs = st_transform(incongruent,4326)
aggzone_wgs = st_transform(aggregating_zones,4326)
```

为了找到用于聚合的算法，qgis_search_algorithms() 函数可以使用正则表达式搜索所有 QGIS 地理算法。假设函数的简短描述中包含"union"一词，我们可以运行：

```
qgis_search_algorithms("union")
#> # A tibble: 2 × 5
#>   provider provider_title  group        algorithm        algorithm_title
#>   <chr>    <chr>           <chr>        <chr>            <chr>
#> 1 native   QGIS (native c++) Vector overlay native:multiunion Union (multiple)
#> 2 native   QGIS (native c++) Vector overlay native:union      Union
```

输出结果中还包括了每个地理算法的简短描述。如果不清楚地理算法的名称，可以执行 qgis_algorithms() 函数，它将返回所有可用的 QGIS 地理算法。你也可以在 QGIS 的在线文档⊖查看所有 QGIS 算法。

⊖ https://docs.qgis.org/latest/en/docs/user_manual/processing_algs/qgis/index.html。

下一步是了解 native：union 算法的使用方法。qgis_get_argument_specs() 函数可以返回函数的所有参数及其默认值。qgis_show_help() 函数可以打印算法的使用描述，包括参数和输出结果。

```
alg = "native:union"
qgis_get_argument_specs(alg)
#># A tibble:5 × 6
#> name description qgis_type default_value available_values acceptable_values
#> <chr>   <chr>        <chr>        <list>         <list>            <list>
#> 1 INPUT Input layer source      <NULL>         <NULL>            <chr[1]>
#> 2 OVERLAY Overlay la...source   <NULL>         <NULL>            <chr[1]>
#> 3 OVERLA...Overlay fi...string  <NULL>         <NULL>            <chr[3]>
#> 4 OUTPUT Union        sink      <NULL>         <NULL>            <chr[1]>
#> 5 GRID_S...Grid size number     <NULL>         <NULL>            <chr[3]>
qgis_show_help(alg)  #结果很长未完整显示,部分用 ... 代替
#> Union(native:union)
#>----------------
#> Description
#>----------------
#>...
#>----------------
#> Arguments
#>----------------
#> INPUT:Input layer
#> OVERLAY:Overlay layer(optional)
#> OVERLAY_FIELDS_PREFIX:Overlay fields prefix(optional)
#> OUTPUT:Union
#> GRID_SIZE:Grid size(optional)
#>----------------
#> Outputs
#>----------------
#>...
```

现在，我们可以用 QGIS 来聚合多边形了。需要注意的是，qgis_run_algorithm() 函数接受 R 语言命名参数，也就是说，你可以像在其他常规 R 语言函数中一样，在 qgis_run_algorithm() 中指定 qgis_get_argument_specs() 返回的参数名称。此外，qgis_run_algorithm() 还可以接受存储在 R 语言全局环境中的空间对象（这里是 aggzone_wgs 和 incongr_wgs）作为输入。当然，你也可以指定存储在磁盘上的空间矢量文件。

```
union = qgis_run_algorithm(alg,
  INPUT = incongr_wgs,
  OVERLAY = aggzone_wgs
)
union
#> <Result of 'qgis_run_algorithm("native:union",...)'>
#> List of 1
#> $ OUTPUT:'qgis_outputVector'chr"/var/folders/3v/fy10s84s42l_
9n8z9srthxh80000gn/T//RtmpJtEiF1/file9cbe4cd3ba08/file9cbe3ebbda60.gpkg"
```

算法结果存在磁盘上，可以使用 st_as_sf() 函数将其读取为 sf 对象。

```
union_sf = st_as_sf(union)
```

注意，QGIS 的联合操作通过使用两个输入层的交集和对称差，将两个输入层聚合为一个层（GRASS 和 SAGA 的默认设置也是这样做的）。这与 st_union(incongr_wgs, aggzone_wgs) 不同（见练习）！

下一步是清除狭长面。一种方法是找到面积相对较小的多边形，例如小于 $25000m^2$（见图 9.1 左侧的蓝色多边形）。

```
#找出面积小于 25000m^2 的多边形
x = 25000
units(x) ="m^2"
area = st_area(union_sf)
sub = union_sf[area < x,]
```

另一方法是使用 QGIS 的算法。假设我们知道算法的名称或描述中包含关键字 "clean"，我们可以执行：

```
qgis_search_algorithms("clean")
#> # A tibble:1 × 5
#> provider provider_title group       algorithm       algorithm_title
#>   <chr>    <chr>          <chr>       <chr>            <chr>
#> 1 grass7 GRASS           Vector(v.*) grass7:v.clean v.clean
```

结果只返回一个算法, 即 grass7: v.clean。我们可以使用 qgis_show_help() 函数查看算法的使用说明。

```
alg = "grass7:v.clean"
qgis_show_help(alg)  #结果太长未完整显示
#>...
#>---------------
#> Arguments
#>---------------
#> input:Layer to clean
#> type:Input feature type(optional)
#> tool:Cleaning tool
#> threshold:Threshold(comma separated for each tool) (optional)
#>...
```

grass7: v.clean 有非常多的参数, 但我们并不需要指定所有参数。对于未指定的参数, qgis_run_algorithm 在执行时会使用其默认值。

为了清除狭长面, 我们设置所有面积不超过 $25000m^2$ 的多边形都应该与面积最大的相邻多边形聚合 (见图 9.1 右图)。

```
clean = qgis_run_algorithm("grass7:v.clean",
  input = union_sf,
  tool = "rmarea",
  threshold = 25000
)
clean_sf = st_as_sf(clean)
```

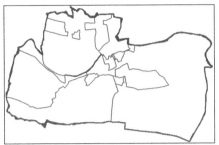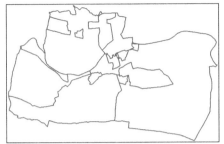

扫码看彩图

图 9.1 蓝色的狭长面（左图）；清理后的多边形（右图）

9.3 （R）SAGA

地质科学自动分析系统（System for Automated Geoscientific Analyses，SAGA；见表 9.1）提供了通过命令行界面执行 SAGA 模块的功能，在 Windows 下使用 saga_cmd.exe，Linux 下使用 saga_cmd（详见 SAGA 模块的维基页面[⊖]）。此外，SAGA 还提供了 Python 接口（SAGA Python API），**RSAGA** 利用这个接口二次封装后，在 R 语言中也可以运行 SAGA。

尽管 SAGA 是一种混合[⊖]GIS，但其主要关注点一直放在栅格处理上，特别是数字高程模型（包括土壤属性、地形属性和气候参数）。因此，SAGA 在快速处理大型（高分辨率）栅格数据集方面表现出色（Conrad et al.，2015）。这里，我们将以 Muenchow et al.（2012）的栅格应用为例介绍 **RSAGA** 的使用。具体来说，我们希望从数字高程模型中计算 SAGA 湿度指数。首先，我们需要确保在调用时，**RSAGA** 能够找到计算机上的 SAGA。为此，**RSAGA** 中所有使用 SAGA 后台的函数都依赖于 rsaga.env()。通常情况下，rsaga.env() 会通过搜索多个可能的目录来自动检测 SAGA 的位置（有关更多信息，请参考其帮助文档）。

```
library(RSAGA)
rsaga.env()
```

然而，有时候 SAGA 可能被安装在 rsaga.env() 无法自动搜索到的位置。linkSAGA

⊖ https://sourceforge.net/p/saga-gis/wiki/Executing%20Modules%20with%20SAGA%20CMD/.

⊖ 指既支持矢量数据，又支持栅格数据。——译者注可以在计算机上搜索有效的 SAGA 安装。如果找到一个有效的安装，它会将最新版本添加到 PATH 环境变量中，确保 rsaga.env() 能够成功运行。只有在 rsaga.env() 运行不成功的情况下才需要运行下面的代码块（请参考前一个代码块）。

```
library(link2GI)
saga = linkSAGA()
rsaga.env()
```

其次，我们需要将数字高程模型保存为 SAGA 格式。注意，调用 data(landslides) 会将两个对象加载到全局环境中：dem，一个以 list 形式存储的数字高程模型；以及 landslides，一个包含代表山体滑坡存在或不存在的观测数据的 data.frame：

```
data(landslides)
write.sgrd(data = dem,file = file.path(tempdir(),"dem"),header = dem$header)
```

SAGA 的结构是模块化的，每个库由所谓的地理算法模块构成。要查看可用的库，请运行：

```
rsaga.get.libraries()
```

我们选择 ta_hydrology 库（其中 ta 是 terrain analysis 的缩写，表示地形分析）并按照以下方式访问它的可用模块：

```
rsaga.get.modules(libs = "ta_hydrology")
```

rsaga.get.usage() 可以在控制台上输出特定地理算法的函数参数，例如 SAGA Wetness Index（SAGA 湿度指数）。

```
rsaga.get.usage(lib = "ta_hydrology",module = "SAGA Wetness Index")
```

最后，你可以在 R 语言中使用 **RSAGA** 的地理处理核心函数 rsaga.geoprocessor()，该函数需要一个参数列表，其中指定了所有必要的参数。

```
params = list(DEM = file.path(tempdir(),"dem.sgrd"),
                TWI = file.path(tempdir(),"twi.sdat"))
rsaga.geoprocessor(lib ="ta_hydrology",module = "SAGA Wetness Index",
                    param = params)
```

为了简化对 SAGA 接口的访问，**RSAGA** 提供了用户友好的封装函数，其中包含了实用的默认值（参阅 **RSAGA** 文档以获取示例，例如 ?rsaga.wetness.index）。因此，计算 SAGA Wetness Index 的函数调用变得非常简单，如下所示：

```
rsaga.wetness.index(in.dem = file.path(tempdir(),"dem"),
                    out.wetness.index = file.path(tempdir(),"twi"))
```

我们希望通过视觉观察的方式检查结果（见图 9.2）。这里使用 **raster** 包加载和绘制 SAGA 的输出文件。

```
library(raster)
twi = raster::raster(file.path(tempdir(),"twi.sdat"))
#使用 tmap 展示
plot(twi,col = RColorBrewer::brewer.pal(n = 9,name = "Blues"))
```

你可以在 vignette("RSAGA-landslides") 中找到这个示例的扩展版本，其中包括使用统计地理计算来推导地形属性，将其作为非线性广义加性模型（Generalized Additive Model，GAM）的预测变量，以预测空间山体滑坡的敏感性（Muenchow et al.，2012）。统计地理计算这一术语强调了结合 R 语言的数据科学能力和 GIS 的地理处理能力的优势，这正是构建从 R 语言到 GIS 的桥梁的核心。

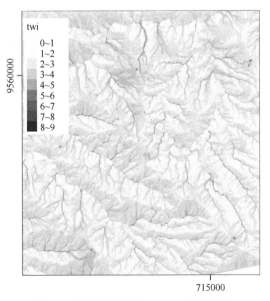

图 9.2　秘鲁蒙贡山的 SAGA 湿度指数

9.4　通过 rgrass 访问 GRASS

美国陆军工程研究实验室（USA-CERL）于 1982 年至 1995 年创建了地理资源分析支持系统（Geographical Resources Analysis Support System，GRASS）的核心部分（表 9.1；Neteler and Mitasova，2008）。自 1997 年以后，学术界接手了这项工作。与 SAGA 类似，最初 GRASS 主要关注栅格处理，但自 GRASS 6.0 版本以后，它开始添加了高级矢量功能（Bivand et al.，2013）。

我们将介绍 **rgrass**，并讨论地理信息科学中最有趣的问题之一：旅行商问题。该问题假设一个旅行商想要拜访 24 位客户，以家为起点出发，遍及总共有 25 个地点，然后结束旅程，要求方案的总行驶里程最短。这个问题只有一个最优解，但即便使用现代计算机，也几乎不可能找到这个最优解（Longley，2015）。在这个问题中，可能的解的数量有（25-1)!/2 个，即 24 的阶乘除以 2（因为我们不区分前进或后退的方向）。即使每次迭代只需 1ns，这仍然相当于 9837145 年。幸运的是，有一些巧妙的、几乎最优的解决方案，可以在相对较短的时间内得到。GRASS GIS 提供了其中一种解决方案（更多详情请参见 v.net.salesman$^{\ominus}$）。在我们的应用案例中，我们希望找到伦敦街头前 25 个自行车站（而不是客户）之间的最短路径，并且我们简单地假设第一个自行车站就是旅行商的家。

```
data("cycle_hire",package = "spData")
points = cycle_hire[1:25,]
```

除了自行车租赁点数据，我们还需要伦敦的 OpenStreetMap 数据。我们可以使用 **osmdata** 包来下载它（详见 7.2 节）。我们将街道网络数据（在 OSM 中称为"highway"）的下载范围，限制在自行车租用数据的边界框中，并加载相应的数据，转成 sf 对象。osmdata_sf() 返回一个包含多个空间对象（点、线、多边形等）的列表。在这里，我们只保留线对象。OpenStreetMap 对象包含许多列，streets 数据集有将近 500 列。而我们实际上只关心几何列。不过我们仍保留了一个属性列；否则，在尝试仅提供几何对象给 writeVECT() 时，会遇到问题（参考下文以及 ?writeVECT 以获取更多详细信息）。请记住，几何列是"黏性的（sticky）"，因此，即使我们只选择一个属性，几何

列也会被返回（参考 2.2.1 节）。

```
library(osmdata)
b_box = st_bbox(points)
london_streets = opq(b_box) %>%
  add_osm_feature(key = "highway") %>%
  osmdata_sf() %>%
  `[[`("osm_lines")
london_streets = dplyr::select(london_streets, osm_id)
```

为了方便读者，可以使用 data("london_streets", package = "spDataLarge") 将 london_streets 加载到全局环境中。

现在已经准备好了数据，接下来我们可以开始创建 GRASS 会话，也就是说，我们需要创建一个 GRASS 空间数据库。GRASS 空间数据库系统基于 SQLite 构建，因此，不同的用户可以轻松地在同一个项目上工作，可能具有不同的读写权限。然而，对于习惯于单击鼠标即可弹出 GIS 图形界面的用户来说，这个过程可能一开始有点令人畏惧。

首先，GRASS 数据库需要设置自己的目录，其中包含一个 location[⊖]（参考 GRASS GIS Database[⊜]帮助页面，获取更多信息，也可以查看 grass.osgeo.org[⊖]）。location 实际上是为一个项目存储地理数据的地方。在一个 location 内，可以存在多个 mapset^⑭，通常对应不同的用户。PERMANENT 是一个强制存在的 mapset，在每个 location 中都会被自动创建。它存储了栅格数据的投影、空间范围和默认分辨率。为了与项目中的所有用户共享地理数据，数据库所有者可以将空间数据添加到 PERMANENT mapset 中。请参考 Neteler and Mitasova（2008）和 GRASS GIS 快速入门^⑤以获取有关 GRASS 空间数据库系统的更多信息。

如果想要从 R 语言内使用 GRASS，你需要设置一个 location 和一个 mapset。首先，我们需要查找计算机上是否安装了 GRASS 7 以及其安装位置。

```
library(link2GI)
link = findGRASS()
```

⊖ location 是 GRASS 中的一个术语概念，表示包含 mapset 的目录。同一个 location 内的数据有相同的坐标系统。——译者注

⊜ https://grass.osgeo.org/grass77/manuals/grass_database.html。

⊖ https://grass.osgeo.org/grass77/manuals/index.html。

⑭ mapset 是 GRASS 中的一个术语概念，其中包含实际的地理数据。——译者注

⑤ https://grass.osgeo.org/grass77/manuals/helptext.html。

　　link 是一个 data.frame，其中的行包含了计算机上的 GRASS 7 安装位置。在这里，我们将使用返回的第一个安装路径。如果你还没有在计算机上安装 GRASS 7，建议你现在安装。假设你的计算机上已经找到了一个可用的安装路径，我们将在 initGRASS 中使用相应的路径。此外，我们指定了空间数据库的存储位置（gisDbase），给 location 命名为 london，并使用 PERMANENT 地图集。

```
library(rgrass)
# 寻找 GRASS 7 的安装路径，并使用第一个
ind = grep("7", link$version) [1]
# 如果要使用由 OSGeo4W 安装的 GRASS，需要添加环境变量路径到 PATH 中。
link2GI::paramGRASSw(link[ind, ])
grass_path =
  ifelse(test = !is.null(link$installation_type) &&
           link$installation_type[ind] == "osgeo4W",
         yes = file.path(link$instDir[ind], "apps/grass", link$version[ind]),
         no = link$instDir)
initGRASS(gisBase = grass_path,
          # 在基于 UNIX 的系统下，需要指定 "home" 参数。
          home = tempdir(),
          gisDbase = tempdir(), location = "london",
          mapset = "PERMANENT", override = TRUE)
```

　　随后，我们定义投影、范围和分辨率。

```
execGRASS("g.proj", flags = c("c", "quiet"),
          proj4 = st_crs(london_streets) $proj4string)
b_box = st_bbox(london_streets)
execGRASS("g.region", flags = c("quiet"),
          n = as.character(b_box["ymax"]), s = as.character(b_box["ymin"]),
          e = as.character(b_box["xmax"]), w = as.character(b_box["xmin"]),
          res = "1")
```

　　一旦你熟悉了如何设置 GRASS 环境，一次又一次的设置可能会变得乏味。幸运的是，**link2GI** 包的 linkGRASS7() 函数可以让你用一行代码来完成这项工作。你唯一需

要提供的是一个空间对象,用于确定空间数据库的投影和范围。首先,linkGRASS7() 会查找计算机上的所有安装的 GRASS。由于我们已经将 ver_select 设置为 TRUE,因此我们可以交互地选择其中一个找到的 GRASS。如果只安装了一个 GRASS,linkGRASS7() 会自动选择它。接下来,linkGRASS7() 会建立与 GRASS 7 的连接。

```
link2GI::linkGRASS7(london_streets,ver_select = TRUE)
```

在使用 GRASS 地理算法之前,可以使用 writeVECT() 函数将数据添加到 GRASS 的空间数据库中(对于栅格数据,请使用 writeRast())。在我们的案例中,我们添加了街道和自行车租赁点数据,同时只使用第一个属性列,并将它们命名为 london_streets 和 points。请注意,我们需要先将 **sf** 对象转换为 Spatial* 类的对象。未来,**rgrass** 也将直接支持 **sf** 对象。

```
writeVECT(SDF = as(london_streets,"Spatial"),vname = "london_streets")
writeVECT(SDF = as(points[,1],"Spatial"),vname = "points")
```

为了进行网络分析,我们需要一个拓扑干净的街道网络。GRASS 的 v.clean 负责去除重复、小角度和悬挂的线段等问题。在这里,我们在每个交叉口处断行,以确保后续的路径算法可以在交叉路口转弯,并将输出保存在名为 streets_clean 的 GRASS 对象中。可能会有一些自行车租赁点并不位于街道段上,然而,为了找到它们之间的最短路径,我们需要将它们连接到最近的街道段上。v.net 的 connect 操作正是做这件事的,我们将其输出保存在 streets_points_con 中。

```
# 清洗街道网络
execGRASS(cmd = "v.clean",input = "london_streets",output = "streets_clean",
          tool = "break",flags = "overwrite")
# 连接街道网络
execGRASS(cmd = "v.net",input = "streets_clean",output = "streets_points_con",
          points = "points",operation = "connect",threshold = 0.001,
          flags = c("overwrite","c"))
```

清洗后的数据集作为 v.net.salesman 算法的输入,该算法最终找到了所有自行车租赁站之间的最短路径。center_cats 需要一个数值范围作为输入,这个范围表示应计算最短路径的点。由于我们希望计算所有自行车站的路径,我们将其设置为 1~25。要访问旅行商算法的 GRASS 帮助页面,可以运行 execGRASS("g.manual",entry = "v.net.salesman")。

```
execGRASS(cmd = "v.net.salesman",input = "streets_points_con",
          output = "shortest_route",center_cats = paste0("1-",nrow(points)),
          flags = c("overwrite"))
```

为了可视化我们的结果，可以将输出图层导入 R 语言，将其转换为一个 sf 对象，并只保留几何信息，然后使用 **mapview** 包进行可视化（见图 9.3 和 8.4 节）。

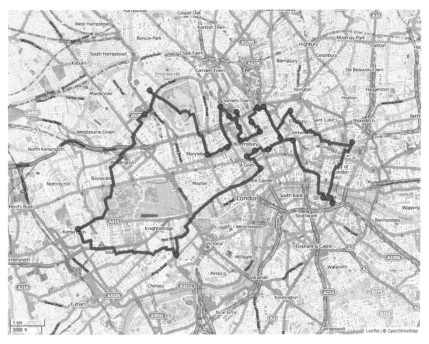

图 9.3　伦敦 OSM 街道网络上 24 个自行车租赁站之间的最短路径（深色线）

```
route = readVECT("shortest_route") %>%
  st_as_sf() %>%
  st_geometry()
mapview::mapview(route,map.types = "OpenStreetMap.BlackAndWhite",lwd = 7) +
  points
```

额外说明：

● 请注意，我们使用了基于 SQLite 的 GRASS 空间数据库来加快处理速度。这意味着只需要在开始时导出地理数据，然后在结束时将最终结果导入成 R 对象。要查看当前可用的数据集，请运行 execGRASS("g.list",type = "vector,raster",flags = "p")。

● 我们还可以从 R 语言内部访问已存在的 GRASS 空间数据库。在将数据导入 R 语言之前，你可能需要进行一些（空间）子集操作。对于矢量数据，请使用 v.select 和 v.extract。db.select 允许你选择矢量图层的属性表的子集，而不返回相应的几何信息。

● 你还可以在运行中的 GRASS 会话内启动 R 语言［更多信息，请参考 Bivand et al.（2013）］和这个 wiki[⊖]。

● 参考优秀的 GRASS 在线帮助[⊖]或运行 execGRASS("g.manual", flags ="i") 以获取有关每个可用的 GRASS 地理算法的更多信息。

● 如果你想要在 R 语言内部使用 GRASS 6，请使用 R 语言包 **spgrass6**。

9.5　技术选型

选择哪种 R-GIS 接口并不容易，因为它取决于个人喜好、手头的任务以及你对不同 GIS 软件包的熟悉程度，而后者又可能与你的研究领域有关。正如之前提到的，SAGA 在快速处理大型（高分辨率）栅格数据集方面表现出色，常常被水文学家、气象学家和土壤科学家所使用（Conrad et al.，2015）。另一方面，GRASS GIS 是唯一支持基于拓扑的空间数据库的 GIS，在网络分析和模拟研究方面尤为实用（见下文）。相比之下，QGIS 对用户更加友好，特别适合初次接触 GIS 的用户，可能是最受欢迎的开源 GIS。因此，对于大多数使用情境来说，**qgisprocess** 都是一个明智的选择。它的主要优势包括：

● 统一多个 GIS 访问接口，提供了超过 1000 个地理算法（见表 9.1）。其中包括一些重复的功能，例如，QGIS、SAGA 或 GRASS 都可以使用地理算法来执行叠加（overlay）操作。

● 自动数据格式转换。举例来说，SAGA 使用 .sdat 栅格文件，GRASS 使用自己的数据库格式，但 QGIS 会在使用时自动进行相应的格式转换。

● **qgisprocess** 还可以处理存储在 R 语言中的空间对象，作为地理算法的输入。

● 它提供了方便的功能，支持 R 语言命名参数和自动获取默认值。注意，这两个功能都是受到 **rgrass** 的启发。

⊖ https://grasswiki.osgeo.org/wiki/R_statistics/rgrass。
⊖ https://grass.osgeo.org/grass77/manuals/。

当然，某些情况下，你肯定应该选择其中一个特定的 R-GIS 接口工具。虽然 QGIS 是唯一提供统一接口以连接多个 GIS 软件包的，但它只提供了对应第三方地理算法的一部分［有关更多信息，请参考 Muenchow et al.（2017）］。因此，如果要使用完整的 SAGA 和 GRASS 功能，最好还是使用 **RSAGA** 和 **rgrass**。在这种情况下，可以充分利用 **RSAGA** 提供的众多用户友好的功能。还要注意，**RSAGA** 提供了用于地理计算的原生 R 函数，如 `multi.local.function()`、`pick.from.points()` 等。**RSAGA** 支持的 SAGA 版本要比（R）QGIS 多得多。最后，如果需要拓扑正确的数据或者空间数据库管理功能，比如多用户访问，我们建议使用 GRASS。此外，如果想借助空间数据库来进行模拟（Krug et al.，2010），最好直接使用 **rgrass**，因为 **qgisprocess** 每次调用都会启动一个新的 GRASS 会话。

需要注意的是，还有许多其他 GIS 软件包具有脚本接口，但没有专门的 R 软件包可以与它们连接，包括 gvSig、OpenJump、Orfeo Toolbox 和 TauDEM。

9.6　其他接口

本章的主题是介绍 R 语言与桌面 GIS 软件的接口。我们特别强调这些接口，是因为专用 GIS 软件是了解地理数据的常见途径，也因此成为理解这一领域的入口。此外，它们还提供了访问许多地理算法的途径。

其他接口包括与空间库的接口（9.6.1 节展示了如何从 R 语言中访问 GDAL CLI）、与空间数据库的接口（参阅 9.6.2 节）以及与 Web 地图服务的接口（参阅第 8 章）。这一节仅展示了其中一小部分。得益于 R 语言的灵活性，它可以从系统中调用其他程序，也可以与其他编程语言（尤其是通过 **Rcpp** 和 **reticulate**）集成，还有许多调用其他应用程序和编程语言的可能。我们的目标不是介绍所有的可能性，而是如何以不同方式演示命令行的"灵活和强大"，印证本章开头引用 Sherman（2008）的内容。

9.6.1　GDAL 接口

正如在第 7 章中所讨论的，GDAL 是一个底层库，支持多种地理数据格式。GDAL 非常高效，以至于大多数 GIS 程序的地理数据读写都依赖于它，而不是重新发明轮子，编写定制的读写代码。但是，GDAL 提供的不仅仅是数据读写。它还提供了地理处理工具[⊖]，可以处理矢量和栅格数据，生成瓦片[⊖]用于在线栅格服务，还有对矢量数据的快速栅格化功能[⊖]，所有这些功能都可以通过 R 命令来访问。

下面的示例展示了这一功能：linkGDAL() 会搜索计算机上是否已安装 GDAL，并将可执行文件的位置添加到 PATH 变量中，以便可以调用 GDAL。在下面的示例中，ogrinfo 用于提供有关矢量数据集的元数据：

```
link2GI::linkGDAL()
cmd = paste("ogrinfo-ro-so-al", system.file("shape/nc.shp", package = "sf"))
system(cmd)
#> INFO: Open of 'C:/Users/geocompr/Documents/R/win-library/3.5/sf/shape/
nc.shp'
#>     using driver 'ESRI Shapefile' successful.
#>
#> Layer name: nc
#> Metadata:
#>   DBF_DATE_LAST_UPDATE=2016-10-26
#> Geometry: Polygon
#> Feature Count: 100
#> Extent: (-84.323853, 33.881992) - (-75.456978, 36.589649)
#> Layer SRS WKT:
#>...
```

这个示例可能很简单，但它演示了如何不依赖其他包，仅通过系统命令行调用 GDAL，得到与 rgdal::ogrInfo() 相同的结果。**link2gi** 提供的与 GDAL 的"连接"可以作为从 R 语言或系统终端执行调用 GDAL 功能的基础。^⑭ TauDEM（http://hydrology.usu.edu/taudem/taudem5/index.html）和 Orfeo Toolbox（https://www.orfeo-toolbox.org/）是其他提供命令行界面的空间数据处理工具。在撰写本书时，似乎只有 R-Forge（https://r-forge.r-project.org/R/?group_id=956）上有一个 R/TauDEM 接口的开发版本。总之，上述示例展示了如何在 R 语言中通过系统命令行访问这些库，以此为起点，可以用开发新的 R 语言包的形式，来创建调用这些库的接口。

⊖ http://www.gdal.org/pages.html。
⊖ https://www.gdal.org/gdal2tiles.html。
⊖ https://www.gdal.org/gdal_rasterize.html。
⑭ 另外，需要注意的是 **RSAGA** 包使用命令行界面在 R 语言中调用 SAGA 地理算法（参阅 9.3 节）。

不过，在开始开发新的 R 语言包之前，有必要意识到现有的 R 语言包的强大功能，而且要知道 system() 调用可能不是跨平台的（在某些计算机系统上可能会失败）。此外，**sf** 通过 **Rcpp** 提供的 R/C++ 接口将 GDAL、GEOS 和 PROJ 提供的大部分功能引入了 R 语言，避免了使用 system() 调用。

9.6.2　空间数据库接口

空间数据库管理系统（spatial DBMS）以结构化的方式存储空间和非空间数据。它们能够通过独特的标识符（主键和外键）以及隐含的空间关联（比如空间连接）将庞大的数据集组织成相关的表格（实体）。这一功能非常有用，因为地理数据集常常在很短时间内会变得庞大且难以处理。数据库能够基于空间和非空间字段，高效地存储和查询大型数据集，同时支持多用户访问和空间数据的拓扑处理。

最著名的开源空间数据库是 PostGIS（Obe and Hsu，2015）。⊖直接将 GB 级别的数据读入内存，很可能会导致 R 会话崩溃。因此 R 语言与空间数据库管理系统的桥接很重要，尤其是在访问大型数据存储的情况下。本节其余部分将展示如何从 R 语言中调用 PostGIS，这是基于 *PostGIS in Action*，*Second Edition* 中的 "Hello real world" 示例（Obe and Hsu，2015）⊖。

后续的代码需要稳定的互联网连接，因为我们将访问托管在 QGIS Cloud（https：//qgiscloud.com/）上的 PostgreSQL/PostGIS 数据库。⊖

```
library(RPostgreSQL)
conn = dbConnect(drv = PostgreSQL(),dbname = "rtafdf_zljbqm",
                 host = "db.qgiscloud.com",
                 port = "5432",user = "rtafdf_zljbqm",
                 password = "d3290ead")
```

首要问题通常是："数据库中有哪些表格？"。这个问题可以使用以下方法回答（答案是 5 个表格）：

⊖ SQLite/SpatiaLite 也很重要，不过需要注意的是，由于 GRASS 在背后使用了 SQLite（详见 9.4 节），我们其实已经隐含介绍了它。

⊖ 感谢 Manning Publications、Regina Obe 和 Leo Hsu 允许我们使用此示例。

⊖ QGIS Cloud 允许你在云端存储地理数据和地图。在幕后，它使用了 QGIS Server 和 PostgreSQL/PostGIS。这样，读者无须在本地计算机上安装 PostgreSQL/PostGIS，也能够按照 PostGIS 示例进行操作。感谢 QGIS Cloud 团队提供了此示例的托管服务。

```
dbListTables(conn)
#> [1] "spatial_ref_sys" "topology"        "layer"        "restaurants"
#> [5] "highways"
```

我们只关注 restaurants 和 highways 这两个表格。前者涵盖了美国的快餐餐厅位置，后者记录了美国的高速公路。要了解表中可用的属性，可以运行：

```
dbListFields(conn,"highways")
#> [1] "qc_id"        "wkb_geometry" "gid"        "feature"
#> [5] "name"         "state"
```

第一个查询将从马里兰（Maryland，MD）选择美国 1 号公路（US Route 1）。注意，给 st_read() 提供一个数据库的连接和一条查询语句，它可以读取数据库中的地理数据。此外，st_read() 需要知道哪一列代表地理信息（在这个例子中是 wkb_geometry）。

```
query = paste(
  "SELECT*",
  "FROM highways",
  "WHERE name = 'US Route 1'AND state = 'MD';")
us_route = st_read(conn,query = query,geom = "wkb_geometry")
```

上述代码生成一个名为 us_route 的 **sf** 对象，类型为 sfc_MULTILINESTRING。下一步是在所选的高速公路周围添加一个 20mile（1mile=1609.344m）的缓冲区（相当于 1609m 的 20 倍）（见图 9.4）。

```
query = paste(
  "SELECT ST_Union(ST_Buffer(wkb_geometry,1609*20))::geometry",
  "FROM highways",
  "WHERE name = 'US Route 1' AND state = 'MD';")
buf = st_read(conn,query = query)
```

需要注意的是，这是一条空间查询语句，其中使用的函数 [ST_Union()、ST_Buffer()] 你应该已经很熟悉，因为在 **sf** 包中也可以找到它们，尽管在 **sf** 包中是用的小写字符［st_union()、st_buffer()］。事实上，**sf** 包的函数名称很大程度上遵循了 PostGIS 的命名约定。[⊖]最后一个查询将在缓冲区内查找所有的 Hardee 餐厅（HDE）（见图 9.4）。

```
query = paste(
  "SELECT r.wkb_geometry",
  "FROM restaurants r",
  "WHERE EXISTS (",
  "SELECT gid",
  "FROM highways",
  "WHERE",
  "ST_DWithin(r.wkb_geometry,wkb_geometry,1609 * 20) AND",
  "name = 'US Route 1' AND",
  "state = 'MD' AND",
  "r.franchise = 'HDE');",
)
hardees = st_read(conn,query = query)
```

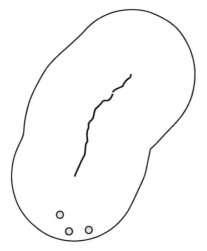

扫码看彩图

图 9.4　PostGIS 命令的输出结果的可视化（黑线表示高速公路，浅黄色为缓冲区，浅蓝点表示 3 个缓冲区内的餐厅）

如需详细了解空间 SQL 查询，请参阅 Obe and Hsu（2015）。最后，按照以下方式

⊖　前缀 st 代表空间 / 时间（space/time）。

关闭数据库连接是一个良好的习惯：[○]

```
RPostgreSQL::postgresqlCloseConnection(conn)
```

与 PostGIS 不同，**sf** 仅支持空间矢量数据。要查询和处理存储在 PostGIS 数据库中的栅格数据，可以使用 **rpostgis** 软件包（Bucklin and Basille，2018），或者使用命令行工具，比如 `rastertopgsql`，它是 PostGIS 安装的一部分。

这一节只是对 PostgreSQL/PostGIS 的简要介绍。不过，我们非常鼓励将地理和非地理数据存储在空间数据库管理系统中，只将那些需要进一步（地理）统计分析的部分数据加载到 R 语言的全局环境中。如果想对前文的 SQL 查询有更深的理解，或者想获取 PostgreSQL/PostGIS 更全面的介绍，请参阅 Obe and Hsu（2015）。作为一个开源空间数据库，PostgreSQL/PostGIS 是一个强大的选择。轻量级的 SQLite/SpatiaLite 数据库引擎以及在后台使用 SQLite 的 GRASS（见 9.4 节）也同样值得尝试。

最后需要指出的是，如果你的数据对于 PostgreSQL/PostGIS 来说也过于庞大，并且需要大规模的空间数据管理和查询性能，那么下一个合理的方案是使用分布式计算系统上的大规模地理查询，例如 GeoMesa（http：//www.geomesa.org/）和 GeoSpark（http：//geospark.datasyslab.org/；Huang et al.2017）[○]。

9.7　练习

1）利用 **sf** 包中的功能（参考第 2 章），创建两个重叠的多边形，分别称为 `poly_1` 和 `poly_2`。

2）使用 `st_union()` 和 `native：union` 来聚合 `poly_1` 和 `poly_2`。这两种聚合操作的结果有何区别？如何使用 **sf** 包来获得与 QGIS 相同的结果？

3）利用以下工具来计算 `poly_1` 和 `poly_2` 的交集：

- **qgisprocess**、**RSAGA** 和 **rgrass**；
- **sf** 包。

4）加载数据：`data(dem, package = "qgisprocess")` 和 `data(random_points, package = "qgisprocess")`。从 `random_points` 中随机选择一个点，并查找从该

点能够看到的所有 dem 像素（提示：视域分析）。对结果进行可视化，例如，绘制山坡阴影，然后叠加数字高程模型、视域输出和该点。另外，尝试使用 mapview 进行可视化。

5）利用 **RSAGA**（参考 9.3 节），计算 data("dem", package ="qgisprocess") 的集水区域和集水坡度。

6）选择一个磁盘上存储的栅格文件，通过系统调用，使用 gdalinfo 查看该文件的信息（参考 9.6.1 节）。

7）在本章介绍的 QGIS Cloud 中的 PostgreSQL/PostGIS 数据库中，查询所有加利福尼亚州（Californian）的高速公路（参考 9.6.1 节）。

第10章

脚本、算法和函数

前提要求

本章主要使用基本的 R 语言，并使用 **sf** 包来验证即将开发的算法。本章假设你已经了解第 2 章中介绍的地理数据类型，以及如何用各种文件格式读写地理数据（参阅第 7 章）。

10.1　导读

第 1 章中提到，地理计算不仅需要现有的工具，还需要开发一些新程序，这些新程序通常以"可分享的 R 脚本和函数"的形式呈现。本章教授如何构建这些可重复执行的代码块，并引入一些第 9 章会使用到的底层几何算法。通过阅读本章，你将进一步了解算法机制，并学习如何高效编写可复用的代码。然而，本章不能帮你成为娴熟的程序员。编程本身是一项具有挑战性的任务，还需要大量额外的练习（Abelson et al.，1996）：

要充分理解并欣赏编程本身是一种智力活动，你必须深入实践计算机编程；你需要亲自阅读和编写大量的计算机程序。

学习编程是非常有必要的。[⊖]可复现的优势不仅仅在于让他人能够复现你的工作：可重复运行的代码通常在计算效率、可扩展性和可维护性等方面都优于仅能运行一次的代码。

脚本是可重复执行的 R 代码的基本形式，在 10.2 节中会详细介绍。而如 10.3 节所述，算法是一系列按照特定步骤来处理输入数据，最后产生输出结果的方法。为了便于分享和可复现，可以将算法封装成函数，函数会在 10.4 节进一步详细介绍。这里用一个查找多边形质心的示例将这些概念串联在一起。第 5 章已经介绍了计算质心的函数 st_centroid()，但这个例子强调了看似简单的操作是如何由相对复杂的代码产生的，这印证了以下观察（Wise，2001）：

空间数据问题最令人着迷的一点是，对人类来说看似微不足道的事情，在计算机上可能会出奇地困难。

这个示例也反映了本章的第二个目标，正如 Xiao（2016）所说："不是为了重复造轮子，而是为了展示现有的东西是如何工作的"。

10.2　脚本

如果把分散在各个包中的函数看作是 R 代码的组件，那么脚本则是连接这些组件、按照逻辑顺序排列它们的纽带。脚本可以构建出可复现的工作流程。对于编程初学者来说，脚本可能听起来令人望而生畏，但它们实际上只是纯文本文件，文件的扩展名通常表示执行脚本的编程语言。R 脚本的扩展名通常是 .R，文件名则反映脚本的功能。比如：10-hello.R 这个文件，是一个位于代码库 code 文件夹中的脚本文件，其中包含以下两行代码：

```
# 目标：提供一个最简单的 R 脚本
print("Hello geocompr")
```

这两行代码可能并不特别激动人心，但它们证明了一个观点：脚本并不需要太复杂。保存的脚本可以通过 source() 调用并完整执行。如下所示，第一行的注释被忽

⊖　本章本身不会教授编程技巧。关于编程的更多信息，推荐阅读 Wickham（2014a）、Gillespie and Lovelace（2016）和 Xiao（2016）。

略，而第二行的命令被执行：

```
source("code/10-hello.R")
#> [1] "Hello geocompr"
```

脚本文件中可以包含什么内容以及不能包含什么内容，没有严格的规定，甚至也没人能阻止你保存有错误、不可重复运行的代码。◯不过，有一些通用的编程规则值得参考：

● 按顺序编写脚本：就像电影剧本一样，脚本应该有明确的顺序，例如"初始化（setup）""数据处理（data processing）"和"保存结果（save results）"（大致相当于电影中的"开始""中间"和"结束"）。

● 在脚本中添加注释可以方便其他人（以及将来的自己）理解。至少，注释应该说明脚本的目的（见图 10.1），而且可以用于分段（对于较长的脚本来说）。例如，在 RStudio 中，可以使用快捷键 Ctrl+Shift+R 创建"可折叠"的代码标签。

● 最重要的是，脚本应该是可重复运行的：能够在任何计算机上运行的独立脚本比只在最理想的情况下才能运行的脚本更有用。这包括在开头附加所需的包、从稳定的数据源（如可靠的网站）读入数据，并确保已经执行了前面的步骤。◯

```
 1    # Aim:take a matrix representing a convex polygon,return its centroid,
 2    # demonstrate how algorithms work
 3
 4    # Pre-requisite:an input object named poly_mat with 2 columns representing
 5    # vertices of a polygon,with 1st and last rows identical:
 6
 7 ▼  if(!exists("poly_mat")) {
 8      message("No poly_mat object provided,creating object representing a 9 by 9
 9      poly_mat = cbind(
10        x = c(0,0,9,9,0),|
11        y = c(0,9,9,0,0)
12        )
13    }
14
15 ▼  # Step 1:create sub-triangles,set-up ---------------------------------
16
17    origin = poly_mat[1, ] # create a point representing the origin
18    i = 2:(nrow(poly_mat) - 2)
19 ▼  T_all = lapply(i,function(x) {
20      rbind(Origin,poly_mat[x:(x + 1),],Origin)
21    )
```

图 10.1　RStudio 中的代码检查（此示例来自脚本 10-centroid-alg.R，
第 19 行未闭合的花括号被高亮显示）

◯ 不包含有效 R 代码的代码行应该被注释掉，在行的开始处添加 #，以防止错误。参见 10-hello.R 脚本的第 1 行。

◯ 可以使用注释或 if 语句引用之前的步骤，例如 if(! exists("x"))source("x.R")（如果对象 x 不存在，则运行脚本文件 x.R）。

提升 R 脚本的可复现性是一件很困难的事情，但有一些工具可以帮到你。默认情况下，RStudio 会对 R 脚本进行 "代码检查"，并用波浪线标记错误的代码，如图 10.1 所示。

提示　　**reprex** 包是一个有用的可重复性工具。其主要函数 reprex() 用于测试 R 代码是否可重复运行，并提供 markdown 输出以方便在 GitHub 等网站上进行交流。有关详细信息，请参阅网页 reprex.tidyverse.org。

本节的内容适用于任何类型的 R 脚本。在处理地理计算的脚本时，通常涉及外部环境依赖，例如在第 9 章中运行代码所需的 QGIS 依赖，也需要特定格式的输入数据。这些依赖关系应该作为注释出现在脚本中或项目的其他地方，如脚本 10-centroid-alg.R⊖中所示。下面可复现的代码示例演示了此脚本的功能，脚本前置依赖于 poly_mat 对象，该对象是一边长为 9 的正方形（将在下一节中具体解释）：⊖

```
poly_mat = cbind(
  x = c(0,0,9,9,0),
  y = c(0,9,9,0,0)
)
source("https://git.io/10-centroid-alg.R")  #短链接
```

```
#> [1] "The area is:81"
#> [1] "The coordinates of the centroid are:4.5,4.5"
```

10.3　几何算法

算法可以看作是计算机中的料理配方。它们是一套完整的指令，给定预期的输入（类似于原料），就会产生有用的（美味的）输出。在我们深入探讨可复现示例之前，下面将简述算法、脚本（在 10.2 节中介绍）以及函数（可用于增强算法的通用性，将

⊖　https://github.com/geocompx/geocompr/blob/1.0/code/10-centroid-alg.R。

⊖　这个示例展示了 source() 与网络链接一起使用的情况（这里使用了短链接），需要联网才能执行。如果没有联网，可以通过在项目的根目录下运行 source("code/10-centroid-alg.R") 来调用相同的脚本。请确保你已经从 https://github.com/geocompx/geocompr 下载了 geocompr 项目。

在 10.4 节介绍）三者之间的关系。

"algorithm" 一词起源于 9 世纪的巴格达（Baghdad），在一本名为 *Hisab al-jabr w'al-muqabala* 的早期数学教科书中介绍。这本书被翻译成拉丁文，变得非常流行，以至于作者的姓氏，al-Khwārizmī ⊖，"被当作科学术语流传至今：Al-Khwarizmi 逐渐演变为 Alchoarismi、Algorismi，最终演变为 algorithm"（Bellos，2011）。⊜在计算时代，算法指的是一系列解决问题的步骤，产生预定义的输出。输入数据的结构也必须有正式的定义（Wise，2001）。算法在代码实现之前，通常以流程图或伪代码的形式呈现，展示出处理过程。为了提高可用性，常见的算法往往被封装在函数内部，这可能会隐藏某些甚至全部的执行步骤（除非查看函数的源代码，参见 10.4 节）。

例如我们在第 9 章中遇到的地理算法（替代术语包括 GIS 算法和几何算法），它的输入通常是地理数据，输出也是地理数据。这听起来可能很简单，但实际上是一个深奥的主题，有一整个学术领域——计算几何学（Computational Geometry），专门致力于其研究（de Berg et al.，2008），也有许多关于该主题的书籍。例如，O'Rourke（1998）用可重复且免费的 C 代码，通过一系列难度递进的几何算法介绍这一领域。

查找多边形的质心是一个几何算法的示例。质心计算有多种方法，其中一些仅适用于特定类型的空间数据⊜。鉴于本节的目的是介绍算法机制，我们选择一种易于可视化的方法：将多边形分解为许多三角形并找到每个三角形的质心，这是 Kaiser and Morin（1993）讨论的质心算法之一［O'Rourke（1998）中也有简单提到该方法］。在编写代码之前，将这种方法进一步分解为独立的任务是有帮助的（随后称为步骤 1 到步骤 4，这些也可以以示意图或伪代码的形式呈现）：

1）将多边形分成连续的三角形。

2）找到每个三角形的质心。

3）求每个三角形的面积。

4）用面积加权，求三角形质心的加权平均值。

这些步骤听起来可能很简单，但将它们转换为可执行的代码需要一些工作和大量的试错，即便问题已经被简化：该算法仅适用于凸多边形（convex polygons），其中不包含大于 180° 的内角，不存在星形（**decido** 和 **sfdct** 包可以使用外部库对非凸多边形进行三角剖分，如 geocompr.github.io 托管的算法⑳文档所示）。

⊖ https://en.wikipedia.org/wiki/Muhammad_ibn_Musa_al-Khwarizmi。

⊜ 这本书的标题也产生了深远的影响，为单词 *algebra* 的创造奠定了基础。——译者注

⊜ https://en.wikipedia.org/wiki/Centroid。

㉔ https://geocompr.github.io/geocompkg/articles/algorithm.html。

最简单的表示多边形的数据结构是一个由 x 和 y 坐标组成的矩阵，其中每一行表示一个顶点，按顺序追踪多边形的边界，且第一行和最后一行是相同的（Wise，2001）。在本例中，我们将不依赖任何 R 包，在 R 语言中创建一个具有 5 个顶点的多边形，基于 GIS Algorithms 中 的 示 例（Xiao，2016，参阅 github.com/gisalgs[⊖]获取 Python 代码），如图 10.2 所示：

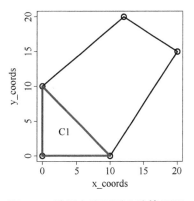

图 10.2　演示多边形质心计算问题

```
#生成一个简单的矩阵,表示多边形的坐标
x_coords = c(10,0,0,12,20,10)
y_coords = c(0,0,10,20,15,0)
poly_mat = cbind(x_coords,y_coords)
```

现在我们有了一个示例数据集，准备进行步骤 1。下面的代码演示了如何通过创建一个单独的三角形（T1）来完成这一步骤；它也演示了步骤 2，即根据公式[⊖] 1/3（$a+b+c$）计算其质心，其中 a 到 c 表示三角形顶点的坐标：

```
#创建原点:
Origin = poly_mat[1,]
#创建"三角矩阵":
T1 = rbind(Origin, poly_mat[2:3,],Origin)
#找到质心( drop = FALSE 保留类型,结果为一个矩阵):
C1 =(T1[1,,drop = FALSE]+ T1[2,,drop = FALSE]+ T1[3,,drop = FALSE]) /3
```

步骤 3 是找到每个三角形的面积，从而进行加权平均，以平衡不同大小的三角形的影响。计算三角形面积的公式如下（Kaiser and Morin，1993）：

$$\frac{Ax(By-Cy)+Bx(Cy-Ay)+Cx(Ay-By)}{2}$$

其中 A 至 C 是三角形的三个点，x 和 y 表示两轴的坐标。将这个公式转换成 R 代码，处理三角形"T1"的矩阵表示中的数据，如下所示（函数 abs() 确保结果为正数）：

```
#计算 T1 矩阵对应的三角形面积
abs(T1[1,1] * (T1[2,2] - T1[3,2]) +
  T1[2,1] * (T1[3,2] - T1[1,2]) +
```

⊖　https://github.com/gisalgs/geom。

⊖　https://math.stackexchange.com/q/1702595/。

```
T1[3,1] * (T1[1,2] - T1[2,2])) /2
#> [1]50
```

这个代码块输出了正确的结果。○问题在于代码臃肿，如果我们想在另一个三角形矩阵上运行它，就必须重新输入所有代码。我们将在 10.4 节中看到如何将它转化为一个函数，使其更具有通用性。

执行步骤 4 之前需要对所有三角形执行步骤 2 和步骤 3，而不仅仅是在一个三角形上（如上所示）。这需要迭代以创建表示多边形的所有三角形，如图 10.3 所示。R 语言中的 lapply() 和 vapply() 提供了简洁的方案，可用于在每个三角形上进行迭代：○

```
i = 2:(nrow(poly_mat) -2)
T_all = lapply(i,function(x) {
  rbind(Origin,poly_mat[x:(x + 1),],Origin)
})
C_list = lapply(T_all,function(x) (x[1,] + x[2,] + x[3,]) /3)
C = do.call(rbind,C_list)

A = vapply(T_all,function(x) {
  abs(x[1,1] * (x[2,2] - x[3,2]) +
      x[2,1] * (x[3,2] - x[1,2]) +
      x[3,1] * (x[1,2] - x[2,2])) /2
  },FUN.VALUE = double(1))
```

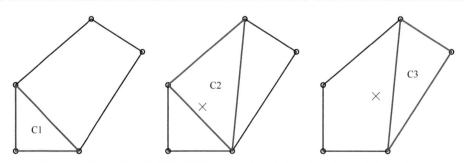

图 10.3　基于三角形的迭代质心算法（×表示迭代 2 和 3 中面积加权的质心）

○　可以用以下公式验证结果（假设有一个水平的底边）：面积是底边宽度乘以高度的一半，$A=B*H/2$。在这个例子中，$10 \times 10/2=50$。

○　查看 ?lapply 文档，有关迭代的更多信息，参见第 13 章。

现在可以进行步骤 4，使用 sum(A) 计算总面积，并使用 weighted.mean(C[,1],A) 和 weighted.mean(C[,2],A) 计算多边形的质心坐标（读者练习：验证这些命令是否有效）。为了演示算法和脚本之间的联系，本节的代码已经保存到 10-centroid-alg.R 中。在 10.2 节的末尾，我们看到了这个脚本是如何计算正方形的质心的。将算法编写成脚本的好处在于它可以用于新的 poly_mat 对象（参见下面的练习，使用 st_centroid() 验证这些结果）：

```
source("code/10-centroid-alg.R")
#>[1] "The area is:245"
#>[1] "The coordinates of the centroid are:8.83,9.22"
```

上面的示例表明，可以使用基本的 R 代码从最基本的原理出发，开发底层地理算法。但如果已经存在经过验证的解决方案，那么重新发明轮子可能不值得。如果我们的目标仅是找到多边形的质心，将 poly_mat 表示为 **sf** 对象并使用现有的 sf::st_centroid() 函数将更加快捷。然而，从第一性原理编写算法的巨大好处在于，你能理解整个过程的每个步骤，这在使用其他人的代码时无法保证。另一个考虑因素是性能：与底层语言（如 C++）相比，R 语言在数值计算方面可能较慢（参阅 1.3 节），而且优化难度较大。如果目标是开发新方法，那么计算效率不应是首要考虑因素。这是编程中的一句名言："过早的优化是所有邪恶的根源（或至少是大部分）"（Knuth，1974）。

算法开发本身难度不小。从我们使用 R 语言开发一个计算质心的算法的过程中，很明显能感受到这一点。虽然耗费了很大精力，但它并不够高效，而且在现实世界中的应用价值有限（实践中凸多边形并不常见）。这种经验会让人更加感激底层地理库（如支持 sf::st_centroid() 的 GEOS 和计算几何算法库 CGAL）的出现，它们不仅运行速度快，而且适用于各种输入类型。这类开源库的一个重要优势在于它们的源代码是公开可用的，可供学习、理解和修改（对于有能力和信心的人）。⊖

⊖ **CGAL** 函数 CGAL::centroid() 由 7 个子函数组成，如 https://doc.cgal.org/latest/Kernel_23/group__centroid__grp.html 中所述，使得它适用于各种输入数据类型，而我们创建的解决方案仅适用于非常特定的输入类型。支持 GEOS 函数 Centroid::getCentroid() 的源代码可以在 https://github.com/libgeos/geos/search?q=getCentroid 中找到。

10.4 函数

与算法类似，函数接受输入并返回输出。然而，函数是指特定编程语言中的实现，而不是"配方"本身。在 R 语言中，函数是独立的对象，可以以模块化的方式创建和组合在一起。例如，我们可以创建一个函数来执行质心算法的步骤 2，如下所示：

```
t_centroid = function(x) {
  (x[1,] + x[2,] + x[3,]) /3
}
```

上述示例演示了函数⊖的两个关键组成部分：①函数主体，即花括号内的代码，定义了函数如何处理输入；②形式参数，即函数处理的参数列表——在本例中是 x（第三个关键组件，即环境，超出了本节的范围）。默认情况下，函数返回最后计算的对象（在 t_centroid() 函数的例子中是质心的坐标）⊖。

现在，该函数可以处理你传递给它的任何输入，如下面的命令所示，该命令计算了上一节的示例多边形中第一个三角形的质心（见图 10.3）：

```
t_centroid(T1)
#> x_coords y_coords
#>    3.33     3.33
```

我们还可以创建一个计算三角形面积的函数，将其命名为 t_area()：

```
t_area = function(x) {
  abs(
    x[1,1] * (x[2,2] - x[3,2]) +
    x[2,1] * (x[3,2] - x[1,2]) +
    x[3,1] * (x[1,2] - x[2,2])
  ) /2
}
```

⊖ https://adv-r.hadley.nz/functions.html。
⊖ 你还可以把 return(output) 添加到函数的主体中，其中 output 是要返回的结果，明确设置函数的输出。

　　请注意，在函数创建后，可以用一行代码计算三角形的面积，避免冗长代码的重复：函数是一种泛化代码的机制。新创建的函数 t_area() 接受任何对象 x，并返回其面积，只要它的维度与我们一直使用的"三角形矩阵"的数据结构的维度相同。下面的代码使用 T1 进行演示：

```
t_area(T1)
#> [1]50
```

　　为了测试该函数的通用性，我们可以使用它来计算新三角形矩阵的面积，该矩阵的高度为 1，底边为 3：

```
t_new = cbind(x = c(0,3,3,0),
              y = c(0,0,1,0))
t_area(t_new)
#>   x
#> 1.5
```

　　函数的一个有用特性是它们是模块化的。只要你知道输出是什么，一个函数就可以作为另一个函数的组件使用。因此，函数 t_centroid() 和 t_area() 可以作为更大函数的子组件使用，用于实现脚本 10-centroid-alg.R 的功能：计算任何凸多边形的面积。下面的代码块创建了函数 poly_centroid()，模拟了 sf::st_centroid() 对凸多边形的处理⊖：

```
poly_centroid = function(x) {
  i = 2: (nrow(x) -2)
  T_all = lapply(i,function(x) {
   rbind(Origin,poly_mat[x:(x + 1),],Origin)
  })
  C_list = lapply(T_all,t_centroid)
  C = do.call(rbind,C_list)
  A = vapply(T_all,t_area,FUN.VALUE = double(1))
  c(weighted.mean(C[,1],A),weighted.mean(C[,2],A))
}
```

⊖　注意，我们创建的函数，在 lapply() 和 vapply() 函数执行过程中被迭代调用。

```
poly_centroid(poly_mat)
#>[1] 8.83 9.22
```

诸如 `poly_centroid()` 的函数还可以进一步扩展，以提供不同类型的输出。例如，为了将结果作为 sfg 类的对象返回，可以使用一个"包装"函数在返回结果之前修改 `poly_centroid()` 的输出：

```
poly_centroid_sfg = function(x) {
  centroid_coords = poly_centroid(x)
  sf::st_point(centroid_coords)
}
```

我们可以验证输出与 sf::st_centroid() 的输出相同，如下所示：

```
poly_sfc = sf::st_polygon(list(poly_mat))
identical(poly_centroid_sfg(poly_mat),sf::st_centroid(poly_sfc))
#> [1] TRUE
```

10.5　编程

在本章中，我们借助算法这一主题，迅速从脚本过渡到函数。不仅在抽象层面上进行了讨论，还创建了解决特定问题的工作示例：

- 引入并演示了脚本 10-centroid-alg.R 在"多边形矩阵"上的应用。
- 把该脚本的功能作为一种算法，描述了工作的各个步骤。
- 为了使算法更加易用，我们将其转化为模块化函数，最终组合起来创建了上一节的函数 poly_centroid()。

单独看每一步都很简单。但编程的技巧在于将脚本、算法和函数结合起来，以一种能够产生高效、稳健且用户友好的工具的方式，让他人也能使用。如果你是新手程序员，与我们预料中的大部分读者一样，能够理解并复现前面部分的结果，就可以被视为一项重要成就。编程只有经过大量专注的学习和实践，才能变得熟练。

我们应当意识到，在希望以高效方式实现新算法的开发人员眼里，这只是创建了一个玩具函数。在当前状态下，poly_centroid() 在大多数（非凸）多边形上都无法正确工作！由此引发的一个问题是：如何扩展该函数？两个选择：①找到将非凸多边形进行三角剖分的方法（在线文章 algorithm[⊖]中涵盖了这一主题）；②探索其他不依赖于三角形网格的质心算法。

一个更广泛的问题是：如果高性能算法已经实现，并且被封装成函数，比如 st_centroid()，是否值得重新造轮子？在这个特定情况下，简单来说答案是"不值得"。在更广泛的背景下，考虑到学习编程的好处，答案是"取决于具体情况"。编程过程中，很容易花费数小时来尝试实现一种方法，却发现别人已经完成了这个艰苦的工作。因此，与其将本章视为迈向几何算法编程高手的第一步，不如将其作为一个经验，了解何时尝试编程以实现通用解决方案，以及何时使用现有的高级解决方案，这样可能会更有成效。毫无疑问，有时编写新函数是最佳路线，但有时使用已经存在的函数才是更好的选择。

我们无法保证你阅读本章后能够迅速为你的工作创建新函数。但我们有信心，本章的内容将帮助你判断何时尝试编写通用解决方案是适当的（当没有其他现有函数解决当前问题，编程任务在你的能力范围内，并且解决方案的好处可能超过开发时间成本时）。迈向编程的第一步可能很慢（完成下面的练习时不要着急），但长期的回报可能是巨大的。

10.6　练习

1）阅读本书对应的 GitHub 存储库的 code 文件夹中的脚本 10-centroid-alg.R[⊖]。

● 它遵循了 10.2 节中介绍的哪些最佳实践？

● 在你的计算机上使用 RStudio 这样的 IDE 创建一个新的脚本文件（最好是用你自己的编码风格和注释方式逐行编码，而不是复制粘贴——这将帮助你学会如何编写脚本）。使用一个正方形的示例 [例如，使用 poly_mat = cbind(x = c(0, 0, 9, 9, 0), y = c(0, 9, 9, 0, 0)] 创建] 逐行执行脚本。

● 有哪些改变可以使脚本更具复现性？

● 如何改进注释和代码，使得更易读？

2）在 10.3 节中，我们计算了 poly_mat 表示的多边形的面积和质心分别是 245 和

⊖　https://geocompr.github.io/geocompkg/articles/algorithm.html。

⊖　https://github.com/geocompx/geocompr/blob/1.0/code/10-centroid-alg.R。——译者注

8.83、9.22。

● 参考 10-centroid-alg.R 脚本中的算法，在你自己的计算机上复现这些结果（手敲命令，尽量避免复制粘贴）。

● 结果正确吗？通过将 poly_mat 转换为 sfc 对象（命名为 poly_sfc）并使用 st_area() 和 st_centroid() 来验证它们［提示：此函数接受 list() 类的对象］。

3）我们创建的算法仅适用于凸包（convex hull）。定义凸包（参见第 5 章）并在一个非凸包的多边形上测试该算法。

● 附加题 1：思考为什么该方法仅适用于凸包，并记录需要对算法进行的更改，以使其适用于其他类型的多边形。

● 附加题 2：在 10-centroid-alg.R 的内容基础上，只使用基础的 R 函数编写一个算法，用于计算以矩阵形式表示的线（LineString）的总长度。

4）在 10.4 节中，我们创建了 poly_centroid() 函数的不同版本，它生成 sfg 类的输出［poly_centroid_sfg()］和类型稳定的 matrix 输出［poly_centroid_type_stable()］。进一步扩展该函数，创建一个新版本［命名为 poly_centroid_sf()］，该版本是类型稳定的（仅接受 sf 类的输入）并且返回 sf 对象（提示：你可能需要使用命令 sf::st_coordinates(x) 将对象 x 转换为矩阵）。

● 通过运行 poly_centroid_sf(sf::st_sf(sf::st_sfc(poly_sfc))) 来验证它的功能。

● 当你尝试运行 poly_centroid_sf(poly_mat) 时，会收到什么错误消息？

第 11 章

统计学习

前提要求

本章假设读者已掌握地理数据分析的技能，通过学习第 2~6 章的内容并完成相关练习。强烈建议读者参考 Zuur et al.（2009）和 James et al.（2013），熟悉广义线性回归和机器学习。

本章采用以下软件包：[一]

```
library(sf)
library(raster)
library(mlr)
library(dplyr)
library(parallelMap)
```

所需的数据会在相应的章节提供。

[一] 需要安装软件包 **kernlab**、**pROC**、**RSAGA** 和 **spDataLarge**，但不需要将它们加载到工作环境中。

11.1 导读

统计学习（Statistical learning）的关注点是利用统计和计算模型来识别数据中的模式，并基于这些模式进行预测。鉴于 R 语言的起源，统计学习是其重要优势之一（详见 1.3 节）。[⊖]统计学习融合了统计学和机器学习的方法，其技术可以分为监督（supervised）学习和非监督（unsupervised）学习两类。这两种技术在物理学、生物学、生态学、地理学和经济学等多个学科中得到越来越广泛的应用（James et al., 2013）。

本章侧重介绍监督学习，与无监督技术（如聚类）不同，监督学习中需要一个带响应变量的训练数据集。响应变量可以是二元的（例如滑坡是否发生）、分类的（土地利用）、整数的（物种丰富度计数）或数值的（以 pH 衡量的土壤酸度）。给定一组观察数据，监督模型对其中的响应变量与一个或多个预测变量之间的关系进行建模。

许多机器学习研究的主要目标是进行准确的预测，与统计 / 贝叶斯推断不同，后者擅长帮助理解数据中的潜在机制和不确定性（参见 Krainski et al., 2018）。在"大数据"时代，机器学习蓬勃发展，因为其方法对输入变量几乎不做任何假设，并且能够处理庞大的数据集。机器学习适用于各种任务，如未来客户行为预测、推荐服务（音乐、电影、下一次购买的商品）、人脸识别、自动驾驶、文本分类和预测性维护（基础设施、工业）。

本章基于一个案例研究：（空间）滑坡的预测。这个应用案例与地理计算的应用性质紧密相连，正如第 1 章所定义的那样。它还展示了当预测是唯一目标时，机器学习是如何从统计学领域借鉴的。因此，本章首先通过广义线性模型（Generalized Linear Model，GLM；Zuur et al., 2009）来介绍建模和交叉验证的概念。在此基础上，本章使用了一种更典型的机器学习算法，即支持向量机（Support Vector Machine，SVM）。通过空间交叉验证（Cross-Validation，CV），评估模型的预测性能，该方法会考虑到地理数据的特殊性。

交叉验证通过将数据集（反复）拆分为训练集和测试集，来确定模型在新数据上的泛化能力。它使用训练集来拟合模型，并对测试集进行预测，以检查其性能。交叉

⊖ 将统计技术应用于地理数据是地质统计学、空间统计学和点模式分析（point pattern analysis）领域的活跃研究课题，已有数十年的历史（Diggle and Ribeiro, 2007; Gelfand et al., 2010; Baddeley et al., 2015）。

验证有助于检测过拟合，因为过于拟合训练数据（包括噪声）的模型在测试集上往往表现不佳。

随机分割空间数据可能导致训练集中的点与测试集中的点在空间中是相邻的。由于空间自相关，这种情况下测试集和训练集的数据不是独立的，结果导致交叉验证无法检测到可能的过拟合。因此，本章的**核心**主题是如何使用空间交叉验证。

11.2　案例研究：滑坡发生的概率

这个案例研究基于厄瓜多尔（Ecuador）南部的滑坡位置的数据集，如图 11.1 所示，Muenchow et al.（2012）中有详细描述。该论文中使用的数据集的子集包含在 **RSAGA** 软件包中，可以按如下方式加载：

```
data("landslides",package = "RSAGA")
```

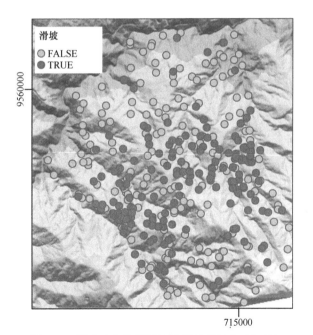

扫码看彩图

图 11.1　厄瓜多尔南部地区的滑坡起始点（红色）
和未受滑坡影响的点（蓝色）

它会加载 3 个对象：一个名为 landslides 的 data.frame，一个名为 dem 的 list，

以及一个名为 study_area 的 sf 对象。landslides 包含一个因子列 lslpts, 其中 TRUE 对应于观测到的滑坡 "起始点", 坐标存储在 x 和 y 列中。⊖

summary(landslides) 显示, 共有 175 个滑坡点和 1360 个非滑坡点。这 1360 个非滑坡点是从研究区域随机采样的, 采样条件是它们必须落在滑坡多边形周围的一个小缓冲区之外。

为了平衡滑坡点和非滑坡点的数量, 我们从 1360 个非滑坡点中随机抽取 175 个。⊖

```
# 选择非滑坡点
non_pts = filter(landslides, lslpts == FALSE)
# 选择滑坡点
lsl_pts = filter(landslides, lslpts == TRUE)
# 随机选择 175 个非滑坡点
set.seed(11042018)
non_pts_sub = sample_n(non_pts, size = nrow(lsl_pts))
# 创建较小的、类别平衡的滑坡数据集（lsl）
lsl = bind_rows(non_pts_sub, lsl_pts)
```

dem 是一个数字高程模型, 包含两个元素: dem$header, 一个表示栅格 "头信息" 的 list（详见 2.3 节）, 和 dem$data, 一个矩阵, 矩阵中元素的值表示海拔。可以通过以下方式将 dem 转换为 raster 对象:

```
dem = raster(
  dem$data,
  crs = dem$header$proj4string,
  xmn = dem$header$xllcorner,
  xmx = dem$header$xllcorner + dem$header$ncols * dem$header$cellsize,
  ymn = dem$header$yllcorner,
  ymx = dem$header$yllcorner + dem$header$nrows * dem$header$cellsize
  )
```

⊖ 滑坡起始点位于滑坡多边形的断崖上。详见 Muenchow et al.（2012）以获取更多详细信息。

⊖ 课程和暑期学校都使用过 landslides 数据集。为了展示在响应变量不平衡且具有高度空间自相关的情况下, 不同算法的预测性能如何变化, 我们随机选择了 1360 个非滑坡点, 即不存在滑坡的点远多于存在滑坡的点。但模型通常期望响应变量中每个类别的数量大致相同, 尤其是本章中使用的带有对数连接（log-link）的逻辑回归（logistic regression）。

为了预测滑坡发生的概率，我们需要一些预测变量，其中地形属性经常与滑坡有关（Muenchow et al.，2012），可以调用 GIS 软件从数字高程模型（dem）计算这些属性（参见第 9 章）。我们把这个任务留给读者作为练习：计算以下地形属性栅格，并将相应的值添加到数据框中（参考练习；在 **spDataLarge** 包中提供了最终结果，见下文）：

- slope：坡度角度（°）。
- cplan：平面曲率（rad/m），表示坡度的汇聚或发散，从而反应水流。
- cprof：剖面曲率（rad/m），是流动加速度的度量，也称为坡度角的下坡变化。
- elev：海拔（m），代表研究区域不同高度带的植被和降水。
- log10_carea：集水区面积的十进制对数（$\log 10 \text{m}^2$），表示流向某地的水量。

spDataLarge 软件包中提供了包含滑坡点和相应地形属性的数据，以及包含地形属性的多层栅格数据。因此，如果你没有自己计算预测变量，请在运行剩余章节的代码之前附加相应的数据：

```
# 加载滑坡点与地形属性数据
data("lsl",package = "spDataLarge")
# 加载地形属性的栅格数据
load("ta.rda")
```

```
data("lsl",package = "spDataLarge")
```

表 11.1 展示了 lsl 的前三行，保留两位有效数字。

表 11.1　lsl 数据集

x	y	lslpts	slope	cplan	cprof	elev	log10_carea
713888	9558537	FALSE	34	0.023	0.003	2400	2.8
712788	9558917	FALSE	39	−0.039	−0.017	2100	4.1
713408	9560307	FALSE	37	−0.013	0.010	2000	3.6

11.3　R 语言中的传统建模方法

mlr 软件包提供了一个统一接口用来调用数十种算法（见 11.5 节），在介绍它之前，值得看一下 R 语言中的传统建模接口。本节对监督统计学习的介绍，为学习空间交叉验证提供了基础，并有助于更好地理解随后介绍的 **mlr** 方法。

监督学习包含用预测变量建立函数和预测响应变量（11.4 节）。在 R 语言中，通常使用公式（formulas）指定建模函数（参见 ?formula 以及 Formulas in R Tutorial⊖了解 R 语言 formulas 的详细信息）。以下命令指定并运行广义线性模型：

```
fit = glm(lslpts ~ slope + cplan + cprof + elev + log10_carea,
        family = binomial(),
        data = lsl)
```

值得理解这 3 个输入参数：

● 预测公式，用于指定响应变量（lslpts）作为预测变量的函数。

● 假设分布族，用于指定模型的类型，这里是 binomial，因为响应是二元的（请参见 ?family）。

● 包含响应变量和预测变量的数据框。

这个模型的结果如下 [summary(fit) 提供了更详细的结果]：

```
class(fit)
#> [1] "glm" "lm"
fit
#>
#> Call:glm(formula = lslpts ~ slope + cplan + cprof + elev + log10_carea,
#>     family = binomial(),data = lsl)
#>
#> Coefficients:
#>(Intercept)      slope        cplan        cprof       elev   log10_carea
#>   2.51e+00   7.90e-02   -2.89e+01  -1.76e+01   1.79e-04   -2.27e+00
#>
#> Degrees of Freedom:349 Total(i.e.Null);  344 Residual
#> Null Deviance:       485
#> Residual Deviance:373    AIC:385
```

模型对象 fit，属于 glm 类，包含响应和预测变量之间拟合公式的系数。它还可以

⊖ https://www.datacamp.com/community/tutorials/r-formula-tutorial。

用于预测。通过通用的 predict() 方法完成，在这个例子中，实际上是调用了函数 predict.glm()。将 type 设置为 response 会返回 lsl 中每个观测值的预测概率（滑坡发生的概率），如下所示（参见 ?predict.glm）：

```
pred_glm = predict(object = fit,type = "response")
head(pred_glm)
#>     1      2      3      4      5      6
#> 0.1901 0.1172 0.0952 0.2503 0.3382 0.1575
```

将系数应用到含有预测变量的栅格数据上，可以输出空间预测结果。这既可以手动实现，也可以使用 raster::predict()。除了模型对象（fit），该函数还需要一个栅格数据，该栅格中的预测变量应当与模型输入数据框中的预测变量有相同的命名（见图 11.2）。

```
#预测
pred = raster::predict(ta,
model = fit,type = "response")
```

在进行预测时，我们忽略了空间自相关，因为假设平均来讲，不论是否有空间自相关性，预测

图 11.2　使用 GLM 预测的滑坡发生概率的空间分布图

准确度保持不变。但有些模型会考虑空间自相关结构（Zuur et al.，2009；Blangiardo and Cameletti，2015；Zuur et al.，2017），有些预测方法也会（kriging 方法，参见 Goovaerts，1997；Hengl，2007；Bivand et al.，2013）。不过这超出了本书的范围。

空间预测图是模型的一个非常重要的输出结果。更重要的是底层模型的预测效果有多好，因为如果模型的预测性能不好，预测图就毫无用处。响应变量属于二项分布时，用于评估模型预测性能的最流行的指标是受试者工作特征曲线下面积（Area Under the Receiver Operator Characteristic Curve，AUROC）。这是一个介于 0.5 和 1.0 之间的值，其中 0.5 表示模型与随机一样糟糕，1.0 表示对两个类别的完美预测。因此，AUROC 值越高，模型的预测能力越好。下面的代码块使用 roc() 计算模型的 AUROC

值，该函数接受响应变量的真实值和预测值作为输入，auc() 返回曲线下面积。

```
pROC::auc(pROC::roc(lsl$lslpts,fitted(fit)))
#> Area under the curve:0.822
```

AUROC 值为 0.82 表示一个良好的拟合。然而，这是一个过于乐观的估计，因为这是在完整的数据集上计算的。要得出一个低偏差的估计，必须使用交叉验证，在空间数据的情况下应该利用空间交叉验证。

11.4　（空间）交叉验证简介

交叉验证属于一种重采样（resampling）方法（James et al.，2013）。其基本思想是将数据集（反复）分为训练集和测试集，其中训练集用于拟合模型，然后将该模型应用于测试集。将预测值与测试集中已知的响应值进行比较（在响应变量属于二项分布时，可以使用像 AUROC 这样的性能衡量指标），可以得到一个低偏差的性能估计，用以衡量模型将学习到的关系泛化到训练集外的数据的能力。例如，100 次重复的 5 折交叉验证意味着将数据随机分为 5 个 folds，每个 fold 都有一次作为测试集的机会（见图 11.3 的第一行）。这确保了每个观测值在测试集中只被使用一次，并且需要拟合 5 个模型。随后，这个过程重复 100 次。当然，每次数据拆分的结果都会有所不同。总体而言，这相当于总共拟合了 500 个模型，而所有模型的性能指标（AUROC）的平均值是模型整体预测能力的衡量。

然而，地理数据比较特殊。我们将在第 12 章中看到，地理学的"第一定律"指出，彼此相邻的点通常比相距较远的点更相似（Miller，2004）。这意味着这些点不是统计独立的，因为在传统的交叉验证中，训练集和测试集中的点在位置上太接近了（见图 11.3 的第一行）。训练集的观测数据如果位于测试集的观测数据附近，可能会形成一种"预览"效果：即训练数据集不应该存在的信息导致预测效果过于乐观。为了缓解这个问题，"空间分区（spatial partitioning）"被用来将数据集划分为多个空间不相交的子集［使用观测值的坐标进行 *k*-means 聚类；Brenning（2012b）；图 11.3 的第二行］。这种分区策略是空间交叉验证和传统交叉验证之间的**唯一**区别。因此，使用空间交叉验证会降低模型预测性能的估计偏差，从而有助于避免过拟合。

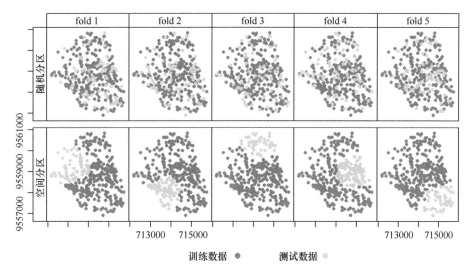

图 11.3 一次 5 折交叉验证中，选定的测试集和训练集的空间可视化
［随机分区（第一行）和空间分区（第二行）］

11.5 使用 mlr 进行空间交叉验证

在 CRAN 机器学习任务视图[⊖]上，有几十个用于统计学习的软件包。熟悉每个软件包，包括如何进行交叉验证和超参数调整，可能是一个耗时的过程。而且比较不同软件包的模型结果可能更加费力。**mlr** 软件包正是为解决这些问题而开发的。它充当一个"元包（meta-package）"，为流行的统计学习技术提供了一个统一的接口，包括监督学习中的分类、回归、生存分析，和非监督学习中的聚类等（Bischl et al., 2016）。**mlr** 的标准化接口基于 8 个"组件"。如图 11.4 所示，这些组件有清晰的顺序。

mlr 建模过程包括 3 个主要阶段。首先，**任务**（**task**）指定数据（包括响应和预测变量）和模型类型（例如回归或分类）。其次，**学习器**（**learner**）定义应用在任务上的具体的学习算法。第三，**重采样**（**resampling**）方法评估模型的预测性能，即将其泛化到新数据上的能力（见 11.4 节）。

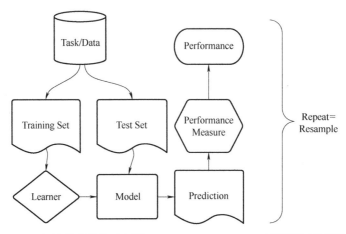

图 11.4   mlr 包的基本组件（来源：http：//bit.ly/2tcb2b7，感谢授权使用这张图）

11.5.1　广义线性模型

要在 **mlr** 中使用 GLM，必须创建一个包含滑坡数据的**任务**。由于响应变量是二元的（有两个类别），我们使用 makeClassifTask() 创建一个分类任务 [对于回归任务，使用 makeRegrTask()，有关其他任务类型，参见 ?makeRegrTask]。这些 make*() 函数的第一个基本参数是 data。target 参数应该传入响应变量的名称，positive 确定响应变量的两个因子水平中哪一个表示滑坡起始点（在我们的例子中是 TRUE）。lsl 数据集的所有其他变量都会被当作预测变量，除了坐标 [执行 getTaskFormula(task) 可以查看模型的公式]。对于空间交叉验证，要用到 coordinates 参数（参见 11.4 节和图 11.3），该参数需要传入一个包含 x 和 y 坐标的数据框。

```
library(mlr)
#获取坐标,用于空间分区
coords = lsl[,c("x","y")]
#选择模型的预测变量和响应变量
data = dplyr::select(lsl,-x,-y)
#创建任务
task = makeClassifTask(data = data,target = "lslpts",
                       positive = "TRUE",coordinates = coords)
```

makeLearner() 用于指定要使用的统计学习方法。所有的用于分类的**学习器**都以

classif. 开头，而所有用于回归的**学习器**都以 regr. 开头（详细信息参见 ?Learner）。listLearners() 列出了所有可用的学习器以及 **mlr** 从哪个包中导入它们（见表 11.2）。对于一个特定的任务，可以执行：

```
listLearners(task, warn.missing.packages = FALSE) %>%
  dplyr::select(class, name, short.name, package) %>%
  head
```

它列出了所有能够建模二分类问题（是否滑坡）的学习器。我们选择在 11.3 节中使用的二分类方法，在 **mlr** 中的实现是 classif.binomial。此外，我们必须指定连接函数（link-function），在这个例子中应该选择 logit，这也是 binomial() 函数的默认值。predict.type 用于确定预测的类型，prob 会得到滑坡发生的预测概率，介于 0 和 1 之间（这对应于 predict.glm 中的 type = response）。

```
lrn = makeLearner(cl = "classif.binomial",
                  link = "logit",
                  predict.type = "prob",
                  fix.factors.prediction = TRUE)
```

表 11.2　**mlr 包中部分的二分类学习器**

学习器	全称	简称	R 软件包
classif.binomial	Binomial Regression	binomial	stats
classif.featureless	Featureless classifier	featureless	mlr
classif.fnn	Fast k-Nearest Neighbour	fnn	FNN
classif.knn	k-Nearest Neighbor	knn	class
classif.lda	Linear Discriminant Analysis	lda	MASS
classif.logreg	Logistic Regression	logreg	stats

要查找指定的学习器来自哪个软件包以及如何访问相应的帮助页面，可以运行：

```
getLearnerPackages(lrn)
helpLearner(lrn)
```

使用 **mlr** 进行建模的设置步骤看起来可能有些繁琐。但要记住，这一个接口为你提供了访问 listLearners() 显示的 150 多个学习器的途径；相对于学习每个学习器的接口，这无疑更为方便！更大的优势包括：简化重采样的并行以及机器学习的超参数调整的能力（详见 11.5.2 节）。最重要的是，在 **mlr** 中进行（空间）重采样是非常简单的，只需两个步骤：指定一个重采样方法并运行它。我们将使用 100 次重复的 5 折空间交叉验证：根据我们在 task 中提供的坐标，选择 5 个分区，并将这个过程重复 100 次[⊖]：

```
perf_level = makeResampleDesc(method = "SpRepCV", folds = 5, reps = 100)
```

要执行空间重采样，我们使用 resample() 函数来指定学习器、任务、重采样策略，当然也包括性能度量指标，这里是 AUROC。执行需要一些时间（在现代笔记本计算机上大约需要 10s），因为它计算了 500 个模型的 AUROC。设置随机数种子可以确保获得的结果可复现，并确保在重新运行代码时使用相同的空间分区。

```
set.seed(012348)
sp_cv = mlr::resample(learner = lrn, task = task,
                      resampling = perf_level,
                      measures = mlr::auc)
```

前面代码块的输出是模型预测性能的低偏差估计，下一个代码块展示其结果（所需的输入数据保存在 GitHub 仓库中的 spatialcv.Rdata 文件中）：

```
# 500 个模型的汇总统计信息
summary(sp_cv$measures.test$auc)
#>    Min. 1st Qu.  Median  Mean 3rd Qu.   Max.
#>   0.686   0.757   0.789  0.780   0.795  0.861
# 500 个模型的平均 AUROC
mean(sp_cv$measures.test$auc)
#> [1] 0.78
```

为了从一个更高的视角来看待这些结果，我们把结果与 100 次重复的 5 折非空间交叉验证的 AUROC 值进行比较（见图 11.5；非空间交叉验证的代码在这里没有展示，但会在练习部分探讨）。正如预期的那样，空间交叉验证的平均 AUROC 值低于常规交

⊖　注意，**sperrorest** 包已经实现了空间交叉验证（Brenning，2012b）。同时，它的功能已经整合到 **mlr** 包中，这也是我们选择使用 **mlr** 的原因（Schratz et al.，2018）。**caret** 包是另一个 R 语言中用于简化建模的综合工具包（Kuhn and Johnson，2013）；然而，迄今为止，**caret** 包还未提供空间交叉验证功能，这是我们在处理空间数据时没有使用它的原因。

叉验证方法，印证了后者由于空间自相关性导致的过于乐观的性能估计。

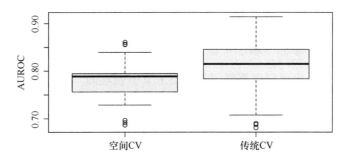

图 11.5　箱线图显示了 AUROC 值在空间和传统的 100 次重复 5 折交叉验证上的差异

11.5.2　机器学习超参数的空间调整

11.4 节将机器学习视为统计学习的一部分。简而言之，我们遵循 Jason Brownlee[○]
对机器学习的定义：

机器学习，特别是预测建模领域，主要关注的是最小化模型的误差或实现尽可能
准确的预测，而这往往以牺牲模型的可解释性为代价。在应用机器学习中，我们会从
许多不同领域借用、复用和采纳算法，包括统计学，并将这些算法用于上述目标。

在 11.5.1 节中，GLM 被用来预测滑坡概率。本节使用支持向量机（SVM）完
成同样的任务。随机森林模型可能比 SVM 更受欢迎；不过在 SVM 中，调整超参数
（Hyperparameters）对模型性能的提升要明显得多（Probst et al., 2018）。由于（空间）
超参数调整是本节的主要目标，我们将使用 SVM。对于希望使用随机森林的人，我们
建议阅读本章，然后继续阅读第 14 章，在那一章中，我们将使用本章所涵盖的概念和
技术，基于随机森林模型进行空间预测。

SVM 搜索最佳的"超平面"来分离不同类别的数据（在分类情况下），并估计带
有特定超参数的"核"，以找出类别之间的非线性边界（James et al., 2013）。超参数
不应与参数化模型的系数混淆，模型系数有时也称为参数[○]。系数可以从数据中估计，
而超参数是在估计系数之前设置的。在交叉验证方法的帮助下，在预先设定的超参数
范围内确定最优超参数。这个过程称为超参数调优。

　　○ https://machinelearningmastery.com/linear-regression-for-machine-learning/。
　　○ 有关系数和超参数之间差异的详细描述，可以参考"machine learning mastery"博客上相关的主题帖子。

一些 SVM 实现，例如 **kernlab** 提供的实现，有自动调整超参数的功能，通常基于随机采样（见图 11.3 的第一行）。这在非空间数据上有效，但在空间数据中不太适用，空间数据应该进行"空间调整（spatial tuning）"。

在定义空间调整之前，我们先按 11.5.1 节的介绍为 SVM 准备好 **mlr** 的组件。分类任务保持不变，因此可以直接复用在 11.5.1 节中创建的 task 对象。实现 SVM 的学习器可以使用 listLearners()，如下所示：

```
lrns = listLearners(task,warn.missing.packages = FALSE)
filter(lrns,grepl("svm",class)) %>%
  dplyr::select(class,name,short.name,package)
#>          class                                name short.name package
#> 6  classif.ksvm              Support Vector Machines       ksvm kernlab
#> 9 classif.lssvm Least Squares Support Vector Machine      lssvm kernlab
#> 17  classif.svm       Support Vector Machines(libsvm)        svm e1071
```

在上面展示的选项中，我们选择 **kernlab** 包中的 ksvm()（Karatzoglou et al.，2004）。为了处理非线性关系，使用流行的径向基（radial basis）函数（或高斯）核，这也是 ksvm() 的默认值。

```
lrn_ksvm = makeLearner("classif.ksvm",
                       predict.type = "prob",
                       kernel ="rbfdot")
```

下一步是指定一个重采样策略，同样，我们将使用 100 次重复的 5 折空间交叉验证。

```
# 选择评估参数
perf_level = makeResampleDesc(method = "SpRepCV",folds = 5,reps = 100)
```

注意，这与 11.5.1 节中用于 GLM 的代码完全相同；这里只是重复展示一遍，作为提醒。

到目前为止，该过程与 11.5.1 节中描述的过程完全相同。不过下一步是新的：调整超参数。使用相同的数据进行性能评估和调整可能会导致过度乐观的结果（Cawley and Talbot，2010），使用嵌套的空间交叉验证（nested spatial CV），可以避免这种情况。

这意味着我们需要再次将每个 fold 分成 5 个空间不相交的 subfolds，这些 subfolds 用于确定最佳的超参数（下面代码块的 `tune_level` 对象；参见图 11.6 的可视化）。为了找到最佳的超参数组合，我们在每个 subfold 中都拟合 50 个模型（下面代码块的 `ctrl` 对象），每个模型中超参数 C 和 Sigma 的值都是随机选择的。选择的随机值在预定义的范围内（由 ps 对象定义）。调整范围是根据文献的推荐设置的（Schratz et al., 2018）。

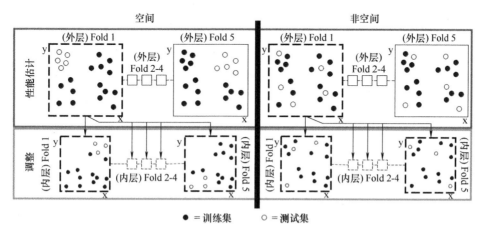

图 11.6　交叉验证中的超参数调整和性能估计层次示意图
［图表摘自 Schratz 等人（2018 年），已获授权，允许使用。］

```
# 将空间划分为 5 个不相交的区域
tune_level = makeResampleDesc("SpCV", iters = 5)
# 使用 50 个随机选择的超参数
ctrl = makeTuneControlRandom(maxit = 50)
# 确定随机选择的超参数的范围
ps = makeParamSet(
  makeNumericParam("C",lower =-12,upper = 15,trafo = function(x) 2^x),
  makeNumericParam("sigma",lower =-15,upper = 6,trafo = function(x) 2^x)
  )
```

下一步是修改学习器 `lrn_ksvm`，使其符合用 `makeTuneWrapper()` 定义的超参数调整的所有特性。

```
wrapped_lrn_ksvm = makeTuneWrapper(learner = lrn_ksvm,
                                   resampling = tune_level,
                                   par.set = ps,
                                   control = ctrl,
                                   show.info = TRUE,
                                   measures = mlr::auc)
```

现在 **mlr** 已经设置好，在每个 fold 拟合 250 个模型，以确定每个 fold 的最佳超参数。对每个 fold 重复此过程，我们最终得到 1250（250×5）个模型。重复 100 次意味着总共拟合 125000 个模型来确定最佳超参数（见图 11.3）。如果要估计模型的性能，需要再额外拟合 500 个模型（5 个 fold × 100 次重复；参见图 11.3）。为了使性能估计的过程更加清晰，我们记录计算机执行命令的流程：

1）性能估计层（图 11.6 的左上部分）：将数据集分割成 5 个空间不相交的 folds。把这一层分割称为"外层（outer）"。

2）超参数调整层（图 11.6 的左下部分）：使用性能估计层的第一个 fold，再次将其在空间上划分成 5 个的 subfolds 以进行超参数调整，把这一层划分称为"内层（inner）"。对内层的每个 subfold 拟合 50 个模型，每个模型的超参数都是随机选的，共拟合 250 个模型。

3）估计性能：使用上一步找到的最佳超参组合，并将其应用于外层第一个 fold，估计模型性能（AUROC）。

4）对外层剩下的 4 个 folds 重复步骤 2）和 3）。

5）将步骤 2）到 4）重复执行 100 次。

超参数调整和性能估计是计算密集型任务。可以通过并行化来减少模型运行的时间，有多种并行的方式，具体选择取决于操作系统。

在开始并行化之前，我们将 on.learner.error 设置为 warn，确保即便某个模型出错，任务也会继续运行。这样可以避免由于一个失败的模型而导致进程停止，在拟合大规模的模型时都建议这么做。在处理完成后，要检查失败的模型，可以将它们转储出来：

```
configureMlr(on.learner.error ="warn",on.error.dump = TRUE)
```

将 mode 设置为 multicore 可以启动并行，在基于 UNIX 的操作系统中，后台会使用 mclapply() 来运行[⊖]。类似的，Windows 下使用 parallelStartSocket() 开启并

[⊖] 有关更多并行模式，参见 ?parallelStart；github.com/berndbischl/parallelMap 项目为多个流行的后端并行框架提供了统一的接口。

行化。level 参数定义在哪一层开始并行，设置为 mlr.tuneParams 表示在超参数调整层开启并行（参见图 11.6 的左下部分，?parallelGetRegisteredLevels 以及 **mlr parallelization tutorial**[○]以获取详细信息）。我们将使用一半的处理器核心（使用 cpus 参数设置），这个设置使得在使用高性能计算集群时，其他可能的用户在同一集群也有计算资源可用（我们运行代码时也是这样设置的）。设置 mc.set.seed 为 TRUE 可以确保在超参调整期间，随机选择的超参数在重新运行代码时可以重现，不幸的是，mc.set.seed 仅在基于 UNIX 的系统下有效。

```
library(parallelMap)
if(Sys.info() ["sysname"] %in% c("Linux","Darwin")) {
parallelStart(mode ="multicore",
                # 并行进行超参数调整
                level ="mlr.tuneParams",
                # 只利用可用核心的一半
                cpus = round(parallel::detectCores() /2),
                mc.set.seed = TRUE)
}
```

```
if(Sys.info() ["sysname"] == "Windows") {
  parallelStartSocket(level = "mlr.tuneParams",
                      cpus = round(parallel::detectCores() /2))
}
```

现在，嵌套空间交叉验证的准备工作已经完成。使用随机种子可以在重新运行代码时创建相同的空间划分。指定 resample() 参数的过程与使用 GLM 时完全相同，唯一的区别在于 extract 参数。当前的设置可以提取超参数调整的结果，如果我们计划在调整后进行后续分析，这是很重要的。处理完成后，最好使用 parallelStop() 明确停止并行化。最后，我们将输出对象（result）保存到磁盘，以便在另一个 R 语言会话中使用。在运行下面的代码之前，请注意这是一个耗时操作：125500 个模型在使用24 个核心的服务器上花费了约半小时（见下文）。

○ https://mlr-org.github.io/mlr-tutorial/release/html/parallelization/index.html#paralleli-zation-levels。

```
set.seed(12345)
result = mlr::resample(learner = wrapped_lrn_ksvm,
                       task = task,
                       resampling = perf_level,
                       extract = getTuneResult,
                       measures = mlr::auc)
#停止并行
parallelStop()
#保存结果
# saveRDS(result,"svm_sp_sp_rbf_50it.rds")
```

如果你不想在本地运行代码，我们在本书对应的 **GitHub** 存储库中保存了部分结果[⊖]。可以按照以下方式加载它们：

```
result = readRDS("extdata/spatial_cv_result.rds")
```

注意，运行时间取决于许多因素，如 CPU 速度、选择的算法、选择的处理器核的数量和数据集。

```
#分析结果
#运行时间(单位:min)
round(result$runtime / 60,2)
#> [1] 37.4
```

比运行时间更重要的是最终聚合后的 AUROC：即模型区分两个类别的能力。

```
# 最终聚合的 AUROC
result$aggr
#> auc.test.mean
#>        0.758
#等价于
mean(result$measures.test$auc)
#> [1] 0.758
```

⊖ https://github.com/geocompx/geocompr/blob/1.0/extdata/spatial_cv_result.rds。

GLM（聚合后的 AUROC 为 0.78）在这个特定案例中似乎略优于 SVM。不过，使用超过 50 次迭代的随机搜索可能会产生具有更好 AUROC 的超参数的模型（Schratz et al.，2018）。另一方面，增加随机搜索迭代次数也会增加总模型数量，从而增加运行时间。

也可以查看在超参数估计层，每个 fold 找到的最佳超参数。以下命令显示了第一次迭代中，第一个 fold 的最佳超参数组合（记住，这是来自前 5×50 次模型运行的结果）：

```
#超参数调整时的最佳超参数，
# 即 50×5 个模型中的最佳组合
result$extract[[1]]$x
#> $C
#> [1] 0.458
#>
#> $sigma
#> [1] 0.023
```

上述超参数在性能估计层的第一次迭代中，被用于第一个 fold 的数据集上，对应的 AUTOC 值是

```
result$measures.test[1,]
#>   iter   auc
#> 1   10.799
```

到目前为止，空间交叉验证已用于评估算法在未见过的数据上的泛化能力。如果是空间预测的任务，我们会使用整个数据集来调整超参数，这将在第 14 章中介绍。

11.6 结论

重采样方法是数据科学家工具箱中的重要组成部分（James et al.，2013）。本章使用交叉验证来评估各种模型的预测性能。如 11.4 节所述，由于空间自相关的存在，具有空间属性的观测样本可能不是统计上独立的，这违反了交叉验证的一个基本假设。

空间交叉验证通过减少由空间自相关引入的偏差来解决这个问题。

mlr 包简化了（空间）重采样技术的用法，并将其与最流行的统计学习技术结合。支持的模型包括线性回归，半参数模型如广义可加模型，以及机器学习技术，如随机森林、支持向量机和提升回归树（boosted regression trees）等（Bischl et al.，2016；Schratz et al.，2018）。机器学习算法通常需要设置超参数，找到最佳超参数组合可能需要数千次模型运行，这需要大量计算资源，耗费大量时间、内存和处理器核心。**mlr**通过启用并行化来解决这个问题。

总的来说，机器学习及其在空间数据上的应用是一个庞大的领域，本章介绍了一些基础知识，但还有更多需要学习。我们推荐以下资源：

- **mlr** 的教程：Machine Learning in R⊖和 Handling of spatial Data⊖。
- 有关超参数调整的学术论文（Schratz et al.，2018）。
- 对于时空数据，进行交叉验证时应考虑空间和时间自相关（Meyer et al.，2018）。

11.7　练习

1）利用 R-GIS 桥接（参见第 9 章），执行 data("landslides", package ="RSAGA")加载 dem 数据集，使用 dem 数据集计算以下地形属性：

- 坡度（Slope）；
- 平面曲率（Plan curvature）；
- 剖面曲率（Profile curvature）；
- 集水区面积（Catchment area）。

2）提取练习 1 输出的栅格中的值，将它们添加到 landslides 数据框（使用 data(landslides, package ="RSAGA") 加载），对应的列名设置成 slope、cplan、cprof、elev 和 log_carea。保留所有滑坡起始点和随机选择的 175 个非滑坡点（有关详细信息，参见 11.2 节）。

3）利用推导出的地形属性栅格，结合广义线性模型（GLM），生成类似于图 11.2 中显示的空间预测地图。运行 data("study_mask", package = "spDataLarge") 可以加载研究区域的一个掩模数据集。

⊖ https://mlr-org.github.io/mlr-tutorial/release/html/。

⊖ https://mlr-org.github.io/mlr-tutorial/release/html/handling_of_spatial_data/index.html。

4）基于 GLM 学习器，重复 100 次的 5 折非空间交叉验证和空间交叉验证，并使用箱线图比较两种重采样策略的 AUROC 值（参见图 11.5）。提示：你需要指定一个非空间任务和一个非空间重采样策略。

5）利用二次判别分析（Quadratic Discriminant Analysis，QDA，参见 James et al., 2013）建模滑坡概率。评估 QDA 的预测性能（AUROC）。QDA 使用空间交叉验证得到的 AUROC 与 GLM 有何不同？提示：在运行两个学习器的空间交叉验证之前，设置一个随机数种子以确保它们使用相同的空间分区，从而保证可比性。

6）运行未调整超参数的 SVM。使用 rbfdot 核，超参数设置：$\sigma=1$，$C=1$。在 **kernlab** 的 ksvm() 中不指定超参数，初始化的超参数是与空间无关的。关于是否有必要对空间数据进行专门的超参数调优，请参阅 Schratz et al.（2018）。

第三部分

应　用

第 12 章

交　通

前提要求

- 本章使用以下包：⊖

```
library(sf)
library(dplyr)
library(spDataLarge)
library(stplanr)                #处理交通地理数据
library(tmap)                   #地图绘制(见第8章)
library(sfnetworks)⊖
```

12.1　导读

　　地理空间在交通运输领域的真实具体和实际影响，比其他大多数领域都要明显。克服距离所需的努力是地理学的"第一定律"的核心，正如 Waldo Tobler 在 1970 年所

　　⊖　**osmdata** 和 **nabor** 包也需要安装，虽然并不需要显式加载它们。
　　⊖　此包为新增的依赖，用于处理网络数据，弥补了 *stplanr* 包更新后功能的缺失。——译者注

表述的那样（Miller，2004）：

任何事物都是与其他事物相关的，只不过相近的事物关联更紧密。

这一"定律"是空间自相关和其他关键地理概念的基础。它适用于社交网络和生态多样性等多种现象，还可以解释交通成本，如时间、能源和金钱，这些成本产生了所谓的"距离摩擦"。从这个角度看，交通技术的发展具有颠覆性，正在改变地理实体之间的空间关系，其中包括人员和货物的移动："交通的目标是克服空间障碍"（Rodrigue et al.，2013）。

交通本质上是一种空间活动。它涉及在 A 和 B 之间连续的空间穿梭，途中经过无数位置。因此交通研究人员长期以来一直使用地理计算的方法深入分析出行模式，而交通问题则推动着地理计算方法的发展，这些都不足为奇。

本章从不同地理层级对交通系统进行介绍：

● **地理区域单位（areal unit）**：可参照分区聚合来理解交通模式，如主要出行方式（开车、骑车或步行）和特定区域内居民的平均出行距离。更多信息请参见 12.3 节。

● **期望路线**（desire line）：表示"起点 - 终点"两点之间的直线，记录了地理空间中不同地点（点或区域）之间有多少人出行（或可能出行），这是 12.4 节的主题。

● **路径**（route）：连接不同节点和地点之间的出行路径，通常沿着道路网络，可以表示为单一线段或由多个短线段组成。12.5 节将介绍如何生成路径。

● **节点**（node）：交通系统中的关键点，可以表示常见的起点和终点以及公共交通站点，如公交车站和火车站。节点是 12.6 节的核心概念。

● **路网**（route network）：表示一个地区内的道路、路径和其他线性特征的系统，详见 12.7 节。它们可以用地理特征（道路线段）表示，也可以表示为结构化的连通图，建模专家通常将不同路段上通过的车辆数的交通水平称为"流量"（Hollander，2016）。

另一个关键层级是**行动主体**（agent），比如你我这样的移动实体。借助 MATSim[⊖]等软件，可以在计算上模拟这些行动主体。该软件采用基于行动主体的建模（Agent-Based Modeling，ABM）方法，以高空间和时间分辨率捕捉交通系统的动态（Horni et al.，2016）。ABM 是一种强大的交通研究方法，它可以与 R 语言的空间类型集成，有巨大的应用潜力（Thiele，2014；Lovelace and Dumont，2016），但这超出了本章的讨

　⊖　http://www.matsim.org/。

论范围。除了地理层级和行动主体之外，大多数交通模型中的基本分析单位是**行程**（**trip**），即从起点"A"到终点"B"的单一目的出行（Hollander，2016）。行程串联了交通系统的不同层级：它们通常表现为连接区域质心（节点）的期望路线，可以在路网中规划为具体的路径，并由可以作为行动主体的人完成。

交通系统是一个复杂动态系统，而地理交通建模尝试化繁为简，直接刻画交通问题的本质。选择适当的地理分析层次有助于简化这种复杂性，捕捉交通系统的本质，而不丧失其最重要的特征和变量（Hollander，2016）。

通常情况下，模型的设计旨在解决特定问题。因此，本章基于下一节中介绍的一个政策情景，即如何增加布里斯托尔（Bristol）的自行车出行率。第 13 章展示了另一个地理计算的应用：自行车商店的最优选址。这两章之间存在紧密联系，因为自行车店可能会从新的自行车基础设施中受益，这展示了交通系统的一个重要特征：它们与更广泛的社会、经济和土地使用模式密切相关。

12.2　案例研究：布里斯托尔

本章使用的案例研究位于英格兰西部城市布里斯托尔（Bristol），距威尔士（Welsh）的加的夫（Cardiff）以东约 30km。图 12.1 展示了该地区交通网络的概况，其中显示了自行车、公共交通和私人汽车等交通基础设施的多样性。

布里斯托尔是英格兰第十大的市级行政单位，拥有 50 万人口，然而，布里斯托尔的出行密集区域比它的行政区范围更大（详见 12.3 节）。该市拥有繁荣的经济，包括航空航天、媒体、金融服务和旅游公司，以及两所重要的大学。布里斯托尔市的人均收入较高，但也包含一些严重贫困地区（Bristol City Council，2015）。

在交通方面，布里斯托尔的铁路和公路交通都很发达，并且有相当高的出行水平。根据活跃人口调查[一]，约 19% 的居民每月至少骑一次自行车，而 88% 的居民每月至少步行一次（全国平均水平分别为 15% 和 81%）。在 2011 年的人口普查中，有 8% 的人表示他们骑自行车上班，而在全国范围内这一比例仅为 3%。

虽然步行和骑自行车的出行率很高，但该市仍存在严重的交通拥堵问题。解决方案之一是继续增加自行车出行的比例。由于骑自行车的速度比步行快 3~4 倍（典型的

[一] https://www.gov.uk/government/statistical-data-sets/how-often-and-time-spent-walking-and-cycling-at-local-authority-level-cw010#table-cw0103。

骑行速度为 15~20km/h[○]，而步行的速度为 4~6km/h），因此，与步行相比，自行车有更大的潜力取代汽车出行。该市有一个雄心勃勃的计划[○]，到 2020 年，将自行车的出行比例翻一番。

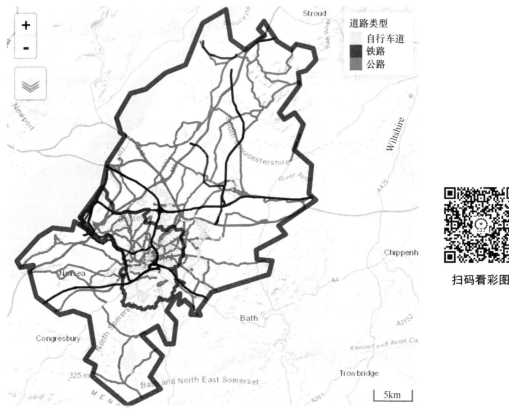

扫码看彩图

图 12.1   布里斯托尔的交通网络，彩色线分别表示主动出行[○]（绿色）、
公共交通出行（铁路、黑色）**和私人汽车出行**（红色）**方式，蓝色边界线**
代表内城边界和较大的通勤区（Travel To Work Area，TTWA）

在这样的政策背景下，本章的目的不仅是演示如何使用 R 语言和地理计算支持可持续的交通规划，而且还要为布里斯托尔的决策者提供证据，以便决定如何最有效地提高该市步行和骑行的比例。这一最终目标将通过以下任务来实现：

- 描述城市交通行为的地理模式。
- 识别关键的公共交通节点和路径，在这些道路沿线可以鼓励人们骑自行车到火

⊖　https://en.wikipedia.org/wiki/Bicycle_performance。

⊖　http://www.cyclingweekly.com/news/interview-bristols-mayor-george-ferguson-24114。

⊖　主动出行（active travel）是指步行、骑自行车等主动移动方式，不包括乘坐公共交通，所以此处没有译为"低碳出行"或"绿色出行"。

车站，作为多模式出行的第一阶段。

● 分析出行的"期望路线"，找出短途驾驶的热门路线。

● 确定最适合骑行的线路，鼓励用骑行替代汽车驾驶。

为了确保本章的实际内容能够顺利展开，下一节将首先加载有关出行模式的区域数据。这些区域级数据集虽小，但往往对于基本了解一个居民区的整体交通系统至关重要。

12.3　交通出行区域

尽管交通系统主要基于线性特征和节点（包括路径和车站），但从区域数据开始，将连续空间分解为有形单元通常是有意义的（Hollander，2016）。除了定义研究区域的边界（本例中为布里斯托尔）之外，交通研究人员还对两种区域类型特别感兴趣：起点区域和终点区域。通常，起点和终点使用相同的地理单位。然而，在有诸如学校和商店这类众多"出行吸引体"的地区，采用不同的分区系统，如"工作地区⊖"，能够更恰当地体现出终点密度的增加（Office for National Statistics，2014）。

通常，定义研究区域的最简单方法是使用 **OpenStreetMap** 来圈选边界。可以使用 **osmdata** 包的如下命令获取：bristol_region = osmdata::getbb("Bristol",format_out = "sf_polygon")。这将生成一个 sf 对象，用于表示匹配的城市区域的最大边界，可能是一个矩形边界框或更精细的多边形边界⊖。请求英国的布里斯托尔时，会返回一个详细的多边形边界，表示其行政边界（见图 12.1 的蓝色边界）。然而，这种方法存在一些问题：

● OSM 返回的第一个 OSM 边界可能不是地方当局使用的行政边界。

● 即使 OSM 返回行政边界，这也可能不适合交通研究，因为它与人们的出行关系不大。

通勤区（TTWA）通过创建类似水文流域的分区系统来解决这些问题。TTWA 最初被定义为 75% 的人口通勤上班的连续区域（Coombes et al.，1986），本章也采用这个定义。由于布里斯托尔是一个重要的就业中心，吸引了周边城镇的通勤者，因此其

⊖ https://data.gov.uk/dataset/workplace-zones-a-new-geography-for-workplace-statistics3。

⊖ 返回结果与提供的区域名称对不上时，应当指定国家或地区，例如位于美国的布里斯托尔应当标明为 Bristol Tennessee。

TTWA 远大于城市边界（参见图 12.1）。本章开头加载的 spDataLarge 包，提供了一个 bristol_ttwa 对象，表示布里斯托尔的 TTWA，适合用于交通研究。

本章使用的起点和终点区域是相同的：这些区域的正式名称[⊖]是中层超级输出区域（Middle layer Super Output Area，MSOA）[⊖]。每个区域大约居住着 8000 人。这些行政区域可以为交通分析提供重要的背景信息，例如哪些类型的人可能会从特定干预措施中受益最多（Moreno-Monroy et al.，2017）。

这些区域的地理分辨率很重要：通常情况下，高地理分辨率的小区域是首选的研究目标，但在大范围内它们的数量过多可能为处理过程带来麻烦，尤其是在起点 - 终点分析中，因为计算量会随着区域数量的增加而呈非线性增长（Hollander，2016）。

提示　小区域的另一个问题涉及匿名规则。为了确保无法推断出区域内个人的身份，详细的社会人口变量通常只在较低的地理分辨率级别提供。例如，在英国，年龄和性别等因素对出行方式的详细数据通常只在地方政府级别提供，而在更高的输出区域级别，每个输出区域包含大约 100 个家庭，却无法提供这些数据。有关更多详细信息，请参阅 www.ons.gov.uk/methodology/geography。

本章使用的 102 个区域存储在 bristol_zones 中，如图 12.2 所示。请注意，人口稠密地区的区域会变小：每个区域的人口数量相似。bristol_zones 仅包含每个区域的名称和代码，不包含有关交通的其他属性数据：

```
names(bristol_zones)
#> [1] "geo_code" "name"       "geometry"
```

为了加载旅行数据，需要执行属性连接（attribute join）操作，这是 3.2.3 节介绍的常规操作。这里使用英国 2011 年人口普查问题中的通勤数据，这些数据存储在 bristol_od 对象中，数据来源是 ons.gov.uk[⊖]数据门户。bristol_od 是英国 2011 年人口普查中各区域之间通勤的起点 - 终点（Origin-Destination，OD）数据集（请参阅 12.4 节）。第一列是起点区域的 ID，第二列是终点区域。bristol_od 表示区域之间的出行而不是区域本身，比 bristol_zones 有更多行：

```
nrow(bristol_od)
#> [1] 2910
nrow(bristol_zones)
#> [1] 102
```

前面代码块的结果显示，每个区域都有超过 10 个 OD 对，这意味着在与 bristol_zones 关联之前，需要先聚合起点 - 终点数据，如下所示（起点 - 终点数据在 12.4 节中进行了描述）：

```
zones_attr = bristol_od %>%
  group_by(o) %>%
  summarize_if(is.numeric, sum) %>%
  dplyr::rename(geo_code = o)
```

前面的代码块执行了 3 个主要步骤：

● 首先，按起点区域（包含在列 o 中）对数据进行分组。

● 如果数据是数值型的，则对 bristol_od 数据集的变量进行汇总，以找出每个区域内按交通方式划分的居民人数总和[○]。

● 更改分组变量 o 的名称，以与 bristol_zones 对象中的 ID 列 geo_code 相匹配。

最终生成的 zones_attr 对象是一个数据框，其中每行表示一个区域，并包含一个 ID 变量。可以使用 %in% 运算符验证这些 ID 是否与 zones 数据集中的 ID 匹配，如下所示：

```
summary(zones_attr$geo_code %in% bristol_zones$geo_code)
#>    Mode     TRUE
#> logical    102
```

结果显示所有 102 个区域都存在于新对象中，并且以 zone_attr 的形式可以连接到区域上[○]。这是使用连接函数 left_join() 完成的（请注意，inner_join() 在这里会产生相同的结果）：

○ summarize_if 中的 _if 后缀要求对变量提出一个 "TRUE" 或 "FALSE" 的问题，在这个例子中是 "它是数值型的吗？" 只有返回真（TRUE）的变量才会被汇总。

○ 检查在真实数据中 ID 在相反方向上是否匹配也很重要。这可以通过改变 summary() 命令中 ID 的顺序来实现：summary(bristol_zones$geo_code %in% zones_attr$geo_code)，也可以使用 setdiff() 函数：setdiff(bristol_zones$geo_code, zones_attr$geo_code)。

```
zones_joined = left_join(bristol_zones,zones_attr,by = "geo_code")
sum(zones_joined$all)
#> [1] 238805
names(zones_joined)
#> [1] "geo_code"   "name"      "all"      "bicycle"   "foot"
#> [6] "car_driver" "train"     "geometry"
```

关联的结果存储在 `zones_joined` 变量中，其中包含了新的列，表示在研究区域内每个区域出发的行程总数（近 25 万次）以及它们的出行方式（自行车、步行、汽车和火车）。出行起点的地理分布在图 12.2 的左侧地图中有所体现。它显示研究区域中，大多数区域中作为起点的行程数在 0 到 4000 之间。布里斯托尔市中心附近居住的人出行次数更多，而在郊区则较少。为什么会这样呢？请记住，我们只考虑研究区域内的出行：该地区郊区的低出行次数可以解释为这些边缘区域的许多人将前往研究区域之外的其他地区。研究区域之外的行程可以通过特殊的终点 ID 包含在区域模型中，覆盖任何前往模型中未表示的区域的出行（Hollander，2016）。然而，`bristol_od` 中的数据只是简单地忽略了这类出行：它是一种"区内区域"模型。

OD 数据集可以按起点区域进行汇总，类似地，它们也可以按终点区域汇总，以提供关于终点区域的信息。人们倾向于向中心地区聚集。这解释了图 12.2 中右侧面板中的空间分布相对不均匀，最常见的终点区域集中在布里斯托尔市中心。相应的结果是 `zones_od`，它包含了一个新列，报告了任何交通方式的出行终点数量，创建方式如下：

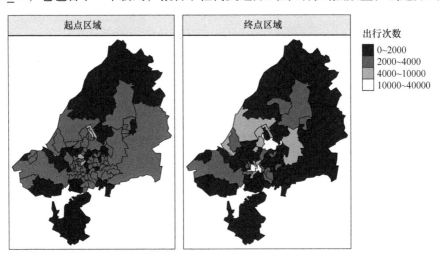

图 12.2　在该地区生活和工作的居民的出行次数，左侧地图显示了通勤出行的起点区域，右侧地图显示了终点区域（由脚本 12-zones.R 生成）

```
zones_od = bristol_od %>%
  group_by(d) %>%
  summarize_if(is.numeric, sum) %>%
  dplyr::select(geo_code = d, all_dest = all) %>%
  inner_join(zones_joined, ., by = "geo_code")
```

使用下面的代码创建了图 12.2 的简化版本（请参阅本书 GitHub 存储库的代码[⊖]文件夹中的 12-zones.R 以重现该图。

```
qtm(zones_od, c("all", "all_dest")) +
  tm_layout(panel.labels = c("Origin", "Destination"))
```

12.4　期望路线

与代表行程起点和终点的区域不同，期望路线连接起点和终点区域的中心点，因此代表了人们在区域之间期望前往的地方。它们代表了 A 和 B 之间最快的"直线"路径，如果没有建筑物和弯曲道路等障碍，人们将采取这条路径（我们将在下一节看到如何将期望路线转化为出行路径）。

我们已经加载了代表期望路线的数据，存储在数据集 bristol_od 中。这个起点 - 终点（OD）数据框对象代表了在 o 和 d 中表示的区域之间出行的人数，如表 12.1 所示。要通过所有行程对 OD 数据进行排序，然后筛选出前 5 个，可以输入以下命令（有关非空间属性操作的详细描述，请参考第 3 章）：

```
od_top5 = bristol_od %>%
  arrange(desc(all) ) %>%
  top_n(5, wt = all)
```

⊖　https://github.com/geocompx/geocompr/tree/main/code。

表 12.1　这是存储在数据框对象 bristol_od 中的起点 - 终点数据的示例，
代表了研究区域内区域之间最常见的 5 条期望路线

O	D	所有	骑自行车	步行	驾车	火车
E02003043	E02003043	1493	66	1296	64	8
E02003047	E02003043	1300	287	751	148	8
E02003031	E02003043	1221	305	600	176	7
E02003037	E02003043	1186	88	908	110	3
E02003034	E02003043	1177	281	711	100	7

　　生成的表格提供了关于布里斯托尔通勤（上班出行）出行模式的快照。它显示在前 5 个起点 - 终点对中，步行是最受欢迎的出行方式，区域 E02003043 是一个热门终点（布里斯托尔市中心，所有前 5 个 OD 对的终点），而区内出行，从区域 E02003043 的一部分到另一部分（表 12.1 的第一行），构成了数据集中出行次数最多的 OD 对。但从政策角度来看，表 12.1 中呈现的原始数据的用途有限：它只包含 2910 个 OD 对的一小部分，无法告诉我们**何处**需要采取政策措施，有没有提供出行中步行和骑行的比例。以下命令计算了每条期望路线中主动出行的百分比：

```
bristol_od$Active =(bristol_od$bicycle + bristol_od$foot) /
  bristol_od$all * 100
```

　　有两种主要类型的 OD 对：区间和区内。区间 OD 对代表了在终点与起点不同的区域之间的出行。区内 OD 对代表了在同一区域内的出行（请参见表 12.1 的顶行）。以下代码块将 od_bristol 拆分为这两种类型：

```
od_intra = filter(bristol_od,o == d)
od_inter = filter(bristol_od,o! = d)
```

　　下一步是将区间 OD 对转换为代表出行需求线的 sf 对象，可以使用 **stplanr** 包的 od2line() 函数将其绘制在地图上[⊖]。

```
desire_lines = od2line(od_inter,zones_od)
```

　　⊖　od2line() 用 bristol_od 的前两个 ID 列去匹配 zones_od 对象的 zone_code 的列。注意，这个操作会发出警告，因为 od2line() 通过将每个起点终点对的起点和终点分配给其起点终点区域的中心点来工作。在真实的使用场景里，人们会使用从投影数据中生成的中心点，使用人口加权的中心点会更好（Lovelace et al.，2017）。

结果的说明如图 12.3 所示,其简化版本是使用以下命令创建的(参阅 12-desire.R 中的代码以准确重现该图,并参阅第 8 章以了解有关使用 **tmap** 可视化的详细信息):

```
qtm(desire_lines,lines.lwd = "all")
```

地图显示市中心在该地区的交通模式中占主导地位,这表明政策应该在那里得到优先考虑,尽管还可以看到一些外围的副中心。接下来,有趣的是看一下区间交通方式的分布,例如哪些区域之间自行车是最不常见或最常见的交通方式。

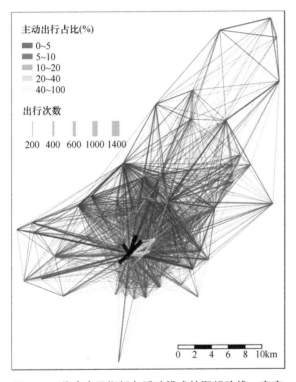

扫码看彩图

图 12.3 代表布里斯托尔活动模式的期望路线,宽度
代表出行次数,颜色代表主动出行(步行和骑自行车)
的出行比例,四根黑线代表表 12.1 中的区间 OD 对

12.5 路径

从地理学家的角度来看,路径是非直线的期望路线:起点和终点是相同的,但从

A 到 B 的路径更加复杂。期望路线仅包含两个顶点（起点和终点），但如果距离很长或在复杂的道路网络上的出行，路径可能包含数百个顶点（在简单的网格道路上，路径则需要相对较少的顶点）。路径是根据期望路线（或更常见的起点终点对），使用本地或远程的路径规划服务生成的。

与远程路径规划相比，**本地路径规划**在执行速度和对不同交通模式的权重配置方面具有优势。其缺点包括：本地较难表示复杂的路网；时间动态性（主要是由于交通）；需要专用软件，如"pgRouting"，**stplanr** 和 **dodgr** 包的开发者试图解决这些问题。

与之相反，**远程路径规划**服务使用 Web API 发送有关起点和终点的查询，在强大服务器上运行专用软件生成的结果，然后返回。这使得远程路径规划服务通常具有以下优势：

- 定期更新。
- 全球覆盖。
- 在专门配置的硬件和软件上运行。

远程路径规划服务的缺点包括速度（它们依赖于互联网上的数据传输）和价格（例如，Google 路径规划 API 限制免费查询的数量）。**googleway** 包提供了与 Google 路径规划 API 的接口。免费（但受速率限制）的路径规划服务有 OSRM[⊖]和 openrouteservice.org[⊖]。

为上一节生成的所有期望路线进行路径规划，将耗费大量时间和内存。因此我们只专注于与政策目标相关的期望路线。将汽车出行替换为自行车出行的收益是巨大的。但显然，并不是所有驾车行程都可以简单地由骑行代替。不过对于许多人来说，5km 距离（或 6~8km 的路线距离）的骑行是可以接受的，尤其是在骑电动自行车的情况下。因此，我们只对那些 5km 以内、汽车出行次数多（300+）的期望路线进行路径规划。这可以通过 **stplanr** 的 route()[⊖]函数完成，该函数接受 Spatial 或 sf 对象中的直线，并返回路网上的"弯曲"线路，输出结果的数据类型与输入类型相同。

```
desire_lines$distance = as.numeric(st_length(desire_lines))
desire_carshort = dplyr::filter(desire_lines,car_driver > 300 & distance
< 5000)
```

```
route_carshort = route(desire_carshort,route_fun = route_osrm)
```

st_length() 函数用于确定线状对象的长度，属于距离关系类别（详见 4.2.6 节）。

⊖ http://project-osrm.org/。

⊖ https://openrouteservice.org/。

⊖ 原书使用的是 line2route 函数，由于包的更新，对应功能的函数名改为 route。——译者注随后，我们进行了简单的属性筛选操作（参见 3.2.1 节），然后让 OSRM 服务在远程服务器上执行路径规划。注意，路径规划只有在联网时才能运行。

我们可以将新的 route_carshort 对象与 desire_carshort 中相同行程的直线表示分开存储，但从数据管理的角度来看，将它们合并更加合理：它们代表相同的行程。新的路径数据集包含 distance（这次是指路径距离）和 duration 字段（以 s 为单位），这些信息可能会有用。但是，在本章的目的中，我们只关注几何数据，从中可以计算出路径距离。以下命令利用简单要素对象包含多个地理列的特性：

```
desire_carshort$geom_car = st_geometry(route_carshort)
```

通过分别引用各自的几何列（本例中为 desire_carshort$geometry 和 desire_carshort$geom_car），可以绘制出许多短途汽车行程所经过的期望路线以及可能走过的路径。用路线的宽度表示可能替换的汽车行程的数量，提供了一种有效的方法来确定道路网络上的干预优先级（Lovelace et al.，2017）。

例如使用 mapview::mapview(desire_carshort$geom_car)，可视化出行规律，可以看出许多短途汽车行程发生在 Bradley Stoke 及其周边地区。容易找到这一地区高度依赖汽车的原因：根据 Wikipedia⊖的信息，Bradley Stoke 是 "欧洲最大的由私人投资建造的新城"，这表明了这一区域公共交通服务比较薄弱。此外，该城镇四周环绕着大型（不适合骑自行车的）道路结构，例如 M4 和 M5 高速公路上的交叉口等（Tallon，2007）。

从政策角度来看，将出行期望路线转化为可能的出行路径有许多好处，其中最重要的是能够了解是什么环境因素影响人们特定出行方式的选择。我们将在 12.9 节中讨论基于这些路线的未来研究方向。在本案例研究中，可以简单地说，应优先研究这些短途汽车行程所经过的道路，以了解如何改善这些设施，使它们更适合可持续的交通方式，比如公共交通、骑自行车或步行。其中一个选项是向网络中添加新的公共交通节点，下一节将介绍这些节点。

12.6　节点

地理交通数据中的节点是零维特征（点），而网络主要由一维特征（线）组成。有

⊖　https://en.wikipedia.org/wiki/Bradley_Stoke。

两种类型的交通节点：

1）不直接位于网络上的节点，如区域中心（将在下一节中讨论），或者个体起点和终点，比如住宅和工作地点。

2）属于交通网络的节点，代表个别路径、路径之间的交叉点（交叉口）和进出交通网络的点，如公交车站和火车站。

交通网络可以表示为图，其中每个路段都连接到（通过代表地理线的边）网络中的一或多个其他边。可以添加网络之外的节点，使用"中心点连接器（centroid connector）"将新的路段连接到网络上邻近的节点（Hollander，2016）。⊖网络中的每个节点都通过一条或多条"边"连接，这些边代表网络上的各个路段。我们将在 12.7 节中看到如何将交通网络表示为图。

公共交通站点是特别重要的节点，可以表示为上述两种节点类型中的任何一种：例如，公共汽车站是道路的一部分，而大型火车站则由距离铁路轨道数百米的行人入口点来表示。我们将使用火车站来说明公共交通节点，以解决布里斯托尔市增加骑行的研究问题。这些站点数据在 bristol_stations 中，由 **spDataLarge** 包提供。

阻碍人们放弃开车上下班的一个常见障碍是，从家到工作地点的距离太远，不适合步行或骑车。公共交通可以为通往城市的常见路线提供快速和高客容量的选择，以减少这种障碍。从积极鼓励主动出行的角度来看，公共交通可以作为长途旅行的一个环节，这样整个"行程"将分为 3 部分：

● 起点部分，通常从居住区到公共交通站点。

● 公共交通部分，通常从最接近行程起点的车站到最接近行程终点的车站。

● 终点部分，从下车的车站到终点。

基于 12.4 节中进行的分析，公共交通节点可用于构建可乘坐公共汽车和（本例中使用的模式）火车出行的三部分期望路线。第一步是确定大多数公共交通出行的期望路线，在本例中非常容易，因为我们之前创建的数据集 desire_lines 已经包含了描述乘火车出行次数的变量（公共交通潜力也可以使用像 OpenTripPlanner⊜这样的公共交通路线服务来估计）。为了使这个方法更容易理解，我们将仅选择在火车出行中排名前三的期望路线。

```
desire_rail = top_n(desire_lines,n = 3,wt = train)
```

现在的挑战是将每条线路分解成 3 部分，分别代表通过公共交通节点的出行。这

⊖　应仔细选择连接器的位置，因为它们可能会导致其周围地区的交通流量被高估（Jafari et al., 2015）。

⊜　http://www.opentripplanner.org/。

可以通过将期望路线转换为由 3 个线性几何体组成的多线字符串对象来完成，这 3 个线性几何体分别代表旅行的起点、公共交通和终点段。该操作可分为 3 个步骤：矩阵创建（起点、终点和代表火车站的"途经"点）、最近邻识别以及转换为多线字符串。这些操作可以由 **stplanr** 包的 line_via() 函数完成。这个函数接受线和点作为输入，返回期望路线的一个副本，有关如何操作的详细信息，请参见 geocompr.github.io 网站上的 Desire Lines Extended⊖教程和 ?line_via 函数文档。输出与输入线相同，只是它具有新的几何列，代表通过公共交通节点的行程，如下所示：

```
ncol(desire_rail)
#> [1] 9
desire_rail = line_via(desire_rail,bristol_stations)
ncol(desire_rail)
#> [1] 12
```

　　如图 12.4 所示，初始的 desire_rail 线现在具有 3 个额外的几何列，分别代表从家到出发车站，然后到终点附近的车站，最后从终点附近的车站到终点。在这种情况下，终点段的距离很短（步行即可）。但是，起点段的距离可能相当远。这足以证明在自行车基础设施上的投资是合理的，它可以鼓励人们在去往工作地点的路上，特别是在离家较远的起始阶段，选择骑行。尤其是在图 12.4 中所示的 3 个出发车站周围的居住区。

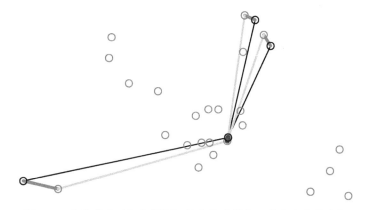

扫码看彩图

图 12.4　车站节点（红色圆圈）被当作中间点，将火车出行率极高的期望路线（黑色）转换为 3 段：到起始车站（红色）；经由公共交通（灰色）；到达终点（一条非常短的蓝色线）

⊖　https://geocompr.github.io/geocompkg/articles/linevia.html。

12.7 路网

本节使用的数据是从 **osmdata** 上下载的。为了避免反复从 OSM 请求数据，我们将使用 bristol_ways 对象，其中包含了案例研究区域的点和线数据（请参阅 ?bristol_ ways）：

```
summary(bristol_ways)
#>     highway            maxspeed         ref              geometry
#>  cycleway: 1721     Length: 6160     Length: 6160     LINESTRING  : 6160
#>  rail  : 1017     Class: character   Class: character epsg: 4326    : 0
#>  road  : 3422     Mode: character    Mode: character  +proj=long...: 0
```

上述代码块加载了一个简单要素对象，包含交通网络上大约 3000 个线段。这是一个容易管理的数据集大小（交通数据集可能很大，但教学最好从小规模开始）。

正如前面提到的，路网可以被表示为数学中的图结构，其中网络上的节点由边连接。已经有一些 R 软件包被开发出来，用于处理这样的图结构，尤其是 **igraph**。你可以手动将路网转化为 igraph 对象，但会丢失地理属性。为了解决这个问题，可以使用 **sfnetworks** 包中的 as_sfnetwork 函数⊖。下面的示例使用了先前部分中使用的 bristol_ways 对象的子集来演示此函数。

```
ways_freeway = bristol_ways %>% filter(maxspeed == "70 mph")
ways_freeway$lengths = st_length(ways_freeway)
ways_sfn = sfnetworks::as_sfnetwork(ways_freeway)
class(ways_sfn)
#> [1] "sfnetwork" "tbl_graph" "igraph"
ways_sfn
#> # A sfnetwork with 370 nodes and 358 edges
```

⊖ 原文为 "**stplanr** 包中开发了 SpatialLinesNetwork() 函数，同时将路网表示为图和一组地理线。"，**stplanr** 包自 1.0.0 版本开始，SpatialLinesNetwork 函数已被删除，因此改为使用 sfnetworks::as_ sfnetwork 函数。——译者注

```
#> #
#> # CRS: EPSG: 4326
#> #
#> # A directed simple graph with 21 components with spatially explicit edges
#> #
#> # A tibble: 370 x 1
#>    geometry
#>    <POINT[°]>
#> 1 (-2.34 51.5)
#> 2 (-2.28 51.5)
#> 3 (-2.34 51.5)
#> 4 (-2.36 51.5)
#> 5 (-2.36 51.5)
#> 6 (-2.35 51.5)
#> # i 364 more rows
#> #
#> # A tibble: 358 x 7
#>    from    to highway maxspeed ref                         geometry lengths
#>   <int> <int>   <fct>    <chr> <chr>              <LINESTRING[°]>     [m]
#> 1    1     2    road   70 mph    M4 (-2.34 51.5,-2.34 51.5,-2.34 51.~   4517.
#> 2    3     4    road   70 mph    M4 (-2.34 51.5,-2.34 51.5,-2.34 51.~   1836.
#> 3    5     6    road   70 mph    M4 (-2.36 51.5,-2.36 51.5,-2.36 51.~    594.
#> # i 355 more rows
```

上一个代码块的输出显示 ways_sln 是一个多类型的复合对象, 包含 370 个节点和 358 条边。可以使用 **sfnetworks** 包的 activate() 函数分别对节点和边进行操作[⊖]。详情参见 sfnetworks 的文档[⊖]。在下面的示例中使用 **igraph** 包计算了 "边介数 (edge betweenness)", 即通过每个边的最短路径的数量 (有关详细信息, 请参阅 ?igraph::

---

betweenness），并在地理空间中绘制了结果（见图 12.5）。结果中每条边表示一个路段：在路网中心附近的路段具有最高的介数。

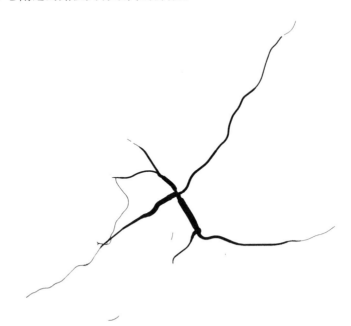

图 12.5   使用 igraph 包生成的小型路网示意图，其中路段的粗细程度与其介数中心度成正比

```
e = ways_sfn %>% sfnetworks::activate('edges') %>% igraph::edge_betweenness()
plot(ways_freeway$geometry, lwd = e / 500)
```

使用这个路网的图表示，还可以找到起点和终点之间的最短路线。可以使用 **stplanr** 中的 sum_network_routes() 等函数执行"本地路径规划"来完成这个任务（参见 12.5 节）。

12.8   基建的优先级划分

本章的最后一个实践部分通过确定需要新建交通基础设施的位置，说明了地理计算在交通应用中的政策相关性。显然，这里呈现的分析类型需要扩展和补充其他方法，以在实际应用中使用，如 12.9 节所讨论的。然而，每个阶段本身都可能很有用，并可为更广泛的分析提供支持。总结来说，这些阶段包括：在 12.5 节中识别短途但依赖汽车的通勤路线（由期望路线生成）；在 12.6 节中创建代表前往火车站的期望路线；在 12.7 节中使用图理论分析路网上的交通系统。

本章的最后一个代码块结合了这些分析的线索。它将 route_carshort 中的依赖汽车的路线与新创建的对象 route_rail 相结合，并创建一个新的列，表示它们代表的质心到质心的期望路线上的出行量：

```
route_rail = desire_rail %>%
  st_set_geometry("leg_orig") %>%
  route(route_fun = route_osrm) %>%
  st_set_crs(4326)
```

```
route_cycleway = rbind(route_rail,route_carshort)
route_cycleway$all = c(desire_rail$all,desire_carshort$all)
```

上述代码的结果展示在图 12.6 中，图中显示了高度依赖汽车的路径，凸显了骑行到火车站的机会（后续的代码块创建了该图的简化版本——请参见 code/12-cycleways.R，以精确复现图形）。这种方法存在一些限制：在现实中，人们并不总是前往区域中心，也不总是使用特定模式的最短路线算法。然而，结果显示出了可以从减少对汽车依赖和公共交通的角度优先考虑自行车道的路线。

```
qtm(route_cycleway,lines.lwd =
"all")
```

这些结果在交互地图中可能更吸引人，但它们传达了什么信息呢？图 12.6 中高亮的路径清晰地展示了交通系统与更广泛的经济和社会背景之间的紧密联系。Bradley Stoke 的情况就

图 12.6　基于核心火车站点的可达性和许多短途汽车出行路径（布里斯托尔北部，Bradley Stoke 周边），**确定布里斯托尔潜在的自行车基础设施优先建设的路线，线条粗细与出行次数成比例**

是一个例子：公共交通服务缺乏且未鼓励人们选择主动出行方式，这些因素都有助于解释为什么该地区如此依赖汽车。更广泛的观点是，汽车依赖具有特定的空间分布，这对可持续交通政策产生了深远的影响。

12.9　未来展望

本章介绍了使用地理计算进行交通研究的可能性，并通过开放数据和可重复的代码探讨了构成城市交通系统的一些关键地理元素，这些结果可以辅助投资规划。

交通系统在多个相互作用的层面上运行，这意味着地理计算方法具有巨大的潜力，可以深入了解它们的工作方式以及不同干预措施可能产生的影响。在这一领域还有很多事情可以做：可以在本章介绍的基础上在多个方向上进行扩展研究。交通运输是许多国家增长最快的温室气体排放源，并将成为"最大的温室气体排放源，尤其是在发达国家"（参见 EURACTIV.com⊖）。由于社会中的交通相关排放的分布极不均匀，而且交通（与食品和供暖不同）并非必需品，所以通过抑制需求、车辆电气化和鼓励步行和骑行等主动出行方式的推广，该领域有巨大潜力快速减少碳排放。在地方层面进一步探索此类"交通的未来"，是交通相关地理计算研究很有前景的方向。

从方法上讲，本章介绍的基础分析方法可以通过加入更多变量来扩展。例如，可以将路径的特征，如限速、拥挤度和提供受保护的骑行和步行路径等，与"出行方式分配"（不同出行方式的比例）联系起来。通过使用缓冲区和在第 3 章和第 4 章中介绍的地理数据方法，聚合 OpenStreetMap 的数据，从而检测到与交通路线紧密相邻的绿色出行地区。然后，利用 R 语言的统计建模能力来预测当前和未来的骑行占比。

这种类型的分析支持了"倾向骑自行车工具（Propensity to Cycle Tool，PCT）"，这是一个使用 R 语言开发的公开可访问的地图工具，用于优先考虑英格兰各地自行车的投资项目（Lovelace et al., 2017）。可以运用类似的工具鼓励制定基于实证的交通政策，以解决世界各地的空气污染和公共交通准入等其他问题。

⊖　https://www.euractiv.com/section/agriculture-food/opinion/transport-needs-to-do-a-lot-more-to-fight-climate-change/。

12.10 练习

1）如果要建设图 12.6 中呈现的所有路径，那么将建设的自行车道的总长度是多少？

- 附加题：使用两种方法，得出相同答案。

2）在 desire_lines 中表示的出行比例中，route_cycleway 对象占多少比例？

- 附加题：有多少比例的出行与建议的路径有交叉？
- 困难：编写代码以增加这一比例。

3）本章中的分析旨在教授如何将地理计算方法应用于交通研究。如果你在为地方政府或交通咨询公司效力，那么你会做哪些不同的前 3 件事？

4）显然，图 12.6 中标识的路径只提供了部分信息。如何扩展分析，以纳入更多潜在的骑行行程？

5）假设你希望通过创建关键的区域（而不是路线）来扩展场景，以投资基于地点的骑行政策，比如无车区、自行车停车点和减少汽车停车策略。栅格数据如何协助完成这项工作？

- 附加题：创建一个栅格图层，将布里斯托尔地区划分为 100 个单元格（10×10），并提供与交通政策相关的度量标准，例如穿过每个单元格的步行人数，或从 bristol_ways 数据集中获取的道路的平均限速（与第 13 章采用的方法类似）。

第 13 章

地理营销

前提要求

- 本章需要以下软件包（还必须安装 **revgeo**）：

```
library(sf)
library(dplyr)
library(purrr)
library(raster)
library(osmdata)
library(spDataLarge)
```

- 所需数据将在适当的时候下载。为了方便读者并确保易于重现，我们在 **spDataLarge** 包中提供了需要下载的数据。

13.1　导读

地理营销（有时也称为位置分析或位置智能）是一个广泛的研究和商业应用领域，本章演示了在第一部分和第二部分学到的技能如何应用于这个特定领域。一个典型的例子是新店选址。这里的目标是如何吸引最多的访客，并最终实现最大的利润。还有许多非商业应用可以利用这种技术来造福公众，例如在哪里设立新的医疗服务（Tomintz et al.，2008）。

人是位置分析的基础，尤其是他们可能花费时间和其他资源的地方。有趣的是，生态概念和模型与商店选址分析中使用的概念和模型非常相似。动物和植物可以根据随空间变化的变量，在某些"最佳"位置最好地满足其需求（Muenchow et al.，2018；另见第 14 章）。这是地理计算和地理信息科学的一大优势：概念和方法可以转移到其他领域。例如，北极熊更喜欢北纬地区，那里温度较低，食物（海豹和海狮）丰富。同样，人类倾向于聚集在某些地方，创造类似于北极生态位的经济利基（和高土地价格）。位置分析的主要任务是根据可用数据找出特定服务的"最佳位置"。典型的研究问题包括：

- 目标群体住在哪里，他们经常去哪些地方？
- 竞争店铺或服务位于哪里？
- 多少人可以轻松到达特定店铺？
- 现有的服务是否过度或未充分开发市场潜力？
- 公司在特定区域的市场份额是多少？

本章通过基于真实数据的假设案例研究，展示了地理计算如何回答此类问题。

13.2 案例研究：德国的自行车商店

想象一下，你正在德国开设一家自行车连锁店。商店应设在潜在顾客尽可能多的城市地区。此外，一项假设调查（本章虚构，不可用于商业用途！）表明单身年轻男性（20~40 岁）是目标受众，最有可能购买你的产品。你很幸运，有足够的资金来开设多家商店。但它们应该开设在什么位置呢？咨询公司（雇用地理营销分析师）很乐意收取高额费用来回答此类问题。幸运的是，我们可以借助开放数据和开源软件自己做到这一点。以下部分将演示如何应用在本书第 1 章中学到的技术，来执行服务位置分析的常见步骤：

- 整理德国人口普查的输入数据（13.3 节）。
- 将人口普查的表格数据转换为栅格对象（13.4 节）。
- 确定人口密度高的都市区（13.5 节）。

- 下载这些区域的详细地理数据（使用 **osmdata** 从 OpenStreetMap 下载）（13.6 节）。
- 使用地图代数创建栅格，以对不同位置的相对可取性进行评分（13.7 节）。

尽管我们已将这些步骤应用于特定案例研究，但它们也可以推广到商店选址或公共服务提供的许多场景。

13.3　整理输入数据

德国政府提供分辨率为 1km 或 100m 的网格化人口普查数据。以下代码块用于下载、解压并读取 1km 数据。

```
download.file("https://tinyurl.com/ybtpkwxz",
              destfile = "census.zip",mode = "wb")
unzip("census.zip")  #解压文件
census_de = readr::read_csv2(list.files(pattern ="Gitter.csv"))
```

为了方便读者，相应的数据已经被放进 **spDataLarge** 包中，可以用以下方式获取：

```
data("census_de",package = "spDataLarge")
```

census_de 对象是一个数据框，包含 13 个变量，覆盖德国 30 多万个网格单元。我们的任务只需要使用其中一部分变量：东距（x）和北距（y）、居民数量（population；pop）、平均年龄（mean_age）、女性比例（women）和平均家庭规模（hh_size）。下面的代码块选定了这些变量，并从德语重命名为英语，表 13.1 对它们进行了汇总。此外，mutate_all() 用于将值 –1 和 –9（表示"未知"）转换为 NA。

```
# pop 指代 population（人口），hh_size 指代 household size（家庭规模）
input = dplyr::select(census_de, x = x_mp_1km,y = y_mp_1km,pop = Einwohner,
                      women = Frauen_A,mean_age = Alter_D,hh_size =
                             HHGroesse_D)
#把 -1 和 -9 设置为 NA
input_tidy = mutate_all(input, list(~ifelse(.%in% c(-1,-9),NA,.)))
```

表 13.1　从下载的 census.zip 里的 Datensatzbeschreibung…xlsx 文件中获取的，
人口普查数据的每个变量的类别（查看图 13.1 以了解它们的空间分布情况）

类别	人口	女性占比（%）	平均年龄	平均家庭人数
1	3~250	0~40	0~40	1~2
2	250~500	40~47	40~42	2~2.5
3	500~2000	47~53	42~44	2.5~3
4	2000~4000	53~60	44~47	3~3.5
5	4000~8000	>60	>47	>3.5
6	>8000			

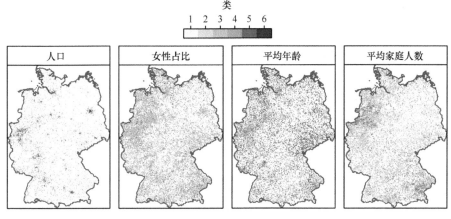

图 13.1　2011 年德国人口普查的网格化数据（有关类别的描述，参见表 13.1）

13.4　创建人口普查栅格数据

预处理后，可以使用 rasterFromXYZ() 函数轻易地将数据转换为多层的栅格对象
（参见 2.3.3 节和 3.3.1 节）。它需要一个输入数据框，其中前两列表示网格上的坐标，
剩余的所有列（此处为 pop、women、mean_age、hh_size）将用作栅格图层的值（见
图 13.1；另请参阅我们的 github 存储库中的 code/13-location-jm.R⊖）。

```
input_ras = rasterFromXYZ(input_tidy,crs = st_crs(3035) $proj4string)
```

⊖ https://github.com/geocompx/geocompr/blob/1.0/code/13-location-jm.R。——译者注

```
input_ras
#> class:RasterBrick
#> dimensions:868, 642, 557256, 4 (nrow, ncol, ncell, nlayers)
#> resolution:1000, 1000 (x, y)
#> extent:4031000, 4673000, 2684000, 3552000 (xmin, xmax, ymin, ymax)
#> coord.ref.:+proj=laea +lat_0=52 +lon_0=10
#> names       :  pop, women, mean_age, hh_size
#> min values  :    1,     1,        1,       1
#> max values  :    6,     5,        5,       5
```

> 请注意，我们使用的是等面积投影（EPSG：3035；Lambert Equal Area Europe），即投影 CRS，其中每个网格单元具有相同的面积，此处为 $1000 \times 1000 \text{m}^2$。由于我们主要使用的是每个网格单元的居民人数或女性比例等密度数据，因此每个网格单元的面积相同是至关重要的，这样可以避免"比较苹果和橘子"的情况。在地理坐标参照系统中要小心，因为网格单元的面积在向极地方向不断减小（参见 2.4 节和第 6 章）。

提示

　　下一阶段是根据 13.3 节中提到的调查，使用 4.3.3 节中介绍的 **raster** 包的函数 reclassify() 对 input_ras 中存储的栅格值进行重新分类。对于人口数据，我们使用类的均值将其转换为数字类型。如果栅格单元的值为 1（"类别 1"中的单元格包含 3~250 名居民），则假定其人口为 127；如果栅格单元的值为 2（包含 250~500 名居民），则假定人口为 375，以此类推（见表 13.1）。"类别 6"的单元格值为 8000，因为这些单元格包含 8000 以上的人。当然，这些是真实人口的近似值，而不是精确值。⊖不过，目前的精确程度已经足以用于划定都市区的范围（见下一节）。

　　与代表总人口绝对估计的人口变量 pop 不同，其余变量被重新分类为与调查中使用的权重相对应的权重。例如，变量 women 中的类 1 代表女性占人口 0%~40% 的地区；这些地区被重新分类为相对较高的权重 3，因为目标人口主要是男性。同样，包含最年轻人口和最高比例单人家庭的类别被重新分类为具有高权重。

```
rcl_pop = matrix(c(1,1,127,2,2,375,3,3,1250,
                   4,4,3000,5,5,6000,6,6,8000),
```

⊖　在练习中会探讨这种重新分类阶段中可能导致的潜在错误。

```
                    ncol = 3, byrow = TRUE)
rcl_women = matrix(c(1, 1, 3, 2, 2, 2, 3, 3, 1, 4, 5, 0),
                    ncol = 3, byrow = TRUE)
rcl_age = matrix(c(1, 1, 3, 2, 2, 0, 3, 5, 0),
                    ncol = 3, byrow = TRUE)
rcl_hh = rcl_women
rcl = list(rcl_pop, rcl_women, rcl_age, rcl_hh)
```

请注意，我们已确保列表中重新分类矩阵的顺序与 input_ras 的元素顺序相同。例如，它们的第一个元素都表示人口。随后，for 循环将重新分类矩阵应用于相应的栅格图层。最后，下面的代码块确保 reclass 图层与 input_ras 图层具有相同的名称。

```
reclass = input_ras
for(i in seq_len(nlayers(reclass))) {
  reclass[[i]] = reclassify(x = reclass[[i]], rcl = rcl[[i]], right = NA)
}
names(reclass) = names(input_ras)
reclass
#>... (未展示完整的输出)
#> names      : pop, women, mean_age, hh_size
#> min values : 127,    0,        0,       0
#> max values : 8000,   3,        3,       3
```

13.5 定义都市区

我们将都市区定义为 20km² 的像素内居住人口超过 50 万。如 5.3.3 节所述，可以使用 aggregate() 快速创建这种粗分辨率的像素。下面的命令使用参数 fact = 20 将结果的分辨率降为原来的 1/20（回想一下原始栅格分辨率为 1km²）：

```
pop_agg = aggregate(reclass$pop, fact = 20, fun = sum)
```

下一步是只保留超过 50 万人的单元格。

```
pop_agg = pop_agg[pop_agg > 500000,drop = FALSE]
```

绘制该图将揭示 8 个大都市区（见图 13.2）。每个区域由一个或多个栅格单元组成。如果我们能够将属于同一地区的所有单元格连接起来，那就太好了。**raster** 包的 clump() 命令正是这样做的。随后，rasterToPolygons() 函数将栅格对象转换为空间多边形，再使用 st_as_sf() 将其转换为 sf 对象。

```
polys = pop_agg %>%
    clump() %>%
    rasterToPolygons() %>%
    st_as_sf()
```

现在，polys 包含一个名为 clumps 的列，该列指示每个多边形属于哪个大都市区，现在使用它将多边形聚合为连贯的单个区域（参见 5.2.6 节）：

```
metros = polys %>%
    group_by(clumps) %>%
    summarize()
```

图 13.2　聚合人口栅格（分辨率：20km）**以及已识别的大都市区**（黄金多边形）**和相应名称**

如果没有其他列作为输入，summarize() 仅会合并几何体。

结果得到的 8 个适合自行车门店的大都市区（见图 13.2；创建该图参见 code/13-location-jm.R）仍然缺少命名。反向地理编码方法可以解决这个问题：给定一个坐标，它找到相应的地址。因此，提取每个都市区的质心坐标可以作为反向地理编码 API 的输入。**revgeo** 包提供了对开源 Photon geocoder（地理编码器）的访问，它支持 OpenStreetMap、Google Maps 和 Bing。默认情况下，它使用 Photon API。revgeo::revgeo() 仅接受地理坐标（纬度 / 经度）。因此，第一个要求是将都市多边形放入适当的坐标参照系（第 6 章）。

```
metros_wgs = st_transform(metros,4326)
coords = st_centroid(metros_wgs) %>%
  st_coordinates() %>%
  round(4)
```

如果将 revgeocode() 函数的 output 参数设置为 frame，则将返回一个 data.
frame，其中包含若干表示位置信息的列，包括街道名称、门牌号和城市。

```
library(revgeo)
metro_names = revgeo(longitude = coords[,1],latitude = coords[,2],
                     output = "frame")
```

为了确保读者使用完全相同的结果，我们已将它放入 **spDataLarge** 包中。

```
# 从 spDataLarge 包加载 metro_names
data("metro_names",package = "spDataLarge")
```

总体而言，我们对 city 列作为大都市名称感到满意（见表 13.2），但有一个例
外，即属于杜塞尔多夫（Düsseldorf）大区的 Wülfrath。因此，我们将 Wülfrath 替换为
Düsseldorf（见图 13.2）。像 ü 这样的变音符号可能会导致进一步的麻烦，例如，当使用
opq() 确定大都市区的边界框时（请参阅下文），这就是我们避免使用它们的原因。

表 13.2　反向地理解析结果

城市	州
Hamburg	Hamburg
Berlin	Berlin
Wülfrath	North Rhine-Westphalia
Leipzig	Saxony
Frankfurt am Main	Hesse
Nuremberg	Bavaria
Stuttgart	Baden-Württemberg
Munich	Bavaria

```
metro_names = dplyr::pull(metro_names,city) %>%
  as.character() %>%
  ifelse(.=="Wülfrath","Duesseldorf",.)
```

13.6　兴趣点

osmdata 包提供了方便访问 OSM 数据的接口（另请参见 7.3 节）。我们没有下载整个德国的商店，而是将查询限制在定义的大都市区，从而减少了计算负载并仅提供感兴趣区域的商店位置。随后的代码块使用许多函数来完成此操作，包括：

● map()（相当于 **tidyverse** 中的 lapply()），通过迭代所有 8 个都市名称来定义在 OSM 查询函数 opq() 中的边界框。（参见 8.2 节）。

● add_osm_feature() 指定键值为 shop 的 OSM 元素（有关常见键值对的列表，请参阅 wiki.openstreetmap.org[⊖]）。

● osmdata_sf()，它将 OSM 数据转换为空间对象（sf 类）。

● while()，如果第一次失败，则重复尝试（在本例中，最多尝试 3 次）。[⊖]

在运行此代码之前，请注意，此代码将下载近 2GB 的数据。为了节省时间和资源，我们将输出放入 **spDataLarge** 包中，它被命名为 shops，并应该在你的环境可用。

```r
shops = map(metro_names,function(x) {
 message("Downloading shops of:",x,"\n")
 #休眠,给服务器一点时间
 Sys.sleep(sample(seq(5,10,0.1),1))
 query = opq(x) %>%
   add_osm_feature(key = "shop")
 points = osmdata_sf(query)
 #如果没有完成加载,则再次请求同样的数据
 iter = 2
 while(nrow(points$osm_points) == 0 & iter > 0) {
   points = osmdata_sf(query)
   iter = iter-1
 }
```

⊖ http://wiki.openstreetmap.org/wiki/Map_Features。
⊖ 下载 OSM 数据时，第一次尝试有时会失败。

```
  points = st_set_crs(points$osm_points,4326)
})
```

在我们定义的大都市区中不太可能没有商店。下面的 if 条件只是检查每个地区是否至少有一个商店。如果没有，我们建议尝试再次下载该特定区域的商店。

```
#检查是否每个大都市区都有商店数据
ind = map(shops,nrow) == 0
if(any(ind) ) {
  message("There are/is still(a) metropolitan area/s without any features:
         \n",paste(metro_names[ind],collapse =","),"\nPlease fix it!")
}
```

为了确保每个列表元素（sf 数据框）具有相同的列，我们只保留 osm_id 和 shop 列，这是通过另一个 map 循环实现的。这并不是一个给定的条件，因为 OSM 贡献者在收集数据时并不总是同样细致。最后，我们将所有商店拼接到一个大的 sf 对象中。

```
#选择特定的列
shops = map(shops,dplyr::select,osm_id,shop)
#把所有列表合并成一个数据框
shops = do.call(rbind,shops)
```

如果直接使用 map_dfr() 会更简单。不幸的是，到目前为止，它不能与 sf 对象一起使用。请注意，shops 对象也可以直接从 spDataLarge 包加载：

```
data("shops",package = "spDataLarge")
```

剩下唯一要做的就是将空间点对象转换为栅格（参见 5.4.3 节）。sf 对象 shops 被转换为具有与重新分类对象 reclass 有相同参数（尺寸、分辨率、CRS）的栅格。重要的是，这里使用 count() 函数来计算每个单元格中的商店数量。

提示　　　如果使用 count() 函数对 shop 列进行计数，而不是 osm_id 列，每个单元格的商店数会变少，因为 shop 列包含缺失值，而 count() 函数在栅格化矢量对象时会忽略缺失值。

因此，后续代码块的结果是商店密度的估计（商店数量 /km^2）。st_transform() 在 rasterize() 之前使用，以确保两个输入的 CRS 匹配。

```
shops = st_transform(shops,proj4string(reclass))
#创建 poi 栅格
poi = rasterize(x = shops,y = reclass,field = "osm_id",fun = "count")
```

与其他栅格图层（人口、女性、平均年龄、家庭规模）一样，poi 栅格被重新分类为 4 类（请参见 13.4 节）。在某种程度上，定义类间距是一项随意的任务。可以使用等间隔、分位数间隔、固定值或其他方法。在这里，我们选择 Fisher-Jenks 自然断点方法，该方法最大限度地减少类内方差，其结果将作为重新分类矩阵的输入。

```
#构建重新分类矩阵
int = classInt::classIntervals(values(poi),n = 4,style = "fisher")
int = round(int$brks)
rcl_poi = matrix(c(int[1],rep(int[-c(1,length(int))],each = 2),
                   int[length(int)]+ 1),ncol = 2,byrow = TRUE)
rcl_poi = cbind(rcl_poi,0:3)
#重新分类
poi = reclassify(poi,rcl = rcl_poi,right = NA)
names(poi) = "poi"
```

13.7　确定合适的位置

合并所有图层之前，剩下的唯一步骤是将 poi（兴趣点）添加到重新分类栅格 reclass 并从中删除人口图层。删除人口图层的理由有两个。首先，我们已经划定了大都市区，即人口密度高于德国其他地区平均水平的地区。其次，虽然在特定的服务区域内拥有许多潜在客户是有利的，但仅凭数量本身可能并不能真正代表所需的目标群体。例如，住宅塔楼是人口密度高的区域，但不一定具有对昂贵的自行车部件的高购买力。上述操作通过补充函数 addLayer() 和 dropLayer() 实现：

```
# 添加 poi 栅格图层
reclass = addLayer(reclass,poi)
# 删除 population 栅格图层
reclass = dropLayer(reclass,"pop")
```

与其他数据科学项目一样，到目前为止，数据检索和"整理"已经消耗了大部分工作量。有了干净的数据，最后一步——通过对所有栅格图层求和来计算最终分数——可以用一行代码完成。

```
# 计算总评分
result = sum(reclass)
```

例如，大于 9 的分数可能是一个合适的阈值，指示可以开设自行车商店的单元格（见图 13.3；另见 code/13-location-jm.R）。

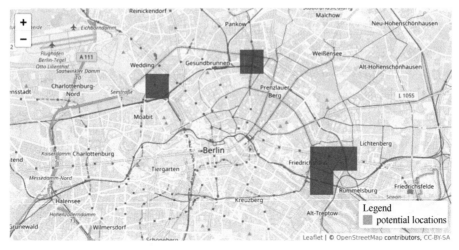

图 13.3　根据对柏林的假设调查，适合开设自行车商店的区域（即评分 >9 的栅格单元）

13.8　讨论和后续步骤

本章展示的方法是 GIS 应用中的典型示例（Longley，2015）。我们将调查数据与专家知识和假设相结合（例如大都市区的定义，类间隔的确定以及最终评分阈值的设定）。需要明确的是，这一方法并不适用于科学知识的推进，而是一种非常经验的信息提取方式。换句话说，我们只是基于常识猜测，确定了适合开自行车商店的区域。但我们没有确凿的证据证明这一点。

还有一些未考虑到的因素，可能会改进分析：

● 在计算最终得分时，我们采用了相同的权重。但举个例子，家庭规模是否与女性比例或平均年龄一样重要？

● 我们使用了所有的兴趣点。也许更明智的做法是只使用那些对自行车商店有兴趣的点，比如自助服务、硬件、自行车、钓鱼、打猎、摩托车、户外和体育用品店（参见 OSM Wiki⊖上提供的商店数值范围）。

● 更高分辨率的数据可能会改变和提升结果。例如，使用更精细的分辨率（100m；见练习）的人口数据。

● 我们只使用了有限的变量。例如，INSPIRE geoportal⊖可能包含更多对我们分析有帮助的数据（另见 7.2 节）。自行车道的密度可能是另一个有趣的变量，还有购买力，自行车的零售购买力可能会更好。

● 我们没有考虑交互作用，比如男性比例和单身户之间可能存在的交互作用。然而，要了解这种交互作用，我们需要客户数据。

简而言之，这里呈现的分析远非完美。尽管如此，它也应该让你对如何在地理营销背景下获取和处理 R 语言中的空间数据有了初步的印象和理解。

最后，需要指出，这个分析仅仅是寻找自行车商店最优选址的第一步。到目前为止，根据我们的调查，我们已经确定了 $1km^2$ 大小的潜在适合自行车商店的区域。我们可以按以下步骤继续分析：

● 根据特定服务范围内的居民数量寻找最佳位置。例如，店铺应该让尽可能多的人骑行 15min 即可到达（服务范围路径规划）。同时，我们应该考虑到离店铺越远，人们实际访问的可能性就越低（距离衰减函数）。

● 同样，考虑竞争对手是个好主意。也就是说，如果已经有一家自行车商店在所选位置附近，我们必须在竞争对手之间分配潜在的顾客（或销售潜力）（Huff，1963；Wieland，2017）。

● 我们需要找到合适且价格适中的场地，要考虑可达性、停车位的可用性、期望的人流量以及是否有大窗户等因素。

⊖ http://wiki.openstreetmap.org/wiki/Map_Features#Shop。

⊖ http://inspire-geoportal.ec.europa.eu/discovery/。

13.9　练习

1）我们曾使用 raster::rasterFromXYZ() 函数将 input_tidy 转成栅格。尝试使用 sp::gridded() 函数达到同样的目的。

2）下载 100m 单元格分辨率的居民信息的 csv 文件（https://www.zensus2011.de/SharedDocs/Downloads/DE/Pressemitteilung/DemografischeGrunddaten/csv_Bevoelkerung_100m_Gitter.zip?__blob=publicationFile&v=3）。请注意，解压后的文件大小为 1.23GB。要将其读入 R 语言，你可以使用 readr::read_csv。在 16GB 内存的计算机上，这需要 30s。data.table::fread() 可能更快，它返回 data.table() 类的对象。使用 as_tibble() 将其转换为 tibble 对象。构建居民栅格，将其聚合为 1km 的像元分辨率，然后与我们使用类均值创建的居民栅格（inh）进行比较，找出差异。

3）假设我们的自行车商店主要向老年人出售电动自行车。更改相应的年龄栅格，重复剩余的分析并将结果与我们的原始结果进行比较。

第14章

生 态 学

前提要求

本章假设你已经对第 2~ 第 5 章所讲的地理数据分析和处理有了很好的理解。
本章需要使用以下软件包[⊖]：

```
library(sf)
library(raster)
library(mlr)
library(dplyr)
library(vegan)
library(qgisprocess)
```

⊖ 原书中使用 **RQGIS** 包，该包已停止维护。本章使用 **qgisprocess** 包替代它，相应代码也有更新，更新处不再赘述。——译者注

14.1 导读

在本章中，我们将建模雾绿洲的植物区系梯度，揭示明显受水源供应控制的独特植被带。为此目标，我们将融汇前面章节提出的概念，甚至拓展它们（第 2 章 ~ 第 5 章和第 9 章与第 11 章）。

雾绿洲是我们所遇到的最迷人的植被形态之一。这些被当地人称为"洛马斯（lomas）"的植被形态，形成于秘鲁和智利沿海沙漠的山脉上[一]。沙漠极端的条件为这个独特的生态系统提供了栖息地，孵化出了雾绿洲特有的物种。虽然气候干燥，年均降水量低至 30~50mm，但南半球的冬季期间，雾的沉积会增加植物可利用的水量。这导致秘鲁沿海地带的南坡绿意盎然（见图 14.1）。这种雾气形成于南半球冬天冰冷的洪堡寒流下的温度反转层中，因此这种栖息地以此命名。每隔几年，厄尔尼诺现象会给这个阳光炙烤的环境带来暴雨。这使沙漠繁花盛开，为树苗提供了足够长的时间发育根系，以在随后干旱的条件下生存下去。

不幸的是，雾绿洲正遭受严重威胁，很大程度上是由于人类活动（农业和气候变化）。为了有效保护这些残余的独特植被生态系统，需要了解原生植被的组成和空间分布（Muenchow et al., 2013a，b）。洛马斯山脉作为旅游目的地也具有经济价值，并可以通过休闲活动提高当地人的福祉。例如，大多数秘鲁人居住在沿海沙漠，而洛马斯山脉通常是最近的"绿色"地带。

在本章中，我们将演示前几章学习的一些技术在生态学中的应用。这个案例研究将涉及分析 Mongón 山南坡维管植物的组成和空间分布，Mongón 是一座洛马斯山，位于秘鲁中北部海岸的 Casma 附近（见图 14.1）。

在 2011 年南半球的冬季，我们在 Mongón 山进行了一项实地调查，记录了 100 个随机采样的 4×4m² 样地中的所有维管植物（Muenchow et al., 2013a）。这次采样正值当年强烈的拉尼娜（La Niña）事件（参见 NOASS 气候预测中心[二]的 ENSO 监测）。这导致沿海沙漠的干旱比平时更严重。另一方面，它也增加了秘鲁洛马斯山南坡的雾活动。

排序分析（Ordinations）是一种降维技术，可以从一个含噪声的数据集中提取出主

○ 类似的植被形态在世界其他地方也有，例如纳米比亚以及也门和阿曼的海岸 Galletti et al.（2016）。

○ http://origin.cpc.ncep.noaa.gov/products/analysis_monitoring/ensostuff/ONI_v5.php。

要梯度，在我们的例子中是沿山坡南侧发育的植物区系梯度（参见下一节）。在本章中，我们将第一个排序轴，即植物区系梯度，建模为海拔、坡度、汇流面积和 NDVI 等环境预测变量的函数。为此，我们将使用随机森林模型，这是一种非常流行的机器学习算法（Breiman，2001）。该模型可以让我们对研究区域的任何地方进行植被组成的空间预测。为了保证最佳预测效果，建议提前使用空间交叉验证调优超参数（见 11.5.2 节）。

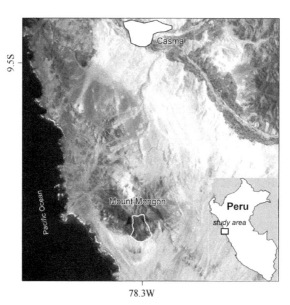

图 14.1　Mongón 山研究区域（来自 Muenchow、Schratz 和 Brenning 的研究，2017）

14.2　数据和数据准备

接下来的分析所需要的数据都可以通过 **spDataLarge**⊖软件包获得。

```
data("study_area","random_points","comm",package = "spDataLarge")
dem = raster(system.file("raster/dem.tif",package = "spDataLarge"))
ndvi = raster(system.file("raster/ndvi.tif",package = "spDataLarge"))
```

study_area 是一个 sf 多边形，表示研究区域的轮廓。random_points 是一个 sf

⊖　原文是从 **RQGIS** 包加载，该包已经停止维护，因此译者改为从 **spDataLarge** 包加载。——译者注

对象，包含了 100 个随机选择的样点。comm 是一个宽数据格式的群落矩阵（Wickham，2014b），其中行代表实地访问的样点，列代表观察到的物种。○

```
# 第 35 到 40 个样点及其对应的前 5 个物种的出现情况
comm[35:40,1:5]
#>     Alon_meri Alst_line Alte_hali Alte_porr Anth_eccr
#> 35          0         0         0       0.0     1.000
#> 36          0         0         1       0.0     0.500
#> 37          0         0         0       0.0     0.125
#> 38          0         0         0       0.0     3.000
#> 39          0         0         0       0.0     2.000
#> 40          0         0         0       0.2     0.125
```

这些值表示每个样点的物种覆盖率，是物种覆盖区域与样点区域的百分比（请注意，由于个体植物之间的重叠覆盖，一个样点的覆盖率可能会超过 100%）。comm 的行名对应于 random_points 的 id 列。dem 是研究区域的数字高程模型（DEM），ndvi 是从卫星影像的红外和近红外通道计算出的归一化植被指数（Normalized Difference Vegetation Index，NDVI，参见 4.3.3 节和 ?ndvi）。可视化数据有助于深入了解它，如图 14.2 所示，其中 dem 数据的图层上叠加了 random_points 和 study_area 数据集的图层。

下一步是计算一些变量，这些变量不仅用于建模和预测结果的地图可视化（参见 14.4.2 节），也可用于将非度量多维尺度（NMDS）轴与研究区域的主梯度（即海拔和湿度）对齐（参见 14.3 节）。

具体来说，我们将使用 R 语言调用 QGIS 从数字高程模型中计算集水区坡度和集水区面积（参见第 9 章）。曲率也可能是有价值的预测变量，你将会在练习部分了解它们如何改变建模结果。

为了计算集水区面积和集水区坡度，我们将使用 saga: sagawetnessindex 函数。○ qgis_show_help() 返回指定算法的所有参数和默认值。这里，我们只展示了部分输出。

```
qgisprocess::qgis_enable_plugins("processing_saga_nextgen")
qgisprocess::qgis_show_help("sagang:sagawetnessindex")
```

○　在统计学中，这也被称为列联表或交叉表。
○　不得不承认，想了解 sagawetnessindex 计算所需地形属性的方法只能去熟悉 SAGA，这让人有点不爽。

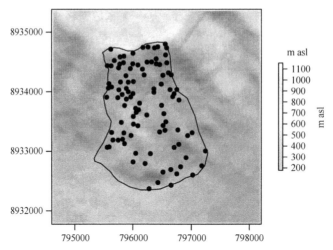

图 14.2　研究区域（多边形），**采样后的样点的位置**（黑色点），**以及背景中的 DEM**

```
#> Saga wetness index(sagang:sagawetnessindex)
#> ...
#> ----------------
#> Arguments
#> ----------------
#>
#> DEM:Elevation
#> Argument type:  raster
#> Acceptable values:
#>    -Path to a raster layer
#> ...
#> AREA:Catchment area
#> Argument type:  rasterDestination
#> Acceptable values:
#>    -Path for new raster layer
#> ...
#> SLOPE_TYPE:Type of Slope
#> Default value:  1
#> Argument type:  enum
```

```
#> Available values:
#>      -0:[0]local slope
#>      -1:[1]catchment slope
#> Acceptable values:
#>      -Number of selected option,e.g.'1'
#>      -Comma separated list of options,e.g.'1,3'
#> ...
#>----------------
#> Outputs
#>----------------
#>
#> AREA:<outputRaster>
#>  Catchment area
#> SLOPE:<outputRaster>
#> Catchment slope
#> ...
```

随后，我们使用 R 语言的命名参数指定所需的参数（参见 9.2 节）。回想我们可以使用 R 语言全局环境中的 RasterLayer 对象来指定输入栅格 DEM（参见 9.2 节）。将 SLOPE_TYPE 设置为 1 可以让算法返回集水区坡度。输出结果应该保存到临时文件中，文件扩展名为 .sdat，这是 SAGA 栅格格式。

```
# 预测集水区的坡度和面积
ep = qgisprocess::qgis_run_algorithm(
  alg = "sagang:sagawetnessindex",
  DEM = dem,
  SLOPE_TYPE = 1,
  SLOPE = tempfile(fileext = ".sdat"),
  AREA = tempfile(fileext = ".sdat"),
  .quiet = TRUE)
```

结果返回一个列表，命名为 ep，其中包含 AREA 和 SLOPE 这两个元素。我们在此基础上再添加两个栅格对象，即 dem 和 ndvi，并将其转换为 RasterBrick 对象（参见 2.3.3 节）。

```
# 从输出文件中加载数据
ep = brick(sapply(unlist(ep[c("AREA","SLOPE")]),raster))
ep = stack(c(dem,ndvi,ep))
names(ep) = c("dem","ndvi","carea","cslope")
```

另外，集水区的面积分布严重右偏（hist(ep$carea)）。做一个 log 变换可以让分布更接近正态。

```
ep$carea = log10(ep$carea)
```

为了方便读者，我们已经把最终的 ep 数据集存到了 **spDataLarge** 包中：

```
data("ep",package = "spDataLarge")
```

最后，我们可以将地形属性提取到实地观测数据中（参见 5.4.2 节）。

```
random_points[,names(ep)]= raster::extract(ep,random_points)
```

14.3 降维

排序分析是植被科学中的一种流行工具，用于从大型的物种 - 样地矩阵中提取主要信息，这些矩阵通常填充了大量的 0。这种技术也被用于遥感、土壤科学、地理营销和许多其他领域。如果你不熟悉排序分析的技术或需要复习，可以查看 Michael W.Palmer 的网页⊖了解生态学中流行的排序分析技术的简短介绍，以及 Borcard et al.（2011），深入了解如何在 R 语言中使用这些技术。**vegan** 的软件包文档也是一个非常有用的资源［vignette(package = "vegan")］。

主成分分析（Principal Component Analysis，PCA）可能是最著名的排序分析技术。如果变量之间存在线性关系，并且如果两个样本（观测值）中都缺少一个变量（例如钙），则可以将其视为相似性，那么 PCA 是降维的好工具。但是植被数据中很少遇到

⊖ http://ordination.okstate.edu/overview.htm。

这种情况。

首先，变量与环境梯度的关系通常是非线性的。这意味着植物的生长通常与梯度（例如湿度、温度或盐度）呈现单峰关系，在最有利条件下有一个峰值，朝着不利条件的两端逐渐下降。

其次，两个样地都缺失某些物种也很难说明它们相似。假设在我们的采样中，一种植物物种在最干燥的地方（例如极端的沙漠）和最潮湿的地方（例如树丛草原）中都缺失。那么我们真应该避免认为这两个地方相似，因为这两个完全不同的环境设置在植物组成方面唯一共同点很可能是个别物种的共同缺失（除了少量的无处不在的物种）。

非度量多维尺度（Non-metric MultiDimensional Scaling，NMDS）是生态学中一种流行的降维技术（von Wehrden et al., 2009）。NMDS降低了原始矩阵中对象间距离与排序对象间距离的基于秩的差异。这个差异以应力值表示。应力值越低，排序结果（即原始矩阵的低维表示）越好。应力值小于10表示非常好的拟合，15左右的应力值也不错，而大于20的值则表示拟合不佳（McCune et al., 2002）。在R语言中，**vegan**包的 metaMDS() 函数可以执行NMDS。输入为一个群落矩阵，其中行是样点，列是物种。通常，使用存在 - 缺失数据的排序分析会产生更好的结果（就解释方差而言），不过代价是输入矩阵的信息量会更低（参见练习）。decostand() 函数将数值观测值转换为存在和缺失，其中1表示物种的存在，0表示物种的缺失。诸如NMDS之类的排序技术需要每个样点至少有一个观测值。因此，我们需要排除所有未发现物种的样点。

```
# 存在 - 缺失 矩阵
pa = decostand(comm,"pa")  #100 行(样点), 69 列(物种)
# 只保留至少存在一个物种的样点
pa = pa[rowSums(pa) != 0,]  #84 行, 69 列
```

输出的结果矩阵可以当作NMDS的输入。k指定输出维度的数量，这里设置为4。⊖ NMDS是一个迭代过程，每一步都试图使排序空间与输入矩阵更相似。为了确保算法收敛，我们将步数设置为500（try参数）。

```
set.seed(25072018)
nmds = metaMDS(comm = pa, k = 4, try = 500)
nmds$stress
```

⊖ 选择 k 的一种方法是尝试 k 值在 1~6 之间，然后使用产生最佳应力值的结果（McCune et al., 2002）。

```
#>...
#> Run 498 stress 0.08834745
#> ...Procrustes: rmse 0.004100446 max resid 0.03041186
#> Run 499 stress 0.08874805
#> ...Procrustes: rmse 0.01822361 max resid 0.08054538
#> Run 500 stress 0.08863627
#>...Procrustes: rmse 0.01421176 max resid 0.04985418
#> *** Solution reached
#> 0.08831395
```

应力值为 9 表示非常好的结果，这意味着降维后的排序空间解释了输入矩阵的绝大部分方差。总体而言，NMDS 使更相似的对象（就物种组成方面）在排序空间中更接近。然而，与大多数其他排序技术不同，维度是任意的，不一定按重要性排序（Borcard et al.，2011）。不过，我们已经知道湿度代表了研究区域的主要梯度（Muenchow et al.，2013a，2017）。由于湿度与海拔相关，我们按照海拔旋转 NMDS 轴（参见 ?MDSrotate 了解更多关于旋转 NMDS 轴的细节）。绘制结果发现，第一个维度如预期那样，与海拔明显相关（见图 14.3）。

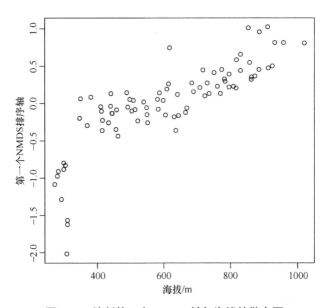

图 14.3　绘制第一个 NMDS 轴与海拔的散点图

```
elev = dplyr::filter(random_points,id %in% rownames(pa)) %>%
  dplyr::pull(dem)
# 按照海拔（湿度的替代指标）旋转 NMDS
rotnmds = MDSrotate(nmds,elev)
# 抽取前两个轴
sc = scores(rotnmds,choices = 1:2,display = "sites")
# plotting the first axis against altitude
# 绘制第一个轴与海拔的散点图
plot(y = sc[,1],x = elev,xlab = " 海拔 /m",
    ylab = " 第一个 NMDS 排序轴 ",cex.lab = 0.8,cex.axis = 0.8)
```

第一个 NMDS 轴的分数代表沿着 Mongón 山坡上出现的不同植被形成，即植物区系梯度。为了对其进行空间可视化，我们可以使用先前创建的预测变量（14.2 节）对 NMDS 分数进行建模，并使用生成的模型绘制预测性地图（见下一节）。

14.4 植物区系梯度建模

我们将使用随机森林模型（Hengl et al.，2018）来预测植物区系梯度的空间分布。随机森林模型经常用于环境和生态建模，而且预测结果通常是最佳的（Schratz et al.，2018）。在这里，我们简要介绍决策树和 Bagging 算法，因为它们是随机森林的基础。有关随机森林和相关技术的详细描述，可以参考 James et al. (2013)。

以此案例介绍决策树，我们首先通过将旋转的 NMDS 分数与实际观测值（random_points）连接来构建响应 - 预测矩阵。我们还将在后面的 **mlr** 建模中使用它。

```
# 创建响应 - 预测矩阵
rp = data.frame(id = as.numeric(rownames(sc) ),sc = sc[,1])
# 与预测值（dem, ndvi 和 terrain 属性）关联
rp = inner_join(random_points,rp,by ="id")
```

决策树将预测空间分割成多个区域。为了说明这一点，我们使用第一个 NMDS 轴

的分数作为响应变量（sc），海拔（dem）作为唯一的预测变量，将决策树应用于我们的数据。

```
library("tree")
tree_mo = tree(sc ~ dem,data = rp)
plot(tree_mo)
text(tree_mo,pretty = 0)
```

决策树的结果包括 3 个内部节点和 4 个终端节点（见图 14.4）。树的顶部的第一个内部节点将所有低于 328.5 的观测值分配到左侧，将所有其他观测值分配到右侧分支。落入左侧分支的观测值，其 NMDS 得分的均值是 –1.198。总体而言，我们可以这样解释这棵树：海拔越高，NMDS 得分越高。决策树有过拟合的倾向，即它们过于拟合了输入数据及其噪声，这反过来会导致预测性能不佳（11.4 节；James et al., 2013）。自助聚合（Bagging）是一种集成技术，有助于克服这个问题。集成技术简单地组合多个模型的预测。因此，Bagging 从相同的输入数据中重复采样并对预测值做平均。这减少了方差和过拟合，从而获得比决策树更好的预测准确性。最后，随机森林通过降低模型之间的相关性来扩展和改进 Bagging，这是合理的。因为高度相关的模型，集成后的预测值有更高的方差，因此可靠性较低，而集成低相关的模型进行预测则有更低的方差和更高的可靠性（James et al., 2013）。为了实现这一点，随机森林使用 Bagging，但与传统的 Bagging 不同，传统的 Bagging 允许每棵树使用所有可用的预测变量，而随机森林从所有可用的预测变量中随机抽取一部分使用。

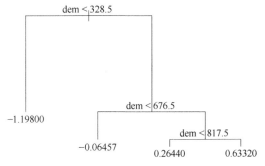

图 14.4　一个决策树的简单示例（包含 3 个内部节点和 4 个终端节点）

14.4.1　mlr 组件

本节的代码很大程度上遵从 11.5.2 节中介绍的步骤。唯一的区别是：

1）响应变量是数值型的，因此使用回归模型取代 11.5.2 节的分类模型。

2）我们将使用均方根误差（RMSE）作为衡量性能的指标，AUROC 只能用于响应变量是分类变量的场景。

3）我们使用随机森林模型，而不是支持向量机，这自然地伴随着不同的超参数。

4）我们展示如何调整空间预测的超参数，而将性能度量的低偏差估计留给读者作为练习（参见练习）。

回想一下，在使用重复 100 次的 5 折空间交叉验证和 50 次迭代的随机搜索时，我们需要 125500 个模型来获取低偏差的性能估计（参见 11.5.2 节）。在超参数调优层中，我们找到最佳的超参数组合，并在性能估计层的性能估计中用这个最佳组合，对指定空间分区的测试数据进行预测，衡量模型效果（见图 11.6）。对 5 个空间分区都进行这样的操作，重复 100 次，总共得到 500 个最佳超参数组合。那么我们应该使用哪一个来进行空间预测呢？答案很简单，都不用。记住，调优超参数是为了降低性能估计的偏差，而不是为了做最好的空间预测。对于后者，人们从完整的数据集估计最佳的超参数组合。这意味着我们有理由跳过内层的超参数调优，因为将模型用于预测新数据（未去过的地方的观测值），却没有其真实结果，那无论如何都无法进行测试。因此，我们通过重复 1 次的 5 折空间交叉验证来调优超参数，以在完整数据集上获得良好的空间预测。

使用 **mlr** 包建模的准备工作包含构建一个响应 - 预测矩阵，其中只包含建模中需要使用的变量，以及构建一个独立的坐标数据框。

```
# 从数据库中提取坐标
coords = sf::st_coordinates(rp) %>%
  as.data.frame() %>%
  rename(x = X, y = Y)
# 只保留建模所需的响应变量和预测变量
rp = dplyr::select(rp, -id, -spri) %>%
  st_drop_geometry()
```

构建好输入变量后，我们已经为创建 **mlr** 的组件（task、learner 和 resampling）做好了准备。我们将使用回归任务，因为响应变量是数值型的。learner 使用 **ranger** 包中的随机森林模型。

```
# 创建任务
task = makeRegrTask(data = rp, target = "sc", coordinates = coords)
# 学习器
lrn_rf = makeLearner(cl = "regr.ranger", predict.type = "response")
```

与支持向量机（见 11.5.2 节）相比，随机森林在使用其超参数的默认值时通常已经表现良好（这可能是它们受欢迎的原因之一）。不过调优超参数通常能在一定程度上提升模型效果，因此值得尝试（Probst et al.，2018）。由于我们处理的是地理数据，将再次利用空间交叉验证来调优超参数（参见 11.4 和 11.5 节）。具体而言，我们将使用 5 折空间分区，只重复一次（makeResampleDesc()）。在这些空间分区中，我们运行 50 个模型（makeTuneControlRandom()）来找到最佳的超参数组合。

```
# 空间分区
perf_level = makeResampleDesc("SpCV",iters = 5)
# 指定随机搜索
ctrl = makeTuneControlRandom(maxit = 50L)
```

在随机森林中，应该调整决定随机程度的超参数 mtry、min.node.size 和 sample.fraction(Probst et al.，2018)。mtry 指示每棵树应该使用多少个预测变量。如果使用所有预测变量，则等价于 Bagging（参见 14.4 节开头部分）。sample.fraction 参数指定每棵树中要使用的观测值的比例。较小的比例会导致更大的多样性，产生更少相关的树，这通常是可取的（参见上文）。min.node.size 参数指示终端节点应至少具有的观测值数量（见图 14.4）。随着树深和计算时间的增加，min.node.size 会越来越小。

超参数组合应在特定的调优限制内（makeParamSet()）。mtry 应在 1 和预测变量的数量（4）之间，sample.fraction 应在 0.2 和 0.9 之间，min.node.size 应在 1 和 10 之间。

```
# 指定搜索空间
ps = makeParamSet(
  makeIntegerParam("mtry",lower = 1,upper = ncol(rp) -1),
  makeNumericParam("sample.fraction",lower = 0.2,upper = 0.9),
  makeIntegerParam("min.node.size",lower = 1,upper = 10)
)
```

最后，tuneParams() 运行超参数调优，并找到指定参数的最佳超参数组合。效果指标是均方根误差（RMSE）。

```
# 超参数调优
set.seed(02082018)
```

```
tune = tuneParams(learner = lrn_rf,
                  task = task,
                  resampling = perf_level,
                  par.set = ps,
                  control = ctrl,
                  measures = mlr::rmse)
#>...
#> [Tune-x]49:mtry=3;sample.fraction=0.533;min.node.size=5
#> [Tune-y]49:rmse.test.rmse=0.5636692;time:0.0 min
#> [Tune-x]50:mtry=1;sample.fraction=0.68;min.node.size=5
#> [Tune-y]50:rmse.test.rmse=0.6314249;time:0.0 min
#> [Tune]Result:mtry=4;sample.fraction=0.887;min.node.size=10:
#> rmse.test.rmse=0.5104918
```

最佳的超参数组合是 mtry 为 4，sample.fraction 为 0.887，min.node.size 为 10。对应的 RMSE 是 0.51，考虑到响应变量的极差是 3.04[diff(range(rp$sc))]，这个 RMSE 是相对不错的。

14.4.2 预测结果的地图可视化

现在可以使用最佳的超参数组合来进行预测。我们只需要修改学习器，使用超参数调优的结果，然后运行相应的模型。

```
# 使用最佳的超参数组合进行学习
lrn_rf = makeLearner(cl = "regr.ranger",
                     predict.type ="response",
                     mtry = tune$x$mtry,
                     sample.fraction = tune$x$sample.fraction,
                     min.node.size = tune$x$min.node.size)
# 更优雅的方式是使用 setHyperPars 函数
# lrn_rf = setHyperPars(makeLearner("regr.ranger",predict.type =
        "response"),par.vals = tune$x)
```

```
# 训练模型
model_rf = train(lrn_rf, task)
# 执行以下代码获取 ranger 的输出：
# mlr::getLearnerModel(model_rf)
# 等价的方式是：
# ranger(sc ~., data = rp,
#         mtry = tune$x$mtry,
#         sample.fraction = tune$x$sample.fraction,
#         min.node.sie = tune$x$min.node.size)
```

　　最后一步是将模型应用于具有空间信息的预测变量，即栅格形式的预测变量。到目前为止，raster::predict() 还不支持 **ranger** 模型的输出，因此我们必须自己编写预测代码。首先，我们将 ep 转换为预测数据框，然后将其作为 predict.ranger() 函数的输入。第三步，我们将预测值放回到 RasterLayer 中（参见 3.3.1 节和图 14.5）。

```
# 把栅格对象转换成数据框
new_data = as.data.frame(as.matrix(ep))
# 使用模型预测
pred_rf = predict(model_rf, newdata = new_data)
# 把预测值放入栅格中
pred = dem
# 用预测值替换海拔(altitudinal)
pred[] = pred_rf$data$response
```

　　植物区系梯度预测结果的地图可视化，清晰地显示出不同的植被带（见图 14.5）。有关洛马斯山脉植被带的详细描述，请参阅 Muenchow et al.（2013b）。蓝色色调代表所谓的铁兰属（Tillandsia）带。铁兰属植物适应能力很强，特别是在沙地和沙漠化的洛马斯山脚下，数量众多。黄色色调指的是草本植被带，与铁兰属带相比，植被覆盖率要高得多。橙色代表凤梨科植物带，其物种丰富度和植被覆盖率最高。它位于温度反转层（海拔 750~850m）正下方，这里的雾气使得湿度最高。水资源在温度反转层以上自然减少，景观再次变得沙漠化，只有少数多肉植物物种（多肉植物带；红色）。有趣的是，空间预测清楚地显示凤梨科植物带的中断，这是一个非常有趣的发现，如果没有对预测结果进行地图可视化，我们将无法检测到它。

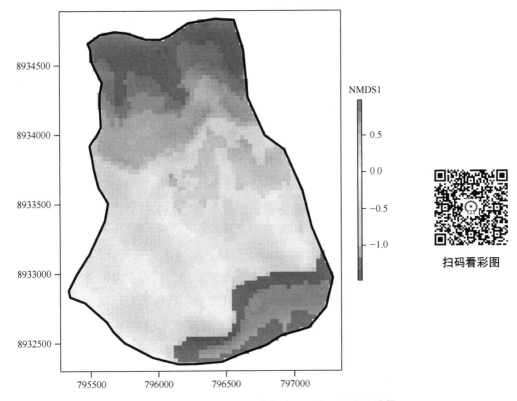

图 14.5　植物区系梯度预测结果的地图可视化，清晰地显示出不同的植被带

14.5　结论

在本章中，我们使用 NMDS（14.3 节）对 Mongón 山的群落矩阵进行了排序分析。第一个排序轴代表了研究区域的主要植物群落梯度，它被建模为环境预测变量的函数，其中部分变量是通过使用 R 语言调用 QGIS（14.2 节）获得的。**mlr** 包提供了构建块来调优超参数 mtry、sample.fraction 和 min.node.size（14.4.1 节）。调优后的超参数作为最终模型的输入，该模型又被应用在环境预测变量上，预测植物群落梯度在空间上的分布（14.4.2 节）。最后的结果在空间上展示了沙漠中心惊人的生物多样性。由于**洛马斯**山脉面临严重威胁，最终的地图可视化可以作为决策基础，用于划定保护区，并让当地居民意识到他们周围独特的生态。

从研究方法的角度来说，还可以处理以下几点：

● 如果也对第二个维度进行建模，并找到一种创新的方式在一个地图中可视化两个维度的建模分数，将会很有趣。

● 如果我们有兴趣从生态学的角度解释模型，应该使用（半）参数模型（Muenchow et al.，2013a；Zuur et al.，2009，2017）。不过至少有一些方法可以帮助解释随机森林等机器学习模型（参见 https://mlr-org.github.io/interpretable-machine-learning-iml-and-mlr/）。

● 与本章中使用的随机搜索相比，基于顺序模型的优化（Sequential Model-Based Optimization，SMBO）可能更适合超参数优化（Probst et al.，2018）。

最后，请注意，随机森林和其他机器学习模型经常用于具有大量观测值和许多预测变量的场景，这些场景的观测值和预测变量比本章案例中的样本多得多，并且通常不清楚哪些变量和变量交互有助于解释响应变量。此外，关系可能是高度非线性的。在我们的案例中，响应和预测变量之间的关系非常清晰，只有少量的非线性，并且观测值和预测变量的数量很少。因此值得尝试线性模型。线性模型比随机森林模型更容易解释和理解，应该优先考虑（简洁定律），此外计算成本也更低（参见练习）。如果线性模型无法处理数据中存在的非线性程度，还可以尝试广义可加模型（Generalized Additive Model，GAM）。这里的重点是，数据科学家的工具箱不仅仅包含一个工具，而且你有责任选择最适合当前任务或目的的工具。在这里，想向读者介绍随机森林建模以及如何使用相应的结果进行空间预测。基于这个目的，适合选用经过充分研究的数据集，并且已知其中响应变量和预测变量之间的关系。但这并不意味着随机森林模型在预测性能上有最佳的结果（参见练习）。

14.6　练习

1）使用群落矩阵的百分比数据进行 NMDS 分析。给出应力值，并将其与使用存在 - 缺失矩阵进行 NMDS 分析的应力值进行比较。观察到的差异可能由哪些原因导致？

2）计算我们在本章中使用的所有预测栅格（流域坡度和流域面积），并将它们放入栅格堆栈中。将 dem 和 ndvi 添加到栅格堆栈中。接下来，计算剖面和切向曲率作为额外的预测栅格，并将它们添加到栅格堆栈中（提示：grass7: r.slope.aspect）。最后，构建一个响应 - 预测矩阵。根据高程旋转第一个 NMDS 轴的得分（当使用存在 -

缺失群落矩阵时的结果）表示响应变量，并与 random_points 进行连接（使用内连接）。提取环境预测栅格堆栈的值到 random_points，完成最终的响应 - 预测矩阵。

3）使用上一个练习的响应 - 预测矩阵来拟合随机森林模型。找到最佳超参数并使用它们做预测，使用预测结果进行地图可视化。

4）使用空间交叉验证方法，在内层超参数调优循环中采用随机搜索（50 次迭代）来估计随机森林模型的最优超参数组合（参见 11.5.2 节）。在超参数调优层进行并行化处理（参见 11.5.2 节）。计算 RMSE 的平均值，并使用箱型图来可视化所有得到的 RMSE 值。

5）使用空间交叉验证，计算简单线性模型的 RMSE 值。并通过制作每个建模方法的 RMSE 箱型图，与随机森林模型的结果进行比较。

第15章

总 结

前提要求

正如导读所述，这篇结语章节包含的代码段很少。但它的前提要求还是很高的。它假设你已经：

- 阅读并尝试练习了第一部分（基础）的所有章节中的练习。
- 通过阅读第二部分（扩展）的代码和文字，在此基础上掌握了各种处理数据的方法。
- 在阅读完第三部分（应用）之后，开始思考如何将地理计算应用到解决现实世界的问题上，尤其是自身工作和其他领域。

15.1 导读

本章的目的是基于反复出现的主题和概念，对所学内容进行总结，并激发应用的灵感，指引未来发展的方向。15.2 节讨论了在 R 语言中处理地理数据时面临的各种选择。选择权是开源软件的关键特征；该节对如何选择软件包提供了指导。15.3 节描述了书中未提及的内容，并解释了为什么有意排除了某些研究领域，而强调了其他领域。这种讨论引出了一个问题（15.4 节回答）：阅读完本书后，如何进一步学习？ 15.5 节回到第 1 章提出的更广泛的问题。在其中，我们将地理计算视为更广泛的"开源方法"的一部分，这可以确保方法是公开可访问的、可重现的，并由协作社区提供支持。本书的最后一节还提供了一些指引，说明如何参与其中。

15.2 软件包的选择

R 语言的一个特性是，可以用多种方法达到同样的结果。以下的代码块展示了这一点，它使用了第 3 章和第 5 章介绍的 3 个函数，将新西兰的 16 个地区合并成一个几何体：

```
library(spData)
nz_u1 = sf::st_union(nz)
nz_u2 = aggregate(nz["Population"],list(rep(1,nrow(nz))),sum)
nz_u3 = dplyr::summarise(nz,t = sum(Population) )
identical(nz_u1,nz_u2$geometry)
#> [1] TRUE
identical(nz_u1,nz_u3$geom)
#> [1] TRUE
```

虽然结果中 nz_u1 和 nz_u3 的类、属性和列名都有差异，但它们表示的几何形状完全一样。可以使用 R 函数 identical() 来验证⊖。应该使用哪种方法？这取决于目的：前者只处理 nz 中包含的几何数据，因此速度更快，而后两种方法执行了属性操作，这可能对后续步骤有用。

更宽泛地说，在 R 语言中处理地理数据时，即使使用同一个包也经常有多种处理方式可供选择。当考虑使用更多的 R 语言包时，选择的空间会进一步扩大：例如，你可以使用较旧的 **sp** 包来实现相同的结果。但我们推荐使用 **sf** 和本书展示的其他包，理由如第 2 章所述。替代方案也值得被注意和研究，这样才能证明你的软件选择是合理的。

⊖ 第一种操作，使用 st_union() 函数创建了一个 sfc 类（一个简单要素列）。后两种操作创建了 sf 对象，每个对象都包含一个简单要素列。因此，结果对象本身不同，但它们的简单要素列中包含的几何形状是完全一样的。

一个常见的（有时也存在争议的）选择是使用 **tidyverse** 还是基本的 R 方法。我们都有涉及，并鼓励你在不同任务中先做尝试，再决定适合的方法。第 3 章中描述了在每种方法中，属性数据的子集筛选是如何工作的。下面的代码块，展示了使用基本的 R 方法的操作符 [和来自 **tidyverse** 包 **dplyr** 的 select() 函数。尽管语法不同，但结果在本质上是相同的：

```
library(dplyr)                              # 加载 tidyverse 包
nz_name1 = nz["Name"]                       # 使用基本的 R 方法
nz_name2 = nz %>% select(Name)              # 使用 tidyverse 方法
identical(nz_name1$Name, nz_name2$Name)     # 验证结果
#> [1] TRUE
```

问题再次出现：使用基本的 R 方法还是 **tidyverse**？答案也一样：取决于你的目的。每种方法都有各自的优点：管道操作更流行，对一些人来说更有吸引力，而基本的 R 方法更稳定，更为人所知。因此，在它们之间进行选择在很大程度上是一种偏好。但是，如果你选择使用 **tidyverse** 函数来处理地理数据，请注意一些陷阱（请参阅本书网站上的补充文章 tidyverse-pitfalls⊖）。

虽然深度讲解了常用的操作符和函数，例如 R 语言的 [子集操作符和 **dplyr** 的 filter() 函数，但还有许多其他包中处理地理数据的函数没有提及。第 1 章提到了 20 多个处理地理数据的有影响力的包，但在后续章节中只演示了其中的一小部分。还有上百个包未提及。截至 2019 年初，空间任务视图（Spatial Task View）⊖中提到了近 200 个包；每年都有越来越多的包和无数处理地理数据的函数被开发出来，因此在一本书中涵盖它们所有是不现实的。

R 空间生态系统的发展速度可能会造成信息过载，但有方法来应对广泛的选择。我们的建议是，从深入学习一种方法开始，但对可用的各种选择应有一个总体的了解。这个建议既适用于 R 语言解决地理问题（15.4 节涵盖了其他语言的发展），也适用于其他领域的知识和应用。

当然，不同的 R 语言包性能存在差异，有些包的效率比其他包好得多，这是选择软件包的一个重要依据。在这些不同的包中，我们专注于那些面向未来（可以持续维护很长时间）、性能高（相对于其他 R 语言包）且互补的包。但是我们使用的包之间仍然存在重叠，例如用于制图的各种包（参见第 8 章）。

⊖ https://geocompx.github.io/geocompkg/articles/tidyverse-pitfalls.html。
⊖ https://cran.r-project.org/web/views/。

包的功能之间有重叠并不总是一件坏事。它可以提升可靠性、性能（部分由开发者之间的友好竞争和相互学习驱动）和选择性，这是开源软件的关键特性。在这种情况下，决定使用特定方法（比如本书提倡的 **sf/tidyverse/raster** 生态系统）时，应该了解替代方案。例如，**sf** 旨在取代的 **sp/rgdal/rgeos** 生态系统能做本书涵盖的许多事情，而且由于它历史久远，许多其他包都基于它构建。⊖尽管 **spatstat** 包以点模式分析而著称，但它也支持栅格和其他矢量几何体（Baddeley and Turner，2005）。在撰写本书时（2018 年 10 月），有 69 个包依赖它，这意味着 spatstat 不仅仅是一个 R 包：也是另一个可选的 R 空间生态系统。

还需要注意正在开发的有前景的替代方案。例如，**stars** 包提供了一个用于处理时空数据的新的类系统。如果你对这个主题感兴趣，可以查看该包的源代码⊜和更广泛的时空任务视图⊜中的更新。同样的原则也适用于其他领域：根据最新信息证明软件选择并审视软件决策都是很重要的。

15.3　与其他书的异同

本书涵盖的各个主题中存在一些差距和部分重叠。我们选择性地强调了一些主题而忽略了其他主题。我们试图把重点放在实际应用中最常用的主题，如地理数据操作、投影、数据读写和可视化。这些主题在各章中反复出现，用于巩固地理计算的基本技能。

另一方面，我们省略了较少用到，或者其他地方已经有了深入介绍的主题。例如，点模式分析、空间插值（kriging 插值）和空间流行病学等统计主题仅仅是被提及，或者与第 11 章讲述的机器学习技术等其他主题关联提及（如果有提到的话）。这些算法已经有很好的教材，包括 Bivand et al.（2013）中的有关统计的章节，以及 Baddeley et al.（2015）关于点模式分析的书。其他较少关注的主题是遥感和将 R 语言与专用 GIS 软件一起使用（而不是在 R 语言中调用）。这些主题也有许多资源，包括 Wegmann et al.（2016）以及来自马尔堡大学⑭的与 GIS 相关的教学资料。

⊖ 写于 2018 年 10 月，有 452 个包 Depend 或 Import **sp**，这表明其数据结构被广泛使用并朝许多方向拓展。相比之下，2018 年 10 月依赖 **sf** 的包有 69 个；随着 **sf** 日益流行，这个数字将持续增长。

⊜ https://github.com/r-spatial/stars。

⊜ https://cran.r-project.org/web/views/SpatioTemporal.html。

⑭ https://moc.online.uni-marburg.de/doku.php。

我们把重点放在了机器学习上（参见第 11 和第 14 章），而不是空间统计建模和推断技术。同样，原因是这些主题已经有很好的资源，特别是与生态用例相关的资源，包括 Zuur et al.（2009）、Zuur et al.（2017）以及 David Rossiter 主持的关于地理统计学和开源统计计算（*Geostatistics & Open-source Statistical Computing*）的免费教学资料和代码，托管在 css.cornell.edu/faculty/dgr2[⊖]。还有优秀的资源利用贝叶斯模型进行空间统计，贝叶斯模型是一个强大的建模和不确定性估计的框架（Blangiardo and Cameletti，2015；Krainski et al.，2018）。

最后，我们在很大程度上省略了大数据分析。这看起来可能有点意外，因为地理数据特别容易变成大数据。但是做大数据分析的前提要求是知道如何在一个小数据集上解决问题。一旦你学会了这一点，就可以把完全相同的技术应用到大数据问题上，当然，你需要扩展你的工具箱。首先要学习的是处理地理数据查询。这是因为大数据分析通常可以归结为从数据库中提取一小部分数据进行特定的统计分析。为此，我们在第 9 章中提供了空间数据库入门知识以及如何从 R 语言内部调用 GIS。如果你真的需要在一个大数据集上进行分析，希望你要解决的问题是容易并行的。为此，你需要学习一个能够高效进行此类并行的系统，如 Hadoop、GeoMesa（http：//www.geomesa.org/）或 GeoSpark（Huang et al.，2017）。但你使用的技术和概念，与在小数据集上回答小问题时使用的完全相同，唯一的区别是你在大数据环境中完成。

15.4   如何进一步学习

如前几节所述，本书只涵盖了 R 语言地理生态系统的一小部分，还有许多有待发现。从第 2 章的地理数据模型，到第 14 章的高级应用，我们逐步深入。建议未来的方向是巩固所学技能、发现处理地理数据的新包和新方法，并将这些方法应用到新数据和新领域中。本节通过具体的学习方向扩展了这些建议，如下文的**粗体**所示。

参考前一节引用的工作，可以更深入地学习有关 R 语言的地理方法和应用。除此之外，深入理解 **R 语言本身**也是一个合理的下一步工作方向。R 语言的基本类，如 `data.frame` 和 `matrix`，是 sf 和 raster 类的基础，因此学习它们将提高你对地理数据的理解。可以参考 R 语言自带的文档，执行命令 `help.start()` 找到，也可以参考其他主题的资源，如 Wickham（2014a）和 Chambers（2016）。

⊖ http://www.css.cornell.edu/faculty/dgr2/teach/degeostats.html。

　　另一个软件相关的学习方向是**用其他编程语言探索地理计算**。如第 1 章所述，选择 R 语言作为地理计算语言有很合理的理由，但它并不是唯一的选择。[一]同样可以同等深入地学习基于 Python、C++、JavaScript、Scala 或 Rust 的地理计算等。它们都在不断发展空间能力。例如，**rasterio**[二]是一个 Python 包，可以补充 / 替换本书中使用的 **raster** 包——参见 Garrard（2016）以及 automating-gis-processes[三]等在线教程以了解 Python 生态系统的更多信息。有数十个地理空间库是用 C++ 开发的，包括广为人知的库（如 GDAL 和 GEOS），以及不太为人知的库［如用于处理遥感（栅格）数据的 **Orfeo 工具箱**[四]］。**Turf.js**[五]是一个用 JavaScript 进行地理计算的例子。GeoTrellis[六]在基于 Java 虚拟机的 Scala 语言中提供了处理栅格和矢量数据的函数。而 WhiteBoxTools[七]提供了一个用 Rust 实现的命令行 GIS 的示例，该项目正在快速发展。这些包 / 库 / 语言都有利于地理计算，还有许多有待发现，参考地理空间开源资源精选列表 Awesome-Geospatial[八]。

　　然而，地理计算不仅仅是关于软件。从学术和理论角度，我们推荐**探索和学习新的研究主题和方法**。许多已经设计出来的方法还没有实现。因此，在编写任何代码之前，学习地理方法及其潜在应用就已经很有价值了。越来越多的地理方法使用 R 语言来实现，其中一个例子是科学应用的采样策略。在这种情况下，下一步的学习方向是阅读该领域的相关文章，如 Brus（2018），其中包含可重现的代码和教程内容，托管在 github.com/DickBrus/TutorialSampling4DSM[九]。

15.5　开源

　　这是一本技术性书籍，所以前一节的建议以技术为主也就合情合理了。但是，在

⊖　按照我们定义的地理计算，R 语言的相关优势包括强调科学可重现性、在学术研究中广泛使用以及对地理数据统计建模的无可比拟的支持。此外，由于上下文切换的成本，我们建议先深入学习一种语言（R）用于地理计算，然后再钻研其他语言 / 框架。将一个语言掌握精湛要优于对许多语言了解肤浅。

⊜　https://github.com/mapbox/rasterio。

⊜　https://automating-gis-processes.github.io/CSC18。

⑭　https://github.com/orfeotoolbox/OTB。

⑮　https://github.com/Turfjs/turf。

⑯　https://geotrellis.io/。

⑰　https://github.com/jblindsay/whitebox-tools。

⑱　https://github.com/sacridini/Awesome-Geospatial。

⑲　https://github.com/DickBrus/TutorialSampling4DSM。

这最后一节，回到我们对地理计算的定义，值得思考一些更广泛的问题。第 1 章中介绍地理计算时，引入的要素之一是，地理方法应该有积极的影响。当然，如何定义和测量"积极"是一个主观的哲学问题，这超出了本书的范围。不管你的世界观如何，考虑地理计算工作的影响都是有用的练习：潜在的正向反馈可以提供强大的学习动力，反过来，新方法也可以打开许多可能的应用领域。这些思考导致的结论是，地理计算是更广泛的"开源方法"的一部分。

1.1 节提出了其他几个与地理计算大致相同的术语，包括"地理数据科学"和"地理信息科学"。两者都抓住了处理地理数据的本质，但地理计算与本书更契合：它精确地表达了本书提倡的使用地理数据的"计算"方式——以代码实现，并鼓励可重现性；而且延续了其早期定义（Openshaw and Abrahart，2000）中可取的要素：

- 地理数据的创造性使用。
- 应用于现实世界的问题。
- 构建"科学"的工具。
- 可重现性。

我们添加了最后一个要素：可重现性在早期的地理计算工作中几乎未被提及，但有强有力的理由认为它是前两个要素的关键组成部分。可重现性：

- 鼓励关注点从基础（通过共享代码可以随时获取）转移到应用上，以此来促进创造性。
- 不鼓励人们"重新发明轮子"：如果可以使用他人的方法，就没有必要重新做别人已经做过的事。
- 为某一个目的（可能纯粹是学术目的）开发的方法可以用于实际应用，使得学术研究更贴近现实应用。

如果可重现性是地理计算（或命令行 GIS、代码驱动的地理数据分析，或任何其他同义词）定义中的特征，那么值得考虑是什么使其可重现。这引出了"开源方法"，它有 3 个主要组成部分：

- 命令行界面（CLI），鼓励共享记录地理工作的脚本。
- 开源软件，任何人都可以检查源代码，并有可能去改进它。
- 一个活跃的开发者社区，通过协作和自我组织来构建互补和模块化的工具。

和地理计算一样，开源方法不仅仅是一个技术名词。它是一个社区，由人们每天互动组成，目的是生产高性能工具，摆脱商业或法律限制，让任何人都可以使用。把开源方法与地理数据结合起来的优势是，它不局限于软件本身的技术实现，而且鼓励学习、协作和高效的分工。

有许多方法可以参与这个社区，特别是随着代码托管网站（如 GitHub）的出现，它们促进交流和协作。一个好的起步是，简单地浏览一些感兴趣的地理包的源代码、"问题（issues）"和"提交（commits）"。快速浏览托管 **sf** 包代码的 r-spatial/sf GitHub 存储库，显示有 40 多人贡献了代码和文档。还有几十人通过提问和贡献"上游"包（即 **sf** 所依赖的包）做出了贡献。它的问题跟踪器[⊖]上已经关闭了 600 多个问题，这代表了大量的工作，使 **sf** 更快、更稳定、更用户友好。**sf** 只是几十个包中的一个，这个例子可以看出正在进行的知识性工作的规模，这使得 R 语言成为地理计算非常有效和不断进化的语言。

在公共论坛（如 GitHub）上观察持续的开发活动非常具有启发性，但更有回报的是成为一个活跃的参与者。这是开源方法最大的特点之一：它鼓励人们参与进来。这本书本身就是开源方法的成果：它的动机来自 R 语言在过去 20 年中地理功能惊人的发展，但在协作平台上的交流和代码共享，使本书成为可能。我们希望除了传播使用地理数据的有用方法外，本书还能鼓励你采取更开源的方法。比如：提出建设性的问题使开发者意识到他们软件包中的问题；公开你和你工作的组织所做的工作；或者仅仅是通过传授你学到的知识来帮助他人，无论通过哪种方式参与进来都可以是非常有回报的经历。

⊖ https://github.com/r-spatial/sf/issues。

参考文献

Abelson, H., Sussman, G. J., and Sussman, J. (1996). *Structure and Interpretation of Computer Programs*. The MIT Electrical Engineering and Computer Science Series. MIT Press, Cambridge, Massachusetts, second edition.

Akima, H. and Gebhardt, A. (2016). *Akima：Interpolation of Irregularly and Regularly Spaced Data*.

Baddeley, A., Rubak, E., and Turner, R. (2015). *Spatial Point Patterns：Methodology and Applications with R*. CRC Press.

Baddeley, A. and Turner, R. (2005). Spatstat：An R package for analyzing spatial point patterns. *Journal of statistical software*, 12 (6)：1-42.

Bellos, A. (2011). *Alex's Adventures in Numberland*. Bloomsbury Paperbacks, London.

Bischl, B., Lang, M., Kotthoff, L., Schiffner, J., Richter, J., Studerus, E., Casalicchio, G., and Jones, Z. M. (2016). Mlr：Machine Learning in R. *Journal of Machine Learning Research*, 17 (170)：1-5.

Bivand, R. (2001). More on Spatial Data Analysis. *R News*, 1 (3)：13-17.

Bivand, R. (2003). Approaches to Classes for Spatial Data in R. In Hornik, K., Leisch, F., and Zeileis, A., editors, *Proceedings of DSC*.

Bivand, R. (2016a). *Rgrass7：Interface Between GRASS 7 Geographical Information System and R*.

Bivand, R. (2016b). *Spgrass6：Interface between GRASS 6 and R*.

Bivand, R. (2017). *Spdep：Spatial Dependence：Weighting Schemes, Statistics and Models*.

Bivand, R., Keitt, T., and Rowlingson, B. (2018). *rgdal：Bindings for the 'Geospatial' Data Abstraction Library*. R package version 1.3-3.

Bivand, R. and Lewin-Koh, N. (2017). *Maptools：Tools for Reading and Handling Spatial Objects*.

Bivand, R. and Neteler, M. (2000). Open source geocomputation：Using the R data analysis language integrated with GRASS GIS and PostgreSQL data base systems. In Neteler, M. and Bivand, R. S., editors, *Proceedings of the 5th International Conference on GeoComputation*.

Bivand, R., Pebesma, E. J., and Gómez-Rubio, V. (2013). *Applied Spatial Data Analysis with R*, volume 747248717.Springer.

Bivand, R. and Rundel, C. (2018). *rgeos*: *Interface to Geometry Engine-Open Source ('GEOS')*. R package version 0.3-28.

Bivand, R. S. (2000). Using the R statistical data analysis language on GRASS 5.0 GIS database files. *Computers & Geosciences*, 26 (9): 1043-1052.

Blangiardo, M. and Cameletti, M. (2015). *Spatial and Spatio-Temporal Bayesian Models with R-INLA*. John Wiley & Sons, Ltd, Chichester, UK.

Borcard, D., Gillet, F., and Legendre, P. (2011). *Numerical Ecology with R*. Use R! Springer, New York. OCLC: ocn690089213.

Borland, D. and Taylor II, R. M. (2007). Rainbow color map (still) considered harmful. *IEEE computer graphics and applications*, 27 (2).

Breiman, L. (2001). Random Forests. *Machine Learning*, 45 (1): 5-32.

Brenning, A. (2012a). *ArcGIS Geoprocessing in R via Python*.

Brenning, A. (2012b). Spatial cross-validation and bootstrap for the assessment of prediction rules in remote sensing: The R package sperrorest. pages 5372-5375.IEEE.

Brenning, A., Bangs, D., and Becker, M. (2018). *RSAGA*: *SAGA Geoprocessing and Terrain Analysis*. R package version 1.1.0.

Brewer, C. A. (2015). *Designing Better Maps*: *A Guide for GIS Users*. Esri Press, Redlands, California, second edition.

Bristol City Council (2015). Deprivation in Bristol 2015.Technical report, Bristol City Council.

Brus, D. J. (2018). Sampling for digital soil mapping: A tutorial supported by R scripts. *Geoderma*.

Brzustowicz, M. R. (2017). *Data Science with Java*: [*Practical Methods for Scientists and Engineers*]. O'Reilly, Beijing Boston Farnham, first edition. OCLC: 993428657.

Bucklin, D. and Basille, M. (2018). Rpostgis: Linking R with a PostGIS Spatial Database. *The R Journal*.

Burrough, P. A., McDonnell, R., and Lloyd, C. D. (2015). *Principles of Geographical Information Systems*. Oxford University Press, Oxford, New York, third edition. OCLC: ocn915100245.

Calenge, C. (2006). The package adehabitat for the R software: Tool for the analysis of space and habitat use by animals. *Ecological Modelling*, 197: 1035.

Cawley, G. C. and Talbot, N. L. (2010). On over-fitting in model selection and subsequent selection bias in performance evaluation. *Journal of Machine Learning Research*, 11 (Jul): 2079-2107.

Chambers, J. M. (2016). *Extending R*. CRC Press.

Cheshire, J. and Lovelace, R. (2015). Spatial data visualisation with R. In Brunsdon, C. and Singleton, A., editors, *Geocomputation*, pages 1-14.SAGE Publications.

Conrad, O., Bechtel, B., Bock, M., Dietrich, H., Fischer, E., Gerlitz, L., Wehberg, J., Wichmann, V., and Böhner, J. (2015). System for Automated Geoscientific Analyses (SAGA) v.2.1.4.*Geosci. Model Dev.*, 8 (7): 1991-2007.

Coombes, M. G., Green, A. E., and Openshaw, S. (1986). An Efficient Algorithm to Generate Official

Statistical Reporting Areas: The Case of the 1984 Travel-to-Work Areas Revision in Britain. *The Journal of the Operational Research Society*, 37 (10): 943.

Coppock, J. T. and Rhind, D. W. (1991). The history of GIS. *Geographical Information Systems: Principles and Applications, vol.1.*, 1 (1): 21-43.

de Berg, M., Cheong, O., van Kreveld, M., and Overmars, M. (2008). *Computational Geometry: Algorithms and Applications.* Springer Science & Business Media.

Diggle, P. and Ribeiro, P. J. (2007). *Model-Based Geostatistics.* Springer.

Douglas, D. H. and Peucker, T. K. (1973). Algorithms for the reduction of the number of points required to represent a digitized line or its caricature. *Cartographica: The International Journal for Geographic Information and Geovisualization*, 10 (2): 112-122.

Eddelbuettel, D. and Balamuta, J. J. (2018). Extending R with C++: A Brief Introduction to Rcpp. *The American Statistician*, 72 (1): 28-36.

Galletti, C. S., Turner, B. L., and Myint, S. W. (2016). Land changes and their drivers in the cloud forest and coastal zone of Dhofar, Oman, between 1988 and 2013.*Regional Environmental Change*, 16 (7): 2141-2153.

Garrard, C. (2016). *Geoprocessing with Python.* Manning Publications, Shelter Island, NY. OCLC: ocn-915498655.

Gelfand, A. E., Diggle, P., Guttorp, P., and Fuentes, M. (2010). *Handbook of Spatial Statistics.* CRC press.

Gillespie, C. and Lovelace, R. (2016). *Efficient R Programming: A Practical Guide to Smarter Programming.* O'Reilly Media.

Goovaerts, P. (1997). *Geostatistics for Natural Resources Evaluation.* Applied Geostatistics Series. Oxford University Press, New York.

Graser, A. and Olaya, V. (2015). Processing: A Python Framework for the Seamless Integration of Geoprocessing Tools in QGIS.

Grolemund, G. and Wickham, H. (2016). *R for Data Science.* O'Reilly Media.

Hengl, T. (2007). *A Practical Guide to Geostatistical Mapping of Environmental Variables.* Publications Office, Luxembourg. OCLC: 758643236.

Hengl, T., Nussbaum, M., Wright, M. N., Heuvelink, G. B., and Gräler, B. (2018). Random forest as a generic framework for predictive modeling of spatial and spatiotemporal variables. *PeerJ*, 6: e5518.

Hijmans, R. J. (2016). *Geosphere: Spherical Trigonometry.*

Hijmans, R. J. (2017). *raster: Geographic Data Analysis and Modeling.* R package version 2.6-7.

Hollander, Y. (2016). *Transport Modelling for a Complete Beginner.* CTthink！

Horni, A., Nagel, K., and Axhausen, K. W. (2016). *The Multi-Agent Transport Simulation MATSim.* Ubiquity Press.

Huang, Z., Chen, Y., Wan, L., and Peng, X. (2017). GeoSpark SQL: An Effective Framework

Enabling Spatial Queries on Spark. *ISPRS International Journal of Geo-Information*, 6（9）：285.

Huff, D. L. （1963）. A Probabilistic Analysis of Shopping Center Trade Areas. *Land Economics*, 39（1）：81-90.

Hunziker, P. （2017）. *Velox：Fast Raster Manipulation and Extraction.*

Jafari, E., Gemar, M. D., Juri, N. R., and Duthie, J. （2015）. Investigation of Centroid Connector Placement for Advanced Traffic Assignment Models with Added Network Detail. *Transportation Research Record：Journal of the Transportation Research Board*, 2498：19-26.

James, G., Witten, D., Hastie, T., and Tibshirani, R., editors（2013）. *An Introduction to Statistical Learning：With Applications in R.* Number 103 in Springer Texts in Statistics. Springer, New York. OCLC：ocn828488009.

Jenny, B., Šavrič , B., Arnold, N. D., Marston, B. E., and Preppernau, C. A.（2017）. A guide to selecting map projections for world and hemisphere maps. In Lapaine, M. and Usery, L., editors, *Choosing a Map Projection*, pages 213-228. Springer.

Jr, P. J. R. and Diggle, P. J. （2016）. *geoR：Analysis of Geostatistical Data.*

Kahle, D. and Wickham, H. （2013）. Ggmap：Spatial Visualization with ggplot2. *The R Journal*, 5：144-161.

Kaiser, M. and Morin, T. （1993）. Algorithms for computing centroids. *Computers & Operations Research*, 20（2）：151-165.

Karatzoglou, A., Smola, A., Hornik, K., and Zeileis, A. （2004）. Kernlab-An S4 Package for Kernel Methods in R. *Journal of Statistical Software*, 11（9）.

Knuth, D. E. （1974）. Computer Programming As an Art. *Commun. ACM*, 17（12）：667-673.

Krainski, E., Gómez Rubio, V., Bakka, H., Lenzi, A., Castro-Camilo, D., Simpson, D., Lindgren, F., and Rue, H. （2018）. *Advanced Spatial Modeling with Stochastic Partial Differential Equations Using R and INLA.*

Krug, R. M., Roura-Pascual, N., and Richardson, D. M. （2010）. Clearing of invasive alien plants under different budget scenarios：Using a simulation model to test efficiency. *Biological invasions*, 12（12）：4099-4112.

Kuhn, M. and Johnson, K. （2013）. *Applied Predictive Modeling.* Springer, New York. OCLC：ocn-827083441.

Lamigueiro, O. P. （2018）. *Displaying Time Series, Spatial, and Space-Time Data with R.* Chapman and Hall/CRC, Boca Raton, second edition.

Landa, M. （2008）. New GUI for GRASS GIS based on wxPython. *Departament of Geodesy and Cartography*, pages 1-17.

Liu, J.-G. and Mason, P. J. （2009）. *Essential Image Processing and GIS for Remote Sensing.* Wiley-Blackwell, Chichester, West Sussex, UK, Hoboken, NJ.

Livingstone, D. N. （1992）. *The Geographical Tradition：Episodes in the History of a Contested*

Enterprise. John Wiley & Sons Ltd, Oxford, UK；Cambridge, USA.

Longley, P. (2015). *Geographic Information Science & Systems.* Wiley, Hoboken, NJ, fourth edition.

Longley, P. A., Brooks, S. M., McDonnell, R., and MacMillan, B., editors (1998). *Geocomputation：A Primer.* Wiley, Chichester, Eng.；New York.

Lovelace, R. and Dumont, M. (2016). *Spatial Microsimulation with R.* CRC Press.

Lovelace, R., Goodman, A., Aldred, R., Berkoff, N., Abbas, A., and Woodcock, J. (2017). The Propensity to Cycle Tool：An open source online system for sustainable transport planning. *Journal of Transport and Land Use*, 10 (1).

Majure, J. J. and Gebhardt, A. (2016). *Sgeostat：An Object-Oriented Framework for Geostatistical Modeling in S+.*

Maling, D. H. (1992). *Coordinate Systems and Map Projections.* Pergamon Press, Oxford；New York, second edition.

McCune, B., Grace, J. B., and Urban, D. L. (2002). *Analysis of Ecological Communities.* MjM Software Design, Gleneden Beach, OR, second edition. OCLC：846056595.

Meulemans, W., Dykes, J., Slingsby, A., Turkay, C., and Wood, J. (2017). Small Multiples with Gaps. *IEEE Transactions on Visualization and Computer Graphics*, 23 (1)：381-390.

Meyer, H., Reudenbach, C., Hengl, T., Katurji, M., and Nauss, T. (2018). Improving performance of spatio-temporal machine learning models using forward feature selection and target-oriented validation. *Environmental Modelling & Software*, 101：1-9.

Miller, H. J. (2004). Tobler's first law and spatial analysis. *Annals of the Association of American Geographers*, 94 (2).

Moreno-Monroy, A. I., Lovelace, R., and Ramos, F. R. (2017). Public transport and school location impacts on educational inequalities：Insights from São Paulo. *Journal of Transport Geography*.

Muenchow, J., Bräuning, A., Rodríguez, E. F., and von Wehrden, H. (2013a). Predictive mapping of species richness and plant species' distributions of a Peruvian fog oasis along an altitudinal gradient. *Biotropica*, 45 (5)：557-566.

Muenchow, J., Brenning, A., and Richter, M. (2012). Geomorphic process rates of landslides along a humidity gradient in the tropical Andes. *Geomorphology*, 139-140：271-284.

Muenchow, J., Dieker, P., Kluge, J., Kessler, M., and von Wehrden, H. (2018). A review of ecological gradient research in the Tropics：Identifying research gaps, future directions, and conservation priorities. *Biodiversity and Conservation*, 27 (2)：273-285.

Muenchow, J., Hauenstein, S., Bräuning, A., Bäumler, R., Rodríguez, E. F., and von Wehrden, H. (2013b). Soil texture and altitude, respectively, largely determine the floristic gradient of the most diverse fog oasis in the Peruvian desert. *Journal of Tropical Ecology*, 29 (05)：427-438.

Muenchow, J., Schratz, P., and Brenning, A. (2017). RQGIS：Integrating R with QGIS for statistical geocomputing. *The R Journal*, 9 (2)：409-428.

Murrell, P. (2016). *R Graphics.* CRC Press, second edition.

Neteler, M. and Mitasova, H. (2008). *Open Source GIS: A GRASS GIS Approach.* Springer, New York, NY, third edition. OCLC: 255568974.

Nolan, D. and Lang, D. T. (2014). *XML and Web Technologies for Data Sciences with R.* Use R! Springer, New York, NY. OCLC: 841520665.

Obe, R. O. and Hsu, L. S. (2015). *PostGIS in Action.* Manning, Shelter Island, NY, second edition. OCLC: ocn872985108.

Office for National Statistics (2014). Workplace Zones: A new geography for workplace statistics-Datasets. https://data. gov. uk/dataset/workplace-zones-a-new-geography-for-workplace-statistics3.

Openshaw, S. and Abrahart, R. J., editors (2000). *Geocomputation.* CRC Press, London; New York.

O'Rourke, J. (1998). *Computational Geometry in C.* Cambridge University Press, Cambridge, UK, ; New York, NY, USA, second edition.

Padgham, M., Rudis, B., Lovelace, R., and Salmon, M. (2018). *osmdata: Import 'OpenStreetMap' Data as Simple Features or Spatial Objects.* R package version 0.0.7.

Pebesma, E. (2018). Simple features for R: Standardized support for spatial vector data. *The R Journal.*

Pebesma, E. and Bivand, R. (2018). *sp: Classes and Methods for Spatial Data.* R package version 1.3-1.

Pebesma, E. and Graeler, B. (2018). *gstat: Spatial and Spatio-Temporal Geostatistical Modelling, Prediction and Simulation.* R package version 1.1-6.

Pebesma, E., Mailund, T., and Hiebert, J. (2016). Measurement Units in R. *The R Journal*, 8 (2): 486-494.

Pebesma, E., Nüst, D., and Bivand, R. (2012). The R software environment in reproducible geoscientific research. *Eos, Transactions American Geophysical Union*, 93 (16): 163.

Pebesma, E. J. and Bivand, R. S. (2005). Classes and methods for spatial data in R. *R news*, 5 (2): 9-13.

Pezanowski, S., MacEachren, A. M., Savelyev, A., and Robinson, A. C. (2018). Sense Place3: A geovisual framework to analyze place-time-attribute information in social media. *Cartography and Geographic Information Science*, 45 (5): 420-437.

Probst, P., Wright, M., and Boulesteix, A.-L. (2018). Hyperparameters and Tuning Strategies for Random Forest. *arXiv: 1804.03515 [cs, stat].*

Qiu, F., Zhang, C., and Zhou, Y. (2012). The Development of an Areal Interpolation ArcGIS Extension and a Comparative Study. *GIScience & Remote Sensing*, 49 (5): 644-663.

Ripley, B. D. (2001). Spatial Statistics in R. *R News*, 1 (2): 14-15.

Rodrigue, J.-P., Comtois, C., and Slack, B. (2013). *The Geography of Transport Systems.* Routledge, London, New York, third edition.

Rowlingson, B., Baddeley, A., Turner, R., and Diggle, P. (2003). Rasp: A Package for Spatial Statistics. In Hornik, K., editor, *Proceedings of the 3rd International Workshop on Distributed Statistical Computing.*

Rowlingson, B. and Diggle, P.（2017）. *Splancs*：*Spatial and Space-Time Point Pattern Analysis.*

Rowlingson, B. S. and Diggle, P. J.（1993）. Splancs：Spatial point pattern analysis code in S-plus. *Computers & Geosciences*, 19（5）：627-655.

Schratz, P., Muenchow, J., Iturritxa, E., Richter, J., and Brenning, A.（2018）. Performance evaluation and hyperparameter tuning of statistical and machine-learning models using spatial data. *arXiv*：*1803.11266*［*cs, stat*］.

Sherman, G.（2008）. *Desktop GIS*：*Mapping the Planet with Open Source Tools.* Pragmatic Bookshelf.

Talbert, R. J. A.（2014）. *Ancient Perspectives*：*Maps and Their Place in Mesopotamia, Egypt, Greece, and Rome.* University of Chicago Press.

Tallon, A. R.（2007）. Bristol. *Cities*, 24（1）：74-88.

Tennekes, M.（2018）. Tmap：Thematic Maps in R. *Journal of Statistical Software, Articles*, 84（6）：1-39.

The Economist（2016）. The autonomous car's reality check. *The Economist.*

Thiele, J.（2014）. R Marries NetLogo：Introduction to the RNetLogo Package. *Journal of Statistical Software*, 58（2）：1-41.

Tobler, W. R.（1979）. Smooth Pycnophylactic Interpolation for Geographical Regions. *Journal of the American Statistical Association*, 74（367）：519-530.

Tomintz, M. N. M., Clarke, G. P., and Rigby, J. E. J.（2008）. The geography of smoking in Leeds：Estimating individual smoking rates and the implications for the location of stop smoking services. *Area*, 40（3）：341-353.

Tomlin, C. D.（1990）. *Geographic Information Systems and Cartographic Modeling.* Prentice Hall, Englewood Cliffs, N. J.

Venables, W., Smith, D., and Team, R. C.（2017）. *An Introduction to R. Notes on R*：*A Programming Environment for Data Analysis and Graphics.*

Venables, W. N. and Ripley, B. D.（2002）. *Modern Applied Statistics with S.* Springer, New York, fourth edition.

Visvalingam, M. and Whyatt, J. D.（1993）. Line generalisation by repeated elimination of points. *The Cartographic Journal*, 30（1）：46-51.

Wegmann, M., Leutner, B., and Dech, S., editors（2016）. *Remote Sensing and GIS for Ecologists*：*Using Open Source Software.* Data in the Wild. Pelagic Publishing, Exeter. OCLC：945979372.

Wickham, H.（2014a）. *Advanced R*. CRC Press.

Wickham, H.（2014b）. Tidy Data. *Journal of Statistical Software*, 59（10）.

Wickham, H.（2016）. *Ggplot2*：*Elegant Graphics for Data Analysis.* Springer, New York, NY, second edition.

Wieland, T.（2017）. Market Area Analysis for Retail and Service Locations with MCI. *The R Journal*, 9（1）：298-323.

Wilkinson, L. and Wills, G.（2005）. *The Grammar of Graphics.* Springer Science+ Business Media.

Wise, S. (2001). *GIS Basics.* CRC Press.

Wulf, A. (2015). *The Invention of Nature：Alexander von Humboldt's New World.* Alfred A. Knopf, New York.

Xiao, N. (2016). *GIS Algorithms：Theory and Applications for Geographic Information Science & Technology.* London.

Zuur, A. Ieno, E. N., Walker, N., Saveliev, A. A., and Smith, G. M. (2009). *Mixed Effects Models and Extensions in Ecology with R.* Statistics for Biology and Health. Springer-Verlag, New York.

Zuur, A. F., Ieno, E. N., Saveliev, A. A., and Zuur, A. F. (2017). *Beginner's Guide to Spatial, Temporal and Spatial-Temporal Ecological Data Analysis with R-INLA,* volume 1. Highland Statistics Ltd, Newburgh, United Kingdom. OCLC：993615802.